人力資源管理
觀光、休閒、餐旅服務業專案特色

Human Resource Management

黃廷合、齊德彰、鄭錫欽　編著

全華圖書股份有限公司

序言 PREFACE

　　不管是哪一種產業，都需要重視人力資源管理的教育工作，觀光產業當然也不例外；本書為國內各型服務業人力培育的人力資源管理教育之需而編寫。服務業與「人」的接觸最多，且國內服務業正加速發展中。因此，服務業若要有更優質與高品質的服務內涵，實有賴健全的人力資源管理養成教育。本書特別重視現代大專生的學習需求，以活潑、個案多、深入淺出的方式，講解人力資源的課程，並與時勢環境相互銜接，重視學習者的開發性、理解化、系統化及回饋性，以進行有效的學習。

　　本書各章除精彩內容之外，亦特別設計活潑的體例：1. 本章大綱、2. 學習重點、3. 人力資源停看聽、4. 人力資源故事集、5. 本章練習、6. 重點整理、7. 個案教學設計等；並於書本最後附上各章的隨堂測驗卷（包括是非題及選擇題），供師生使用，可即時進行課程與學習效果回饋，相當方便。全書共計有 14 章，敘述由淺至深，採彩色印刷、圖文並茂的方式呈現，本教材最適合供大專校院於開授「人力資源管理」2 至 3 學分的課程使用。本書亦重視教學媒體的多元文化及活潑性，在教師手冊中附有影片的彙整，讓教師們於教學中，更為生動、便利及有效地實施教學工作。

　　人力資源管理是服務業人力培育中必修的重要課程，懇請大專校院服務業相關科系的教育先進們擢用本書，以提升國人在人力資源的學養與管理能力。

　　本書在撰寫與校正過程中，雖已盡心盡力，若有失漏之處，在所難免，尚請學術界及服務業各界，不吝給予建議與指教，敬祈至盼。

編著代表　黃廷合　教授　謹識

2015 年 10 月 16 日

目錄 CONTENTS

本書架構指引

學習重點整理

條列各章的重點，以便讀者
對本章有概略的認識。

第 1 章

觀光休閒人力資源管理概論

本章大綱

1-1 觀光人力資源管理的意涵，與人事
　　管理的差異性
1-2 觀光產業人力資源管理的模式
1-3 觀光人力資源管理的功能與活動
1-4 觀光人力資源管理的專業工作
1-5 我國觀光休閒產業人力資源管理現
　　況分析，及面臨的問題

學習重點

1. 了解觀光人力資源管理的意義與內涵
2. 探討觀光人力資源管理的模式
3. 了解觀光人力資源管理的功能與活動
4. 探討觀光休閒產業人力資源管理，及其
　　系統的運作
5. 了解現代觀光產業，在人力資源管理所
　　面臨的問題

人力資源停看聽

每章在進入內文前，皆有一篇
與該章相關的人資小故事，除
引導讀者明白學習方向，也可
提高閱讀興趣。

我國政府為促進觀光的繁榮進步，
營造臺灣成為觀光大國，通向千萬旅客
來臺，矚此超過百億美元之外匯的目標，
來主導觀光產業的發展，進一步地提升臺
灣自由化、國際化的程度，讓世界認識遊
者慢慢了解臺灣的好風光及美食，進而
導引發擁「無煙囪」經濟，促進觀光產
業年年創經濟產觀度有顯著的成長（圖
3-6）。

圖 3-6　國內觀光博覽會造就商機

3-5　社會與文化因素在觀光企業的角色

以現在的觀光企業管理角度來審，觀光企業不僅是一個提供旅遊或旅遊商品的組織，
更是社會有機體中的一分子。觀光企業應社在會這個人環境當中，其生存與發展和社會
的變化及文化的投射息息相關，無法置身於外。社會與文化的環境因子包括：人口結構
與特徵、風俗、營慣、語言、宗教信仰、社會表徵、一般信念及社會價值觀等（圖 3-7）。

版面活潑

文中穿插大量圖片，使書本更有閱讀美
感及魅力。

圖 3-7　不同的語言與宗教價仰，是社會和文化的環境因子之一

進而產生良性循環，員工以服務企業為榮，觀光企業也具有員好形象，潛在服務商品品牌
塑以及員工招募上，都會有更大的吸引力，這些結果都是人力資源所智理作業成效的指標。

晶華聰才，「一分鐘動履歷」自我介紹

國內著名飯店—晶華麗晶酒店集團飯店業
先例，徵求「一分鐘動履歷」，順準習慣使用社群網
站等媒體的社會新鮮人，透過影音展現自我（圖 1-7）。

由此可以知道，觀光休閒產業在人力資源發展
中，時時在創新：依據晶華師執行長指出，臺灣飯店
業蓬勃發展，人才供不應求，積極發掘培實下一個世
代的人才成為觀光休閒產業刻不容緩的重要任務。
因此，晶華打破傳統招募方式，讓面試者與求職者
直接進行互動，以創新方式發掘人才。

圖 1-7　臺北晶華飯店的宏偉建築

人力資源故事集

補充餐旅人力資源的相關故事，右上角皆有
編號順序，讓讀者能深入瞭解與學習。

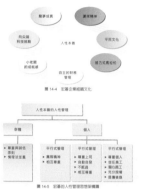

圖 14-4 宏碁企業組織文化

圖 14-5 宏碁的人性管理思想架構圖

6. 個人責任
7. 兩層待遇

大內提出 Z 理論的目的，在於加強美國各企業員工的組織認同感與忠誠度，建立一個更有效率的企業組織。在觀光企業亦有相當的相似度（圖 2-9）。

二、帕司卡與艾索的 7S 管理模式

同於 1981 年，史丹佛大學的帕司卡教授（Richard T. Pascale）與哈佛大學的艾索教授（Anthony G. Athos）出版《日本的管理藝術》（The Art of Japanese Management）一書，探討日本式管理的藝術，在書中提出了「7S 管理模式」，如表 2-1 所示：

圖 2-9 臺北五星級飯店之一的臺北凱悅大飯店，係採用大內提出的 Z 理論

表 2-1 7S 管理模式

中文	英文	模式
結構	Structure	組織的結構，如部門等。
制度	System	組織例行的重要程序，如會議方式等。
策略	Strategy	達成擬定目標的計畫、方法或策略。
人員	Staff	組織內部人力資源的管理與運用。
作風	Style	管理者達成組織目標所採取的作風。
技巧	Skill	組織經營運作之道。
最高目標	Superordinate Goals	組織宗旨或中心思想。

民國 65 年（1976 年），臺灣的觀光市場大幅成長，旅館房間一下子供不應求，幾乎有 20% 的旅客因為找不到旅館而無法來臺，為了人力推動國內觀光事業，紓解此窘境先生的問題，政府只能…

圖 14-9 亞都飯店外景

個案說明

本書書末，藉由國內外企業的案例，幫助讀者瞭解人資管理的實際運作。

14

附錄

中華民國勞動基準法
中華人民共和國勞動法
中華人民共和國勞動合同法
中華人民共和國工會法

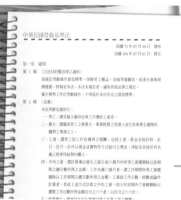

中華民國勞動基準法

民國 73 年 07 月 30 日 發布
民國 104 年 07 月 01 日 修正

第一章 總則
第 1 條 （立法目的暨法律之適用）
為規定勞動條件最低標準，保障勞工權益，加強勞雇關係，促進社會與經濟發展，特制定本法；本法未規定者，適用其他法律之規定。雇主與勞工所訂勞動條件，不得低於本法所定之最低標準。
第 2 條 （定義）
本法用詞定義如下：
一、勞工：謂受雇主僱用從事工作獲致工資者。
二、雇主：謂僱用勞工之事業主、事業經營之負責人或代表事業主處理有關勞工事務之人。
三、工資：謂勞工因工作而獲得之報酬；包括工資、薪金及按計時、計日、計月、計件以現金或實物等方式給付之獎金、津貼及其他任何名義之經常性給與均屬之。
四、平均工資：謂計算事由發生之當日前六個月內所得工資總額除以該期間之總日數所得之金額。工作未滿六個月者，謂工作期間所得工資總額除以工作期間之總日數所得之金額。工資按工作日數、時數或論件計算者，其依上述方式計算之平均工資，如少於該期內工資總額除以實際工作日數所得金額百分之六十者，以百分之六十計。

最新臺灣、大陸法條

附錄包含臺灣與大陸人資相關最新法規。

章末附問題與討論、個案教學設計

藉由問題與討論的題目，複習學過的觀念與理論，同時提供個案教學設計，作為教師課堂活動練習的參考。書末附有測驗題，可直接撕取測驗。

本章練習 LEARNING PRACTICE

個案教學設計
1. 請同學利用手邊電腦（含平板電腦）或智慧型手機來查閱一家觀光界公司（如東南旅行社、長榮航空、具樂利酒店）的營運現況及營運方式。（約 10 分鐘）
2. 請同學一起閱讀本章「案例說明案例內容」，詳細記錄變更方式與組織文化之間的關係。（約 8 分鐘）
3. 請每位同學介紹前面提到的觀光界公司的營運現況及人力資源特色，並加以說明。（約 10 分鐘）
4. 請兩位同學對於三到四個案例內容，其中陳述人力資源維持管理之變革方式與組織文化的相關性，加以分析說明。（約 10 分鐘）
5. 教師：針對同學報告的內容加以講評，並分析變革方式、組織文化及有效且適中的人力資源維持管理的重要性。（約 12 分鐘）

問題與討論
1. 變更說明新資管理的意義與重點？
2. 變更說明管理制度（激勵性新資管理）的種類有哪些？
3. 簡要說明企業氛圍制度的一般內容。
4. 變更說明企業變動制度的一般內容。
5. 變更說明國內企業勞資關係的概況。
6. 討論觀光企業組織文化與人力資源維持管理的相關性。

第 **1** 章

觀光休閒人力資源管理概論

學習重點

1. 了解觀光人力資源管理的意義與內涵
2. 探討觀光人力資源管理的模式
3. 了解觀光人力資源管理的功能與活動
4. 探討觀光休閒產業人力資源管理,及其系統的運作
5. 了解現代觀光產業,在人力資源管理所面臨的問題

人力資源發展幫你打贏觀光休閒業的人才戰

觀光人一旦進入到觀光休閒業，都會想一個問題：下個 10 年，我的位置在哪裡？上個 10 年，我又為現在做了多少準備？環顧四周，在觀光休閒業職場的接力賽跑中，交棒的人離自己漸行漸遠，為什麼冠軍總是沒我的份？出了什麼問題？是棒子斷了？腿不行了？還是，自己根本就不在跑道上！

觀光企業也像個人，想賺錢、想壯大，也想要贏的感覺，因此他們有組織、有計畫地替觀光人勾勒整場長跑的路徑，一次又一次，仔細丈量，並將觀光人安置其中。換成管理術語，這就叫觀光企業「人才發展計畫（The Talent Development Plan）」。

連結人才與策略

據美國企業領導力協會（Corporate Leadership Council）發表的觀光企業人力發展成效評估報告中顯示：觀光企業內能產生績效的經理人，只有不到20%，也就是說，八成的經理人並無法為觀光企業帶來效益與成長；只有10%至15%的事業群高階主管，覺得他們的能力和觀光企業的策略相連結，近九成的人認為，自己的能力與觀光企業策略的關聯性並不高，能力與策略無法聚焦，都耗費在無效益的事情上。

為了不讓高績效人才「缺貨」，觀光企業必須有人才發展計畫，主要目的在於釐清、培育出優秀的人才，使其做好準備，以便在正確的職位上做正確的事，並且在正確的時間，幫助組織達成其在策略計畫中的正確目標。因此，觀光企業必須針對願景目標，將人才有計畫地選用育留，從招募具潛力的人才開始，到結合公司目標與個人職涯發展，並加以培訓、歷練，隨時給予評量、評鑑，最後才能鍛鍊出一群英勇善戰的觀光休閒產業作戰部隊。

人才發展讓觀光企業的人才與策略結合在一起，戰線拉長，猶如下棋一般，可以安排下三步如何走，而且氣要夠長，有人隨時可以接棒，接受新任務、新挑戰。

不做人才發展的觀光企業，人才與策略像一盤散沙，經理人的能力無法做對的事，用在對的地方；也經不起市場上任何的風吹草動，如果競爭者來挖角，人才版圖馬上

（續下頁）

（承上頁）

缺一塊。觀光休閒產業與一般產業一樣，必須加強人力資源發展與管理，才能讓國內觀光休閒產業更進一步。我國在 2013 年觀光業創匯達到 123 億美元，合計約有 3690 億臺幣，來臺旅客達到 802 萬人次，在人數增加及創造消費，皆要有良好的觀光人力資源配合。在 2014 年觀光客達到近千萬人次，創造外匯收入更多。因此，我國在發展觀光休閒產業，首重在於觀光人才的發展，在本書的各章節內容，即將探討人力資源發展原理如何與觀光休閒人力需求相互結合。

（參閱：經濟日報，2015/1/2，A14 產業版，擦亮技職路專欄，主編李淑慧，編輯陳嘉宇）

現代企業目前所面臨的是 4C 時代，觀光休閒產業也不例外。4C 代表快速變化（Change）、激烈競爭（Competition）、趨向複雜而多元化（Complexity）及面對挑戰（Challenge），可說處處都有機會，卻也處處藏著危機。因此，觀光企業的應變能力是決定它能否適時化解危機、開創生機以求發展的關鍵。這種應變能力往往繫於觀光企業中是否有優秀的人才，可以領導組織走向未來；因而現代觀光企業的競爭可說是人才的競爭。

觀光人力資源之所以重要的另外一個原因是，觀光企業中其他資源的短缺都可在短時間內設法獲得，例如原料、設備、資金、技術等，唯獨人力資源需要較長的時間去羅致、培育、發展及激勵，以期達成個人與觀光企業組織的目標。

觀光人力資源管理即透過人力資源分析、規劃及作業（運作），並配合其他管理功能，達到企業的整體目標。在當前觀光休閒產業蓬勃發展的環境下，商品服務競爭國際化、觀光產業升級的壓力逐日增加、商品品質益求精良、科技發展快速進行、員工水準大為提升、人力成本亦相對提高，以上因素都提升了觀光人力資源管理在觀光企業中的重要性。

人力資源管理即在透過人力資源分析、規劃及作業（運作），並配合其他管理功能，達到觀光企業的整體目標。有效的觀光人力資源管理，必須依照每個觀光企業的不同需要和條件加以設計和實行。觀光人力資源管理人員不但要了解觀光企業外在的環境影響，也應認識內在的環境條件，進而有效的規劃出各觀光企業具有系統之人力資源策略。這些策略是人力資源作業的前提，具有方向性，使所有人力資源管理作業有一致性，不但

能相互搭配，也能彼此連貫。這些策略也具有目標性，提供觀光企業評估自身人力資源作業的成果，進而發展出最適合組織的一套人力資源管理系統。觀光業人力資源管理人員不但要了解觀光企業外在的環境影響，也應認識內在的環境條件，進而有效的規劃出有系統的人力資源策略。

觀光人力資源管理既然是根據觀光企業外在的環境影響，分析觀光企業內在的環境和條件，發展出一套有系統的作業。這項系統化作業必然具有整體性；作業的最終目標不在作業的本身，乃在更高層次的因素和條件，使得人力資源管理能與其他管理作業相互搭配，因為這些管理作業的推展都來自同一層次的要件，那就是觀光休閒企業經營策略。其使得人力資源管理更能發展其支援性、服務性的功能，同時也使得人力資源作業變成整體經營中不可缺少的部分，如圖 1-1 所示，可概略說明這些作業間的關係。

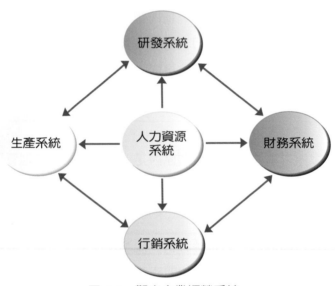

圖 1-1　觀光企業經營系統

1-1　觀光人力資源管理的意涵，與人事管理的差異性

　　所謂人力資源（Human Resource）就是觀光企業內所有與員工有關的資源，包括員工的知識、能力、技術、特質和潛力等。人力資源管理（Human Resource Management, HRM），顧名思義，是指觀光企業內人力資源的管理。簡單的說，人力資源管理是指觀光企業內所有人力資源的開發、領導、激勵、溝通、績效評估、訓練發展，及維持的管理過程和活動。

　　本節於此，特別指出美國訓練與發展學會（The American Society For Training and Development，簡稱為：ASTD）於 1989 年提出了著名的「人力資源管理標準功能」，如圖 1-2 所示，更進一步顯示了人力資源管理的涵義。

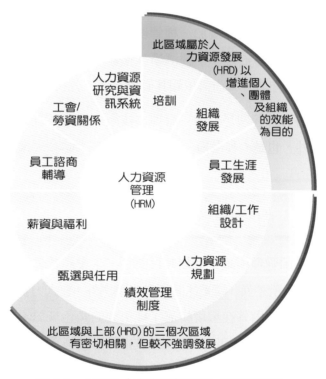

圖 1-2　ASTD 人力資源管理輪（標準功能）

　　又人事管理（Personnel Management）和人力資源管理在某些情況下，這兩個名詞是相近的（本書在某些敘述中亦不加以區分）。然而，人力資源管理與人事管理，仍有以下的分別：

1. 人力資源管理是比較新的名詞，代表人力資源管理的領域有新的拓展，也表示原先人事管理作業有新的方法或涵義。

2. 人力資源管理的「資源」兩字，明顯的說明人力資源就好比其他資源，如資金、物料、機器等，具有雙重涵義。一方面資源表示成本代價，需要良好管理；另一方面則表示一種投資，需要合理回收。

3. 在人力資源管理的模式中，直線主管本身對人力運用的最適性較感興趣，而且意識到本身具有達到人力運用最終結果之協調與指揮的責任，故其參與是主動性的。

4. 人力資源管理較著重在員工個人與組織整體的雙重發展，因此強調管理活動的價值性、啓發性及教育性。

5. 人力資源管理中的勞資關係是平等互惠、眞誠相待的，並倡導員工的「參與式管理」；而非人事管理中的勞資關係是主從對立的。

　　人力資源管理在本質上既然是屬於一種管理，就必然有其一套系統的知識範圍，即綜合了心理學、社會學、社會心理學、經濟學、管理學等學科。管理者在實際處理人的問題時，除了必須有專業知識外，尚需依賴其直覺判斷、分析、推理、想像或嘗試。

　　所以，有效的人力資源管理是結合了管理、技術、行爲三方面的知識，而它除了是一門科學（Science）外，也是一種藝術（Art）。

1-2　觀光產業人力資源管理的模式

　　企業組織的人力資源管理模式，受到其行業別、企業經營哲學、組織結構、組織文化及組織氣候的不同而有所差異，觀光休閒產業也不例外。在人力資源管理模式（圖1-3）中，與人力資源相關的組織內外在環境扮演了極重要的角色（於本節中討論）。同時，也必須密切組織內部整體作業，與外在環境變化的關聯及互動性（見本書第3章）。首先，我們從系統的觀念來著手，一般有四種外在環境因素影響一家觀光企業的人力資源管理作業。

1. 產業結構（Industry Structure）：觀光企業在不同的條件和競爭狀態，會制定出不同的競爭策略，因競爭策略的不同，人力資源管理的策略及作業也不同（圖1-4）。

2. 勞動力服務市場（External Labor Market）：這是觀光企業人力的主要來源，尤其**觀光企業**在擴張營運或企業本身無法訓練培養足夠人才的情況下，觀光企業必須從外在的勞動市場招募可用之才。不但企業必須仰賴外在的勞動服務人力市場，觀光企業本身也無法控制外在勞動市場的變化，而只有詳加規劃自己的人力資源需求，以配合外在勞動市場的供給（圖 1-5）

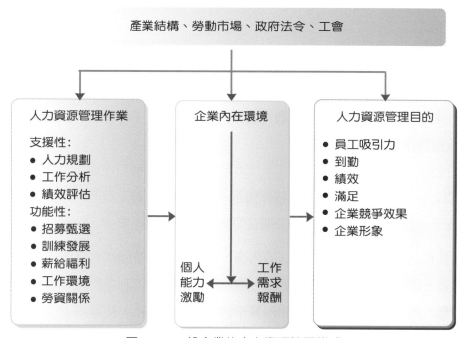

圖 1-3　一般企業的人力資源管理模式

圖 1-4　不同的條件和競爭狀態，會制定出不同的競爭策略

圖 1-5　培養觀光人才以服務飯店客戶

3. 政府的法律和行政命令：不少人力資源作業都是法律或政府規章的產物，這些法律和命令的目的大都在給予企業員工最基本的保障，如最低工資、工作時間、勞工保險等。

4. 工會（Labor Union）的興起：許多人力資源管理作業也因工會的要求而產生。在民主先進國家，工會代表員工與資方進行集體談判，共同決定員工的工作環境和條件，人力資源管理的作業內涵也就愈為複雜。

人力資源管理模式圖中的人力資源管理作業（圖 1-3），列舉了人力資源管理的代表性作業，這些作業一方面反映出上述外在環境因素的影響，一方面也可看出人力資源管理的一般程序。這些作業可分兩大類：支援性（Supporting）和功能性（Functional）作業。

1. 支援性作業：並不求直接促使員工、工作、企業環境相互的搭配，其目的只在使功能性的作業得以順利進行。所以，觀光企業的人力規劃、工作分析和訊息式的績效評估均屬支援性作業。

2. 功能性作業：講求企業環境、員工及工作的最佳搭配，進而達成人力資源的策略，以增加觀光企業競爭能力。所以，招募甄選、訓練發展、員工流動和永業管理、工作設計和安全、薪給和福利，以及勞資關係等，均屬功能性作業。

支援性和功能性作業均有其不同的內涵，然而各項作業間卻有高度的相關性，一項作業的成效，往往影響其他作業的進行。例如觀光企業為控制勞動成本，給予新進員工的待遇偏低，如此一來，企業便可能招募不到所需要的人才，招募的工作就可能需要加強，或者觀光企業招進來的員工水準較差，觀光企業便需加強訓練。日後這些員工晉升機會也可能因此而相對減少，觀光企業又必須對升遷的政策和做法加以調整。

在模式圖的「企業內在環境」是指人力資源管理作業的對象，也就是員工和工作。員工有不同的能力，也有不同的激勵水準，更有不同的需求，而不同的工作也有不同的要求和報酬。觀光企業員工工作績效的產生，一方面需要員工的能力和工作的要求得以配合，另一方面又需要員工有適當的激勵。這個激勵的適當與否，在於員工的個人需求是否與企業所提供的報酬（直接或間接）相對應。這一切員工和工作之間的互動和組合，都與整個觀光企業特定的內在環境息息相關。

在觀光企業內在環境中，經營策略、財務能力、生產技術和企業文化最為重要。這些因素提供企業人力資源作業一個運作的指標、規則和限制。也只有在這個現實的環境下，工作和員工的配合才會實現，真正的工作績效才會產生。尤其是企業文化，它代

表觀光企業上下共同的價值觀念和理念，這些信念隨著時間發展出一套處理事物的方法和習慣。唯有員工和工作的互動與這套理念趨於一致，整體觀光企業運作才會產生效果。

當員工、工作與觀光企業內在環境配合時，我們會看到一些結果產生。首先一個員工會按時上班，不遲到不早退，在其分內工作上有良好的表現（圖1-6）。由於員工與觀光企業在這

圖 1-6　觀光企業內部以開會方式，尋找最佳服務品質來爭取旅客的滿意度

項互動過程中，都得到滿意的結果，對員工而言，是工作滿足，對企業而言，則是工作滿意或工作績效。有了這種雙方滿意的關係，一個觀光企業便有良好的組織氣候和環境，進而產生良性循環。員工以服務企業為榮，觀光企業也具有良好形象，這在服務商品銷售以及員工招募上，都會有更大的吸引力，這些結果都是人力資源管理作業成效的指標。

人力資源故事集

1-1

晶華徵才，「一分鐘動履歷」自我介紹

國內著名飯店——晶華麗晶酒店集團開飯店業先例，徵求「一分鐘動履歷」，瞄準習慣使用社群網站等媒體的社會新鮮人，透過影音展現自我（圖1-7）。

由此可以知道，觀光休閒產業在人力資源發展中，時時在創新；依據晶華薛執行長指出，臺灣飯店業蓬勃發展，人才供不應求，積極發掘培養下一個世代的人才成為觀光休閒產業刻不容緩的重要任務。因此，晶華打破傳統招募方式，讓面試者與求職者直接進行互動，以創新方式發掘人才。

（參閱黃冠穎，經濟日報，2014/8/19，A16 版）

圖 1-7　臺北晶華飯店的宏偉建築

1-3 觀光人力資源管理的功能與活動

觀光人力資源管理的主要功能在於提供、協調與發展組織人力資源，以確保組織的正常運作。如前所述，人力資源管理既然是對觀光企業組織人力資源做策略性與作業性的管理，則人力資源部門除了扮演傳統幕僚功能的角色外，同時也須兼顧執行性的直線功能。前者與欲達成組織目標及影響各部門中個人與工作配合的相關事務有關，例如績效評估、招募、訓練發展、薪資福利與勞資關係等，涵蓋服務、諮商等工作；後者則與直接指揮、控制人力資源部門的員工，以及執行日常的管理工作有關。

美國人力資源管理學會（Society for Human Resource Management）提出六項主要功能來界定人力資源管理的工作項目（圖1-8）。茲將此六項功能與所涵蓋的活動敘述如下：

圖 1-8 美國人力資源管理學會（Society for Human Resource Management）標誌

一、人力資源規劃與招募選用

有關觀光休閒企業的人力資源規劃與招募選用，可以下列各點說明：

1. 做工作分析以建立組織中每項職位的具體資格與條件。
2. 預測組織欲達成目標的人力資源需求。
3. 發展及執行上述需求的計畫。
4. 招募組織欲達成目標的人力資源。
5. 選用組織中各項工作的人力資源。

二、人力資源的發展

有關觀光休閒企業的人力資源發展，可說明如下：

1. 訓練員工。
2. 設計及執行管理與組織發展計畫。
3. 設計員工個別的績效評量系統。

三、獎勵與酬償

有關觀光休閒企業人力資源的獎勵與酬償，說明如下：

1. 設計及執行酬償與福利系統。
2. 確保酬償與福利的公平性與一致性。

四、安全與健康

有關觀光休閒企業人力資源的安全與健康，說明如下：

1. 設計與執行員工安全與健康計畫（圖 1-9）。
2. 設計懲戒與申訴系統。

圖 1-9　有關觀光休閒企業人力資源的安全與健康，也是需要注意的項目

五、員工與工作關係

有關觀光休閒企業人力資源員工與工作的關係，說明如下：

1. 成為員工代表團體與組織高階管理者的中間人。
2. 提供會影響員工個人問題的各種協助。

六、人力資源研究

有關觀光休閒企業人力資源研究，可說明如下：

1. 提供人力資源資訊基礎。
2. 設計與執行員工溝通系統。

除了上述六項功能與活動之外，另有一項是與人力資源成本或價值的衡量有關；即近幾年來逐漸被重視的「人力資源會計（Human Resource Accounting）」，把人力資源視為資產，而不只是營運的費用之一。

1-4　觀光人力資源管理的專業工作

　　觀光人力資源管理的專業工作，往往因觀光企業組織規模的大小、專業分工的程度、高階主管的認知，以及企業經營的策略而有所差異。觀光人力資源管理的專業工作，基本上可分為四個層級。

一、人事文書工作

　　這種工作主要是基層性與支援性的，其工作性質就是蒐集、整理、保存人事資料，以供上級人事主管或直線主管決策的參考。

二、人力資源專業工作

　　在人力資源管理各項作業中，以觀光專業知識來解決特定問題的工作，如激勵管理顧問、薪給分析師、訓練發展專員等，這類工作往往有等級之分，即按工作範疇、服務對象的職位高低，及專業程度而加以區分。如薪給調查員乃在分析勞動力價格及趨勢，而薪給管理師則負責整體薪給政策的擬訂。

三、人力資源經理

　　觀光人力資源管理經理往往是通才，負責所有人力資源管理業務的執行和協調，解決員工的個別問題，擬訂觀光企業整體的人力資源政策。當然，觀光人力資源經理也負責監督人力資源部門所屬的人員（圖 1-10）。

圖 1-10　HRM 部門主管協調解決組員問題

四、人力資源副總經理

這是觀光人力資源管理人員在其專業中所能晉升的最高職位。這種職位也只有在較大的觀光企業中才設立。其主要職責是協調幕僚和直線的關係，參與企業策略的決定，也透過人力資源策略的擬訂搭配整體企業的策略，以達成人力資源的充分運用。

人力資源管理專業工作既然具有這些層級，自然也形成一個人力資源部門員工升遷的通路。從事觀光人力資源管理工作通常有兩種方式，一是以人力資源專才的身分，擔任人事文書或專員的工作，日後按著經驗表現逐次升遷；另一種方式是間接的，通常這些人是在其他幕僚或直線單位擔任第一線主管，如組長、領班等，由於個人興趣或管理員工的經驗，而轉至人力資源部門。這些具有直線工作經驗的人員，比較容易與直線人員相處，在推動人力資源作業上也有其特長之處。有些觀光企業刻意安排人力資源管理人員在從事其分內工作之前，先從事一些現場服務的工作，以增加其日後處理人力資源管理工作的能力。

1-5　我國觀光休閒產業人力資源管理現況分析，及面臨的問題

我國為發展觀光休閒產業，預定在 2015 年之後，觀光客來臺人數可達到 1000 萬人次。在近 20 年來，教育單位努力配合人力需求，不論在中學階段或大專階段，皆廣設了觀光、休閒、餐飲、旅館管理等科系，讓觀光餐飲類科系學生大量增加，也充沛供應觀光界所需求的人力。同時，更擴大辦理領

圖 1-11　我國觀光局官網設計，帶動觀光客來臺

隊、導遊等證照的考試，讓每位觀光人皆有足夠的本職學能，來發展觀光人自我生涯，共同迎接臺灣成為觀光大國的來臨（圖 1-11）。

新的人力資源總體問題亦不斷的產生，且極待克服，分別敘述如下：

一、人力供需結構性不平衡的問題

人力供需結構性不平衡，係教育所培育之人力與觀光休閒產業經濟發展所需的人力未能配合，及國人價值觀的改變而形成。目前的主要問題，包括：

1. 基層技術人力缺乏，如高職學生幾乎以升學為目的，有些工作僅需要高職畢業生即可勝任。
2. 高級觀光管理人才仍然不足，因應國內高級觀光大飯店林立，需要具體國際化型態的人才，這點尚待加強。

二、觀光人力培育所遭遇的問題

檢討當前觀光人力培育，尚有下列問題必須設法改進：

1. 教育量與質的發展未能兼顧。
2. 學校類科結構調整待加強，尤其是科技院校等高等職業教育。
3. 觀光職業訓練尚待加強。
4. 教育政策鬆綁，高等教育人數大幅增加，導致大學生程度下降。
5. 一般大學及科技大學的「雙軌」制分野，待重新定位，不要有太多的重覆現象。

三、觀光企業經營與組織管理問題

目前臺灣觀光休閒中型企業占觀光界多數，觀光休閒企業經營多採取家族式組織，所有權與管理權未能分離，且現代管理知識也未能普遍受到重視，致使員工的才能無法充分發揮，影響人力的有效運用。另一方面，觀光企業因景氣不穩、規模小型，不易讓充沛的觀光人力有發揮的機會。

四、薪資偏低的人力安定問題

觀光服務案附加價值有待提升，各觀光休閒產業的用人文化，皆以較低薪資方式來聘用人力，讓觀光人在安定就業上，造成勞資雙方的問題，觀光人的信心待加強，觀光產業經營者常常遇到不安定的人力問題。

五、服務業應與高科技產業並重

近年來，政府偏重於高科技產業的創新與發展，而忽略了與民生息息相關的服務業（含觀光休閒旅遊業）。然而，服務業涵蓋了人民的食、衣、住、行、育、樂、生、老、病、死等，如果政府加以重視、提倡、加強硬體措施（如交通的便利性、公共安全及衛生的嚴格控管等）來活絡服務業，包括近年來受到重視的運動、休閒與觀光業，將可提供相當大量的就業機會，亦可藉此來促進景氣的復甦。

1-2

飯店移植特色，做出差異化

觀光休閒產業非常競爭，每位觀光人在接受人力教育訓練過程時，皆要具備創造特色的基因，讓觀光飯店具有十足的特色，並真正表現出差異化。就以 2014 年來，臺灣飯店業皆以歐美服務風格來設計之，並為主流。在「東京御三家」之稱的日本品牌（大倉久和）進駐臺北之後，更是創造了全然不同的服務方式，讓員工的人力應用更為活潑。臺北的大倉久和飯店陳副總監指出：日式服務在許多細節的重視，顛覆了臺灣員工的想像，例如在住房樓層遇到客人，工作人員要站直鞠躬，靜待客人經過；日式餐廳服務員也要留心動線，不能經過窗戶，避免影響客人觀賞風景；逢年過節也不大張旗鼓

圖 1-12　臺北的大倉久和飯店外景

地慶祝，要維持低調沉穩的風格（圖1-12）。由此可知，觀光休閒產業配合人力素質的提升，宜在觀光服務設計內涵中，展現觀光業經營的特色，發揮觀光企業的競爭力。

（參閱黃冠穎，經濟日報，2014/8/22，B7 版）

員工家庭化「鼎泰豐」創造了黃金 18 摺的小籠包

創立於 1958 年的鼎泰豐，在 1972 年由原來的食用油行轉型經營小籠包與麵點生意，開始賣小籠包後，致力於食材、品質與服務的提升，佳評如潮，在各家美食報章雜誌的介紹下，不僅是一般市民的最愛，更是許多政商名流、國際級影星讚不絕口的頂級美食。其遠近馳名的「黃金 18 摺」小籠包，平均一天吸引 1 萬多名客人上門，假日時可高達兩萬人，遇上連續假期，各家店幾乎沒有離峰時間，等候超過一小時已是司空見慣。美國有線電視新聞網（CNN）在 2014 年列舉了 10 件臺灣無人能及的事，其中一件就是小籠包，「僅管小籠包的發源地是上海，不過臺灣卻在全世界小籠包界擁有一席之地。」把這一顆顆細皮嫩肉的小籠包推上國際舞台，讓小籠包成為臺灣代名詞的，就是現在還稱自己是「小吃店」的鼎泰豐。為什麼鼎泰豐可以經營得這麼成功？以人資層面而言，以下面向可供參考。

在鼎泰豐工作就好像在當兵一樣，生意源源不絕，每天都像打仗，從一早大家一起滾麵皮、一起包小籠包開始，培養了患難與共的革命情感。由於工作背景一樣，溝通的語言也一致，不同於其他企業嚴格執行員工三等親內禁止進公司，鼎泰豐反而歡迎員工攜家帶眷加入，所以多見夫妻檔、姊妹檔、兄弟檔，也使得大家的團結心更堅定，這種緊密的關係使得鼎泰豐的員工在面對每天長時間工作，也能甘之如飴。

而鼎泰豐最難以複製的核心競爭力，是對員工的照顧，這也是同行抄不來的真正原因。鼎泰豐薪資與獎金超過業界高標許多，早在 10、20 年前，鼎泰豐發給員工的薪水就已是同業最高。現在光是外場人員就有 3 萬 8000 元的起薪，相當於五星級飯店中階主管的月薪，還不包含績效獎金和紅利。所以當員工想要跳槽到其他餐廳時，總會卻步，主要原因不外乎薪水不如鼎泰豐，而且跳槽後，大材小用，一身本領無從發揮，加上員工原本融洽的感情，使得鼎泰豐的流動率相當低，每天工作都與自己的親人一起，也可以減少相思之苦。

（續下頁）

（承上頁）

　　董事長楊紀華也總是叮嚀再三，以父母對待孩子的心情，教導員工技能，也教養他們的氣質，從個人衛生習慣、外表儀態到外行為舉止都納入管理，更推及各層級主管，要他們如兄姐般對待比自己年紀小的組員，以自家長輩那樣的態度尊重年長者。他更重視誠信的品格，要求員工對自己誠實，不用怕客訴，要勇於面對，找出根本解決之道，避免下次或其他人再犯相同的錯誤。在員工培訓方面，對於新人的訓練，必施以職前訓練及實習的要求，對於在職人員，也實施操作技能、晉升轉調、一般能力、管理能力、特殊要求、語言等訓練，而在管理制度方面，則對每一項作業流程都非常注意，嚴格要求品質的精神，無形中傳遞給每一位鼎泰豐的師傅，都極力追求品質。也因這樣的工作氛圍，讓鼎泰豐的接待或侍應，在遇到客人的不耐煩，或無故的咆哮時，皆能相互提醒，回應適切的應對，在員工家庭化與對品質的注意，使得鼎泰豐每個員工都把鼎泰豐當成自己的企業在經營，每一個員工無不希望公司獲利最大。

　　吸引客人上門吃飯只是第一步，難的是，如何讓他們願意下次繼續再來，才是最難的，鼎泰豐從員工的遴選、訓練和激勵、進而培養積極而融洽的鼎泰豐文化，做到了這一點，而且也繼續不斷地複製這個成功的商業模式，擴展分店至全球，引領「食」尚潮流之風騷。

圖 1-13　鼎泰豐小籠包

1. 觀光人力資源管理係透過人力資源分析、規劃、運作等,並配合其他管理功能,達到觀光企業的整體目標。

2. 觀光界人力資源管理人員不但要了解觀光企業外在的環境影響,也應認識內在的環境條件,進而有效的規劃出各觀光企業具有系統的人力資源策略。

3. 觀光企業經營系統包括:人力資源系統、研發系統、財務系統、行銷系統及生產系統。

4. 觀光企業內所有與員工有關的資源,包括員工的知識、能力、技術、特質和潛力等。

5. 有效的觀光人力資源管理是結合了管理、技術、行為三方面的知識,它除了是一門科學之外,也是一種藝術。

6. 影響觀光企業人力資源管理作業的外在環境因素有:
   (1) 產業結構;
   (2) 勞動力服務市場;
   (3) 政府的法律和行政命令;
   (4) 工會的興起。

7. 美國人力資源學會提出六項主要功能有:
   (1) 人力資源規劃與招募選用;
   (2) 人力資源的發展;
   (3) 獎勵與酬償;
   (4) 安全與健康;
   (5) 員工與工作關係;
   (6) 人力資源研究。

8. 觀光人力資源管理之專業工作有四個層級:
   (1) 人事文書工作;
   (2) 人力資源專業工作;
   (3) 人力資源經理;
   (4) 人力資源副總經理。

9. 我國觀光人力方面,全國各高職及科技校院皆廣泛設立有:觀光、休閒、餐飲、旅管等科系,人力向為充沛,唯有素質及企業倫理有待加強。

10. 我國觀光企業人力資源管理可能面臨的問題有：

(1) 人力供需結構性不平衡；

(2) 人力培育所遭遇的問題；

(3) 企業經營與組織管理問題；

(4) 薪資偏低及人力安定問題；

(5) 服務業應與高科技產業並重。

本章練習 LEARNING PRACTICE

問題討論

1. 人力資源發展如何幫觀光人打贏其他觀光企業？

2. 介紹觀光人力資源管理的意涵。

3. 分析人力資源管理與人事管理的差異性。

4. 介紹美國訓練與發展學會所提出的「人力資源管理標準功能」之內容。

5. 介紹一般企業人力資源管理的模式。

6. 分析影響觀光企業人力資源管理作業的外在環境因素有哪些？

7. 介紹並討論晶華徵才之「一分鐘動履歷」的內容及特色。

8. 分析美國人力資源管理學會提出的六項主要功能。

9. 介紹觀光人力資源管理的專業工作內容。

10. 加以分析我國觀光休閒教育與人才供需的現況。

11. 以案例來介紹飯店移植特色，做出差異化。

第 2 章

觀光人力資源管理的發展

學習重點

1. 了解觀光人力資源管理的發展時期與其內涵

2. 學習並了解現代觀光人力資源管理的變化與需求

3. 認識臺灣觀光產業人力資源管理的演進過程

應用資訊人力，結合歷史性特色，建立行動影音服務創新

　　有近百年歷史的深坑老街，多年來已成為臺北近郊的觀光據點（圖 2-1），而地方政府──里長辦公室與東南科大資管系合作，建置一套雲端行動影音導覽平臺，將手機化身為專業個人解說員，方便導覽。各處老街若能仿照深坑做法，結合當地大學的資訊人力，來改造觀光資訊，便可以再造觀光珍貴歷史資源，發展觀光產業。

　　以深坑為例，該平臺是一個在地服務性質的資訊系統，具有歷史文化保存價值，不只能夠使遊客了解深坑老街，更能讓在地居民了解自己家鄉，是結合傳統與資訊系統服務創新的絕佳典範。此行動影音導覽平臺擁有許多好處，最大優勢在於它的機動性，遊客不須事先安排解說員，也不須受限於導覽時段，更不會因為擁擠的人群而錯過了部分解說內容，由此案例，讓我們知道：觀光產業要有很多不同領域的人力參與，才是創造服務創新的關鍵因素。

圖 2-1　深坑老街具有歷史性特色

（參閱：吳佳汾，經濟日報 2014/8/26，A18 版）

　　人力資源管理從早期的工業革命時期開始蘊育、萌芽，之間經歷了科學管理時期、管理程序時期、行為科學時期，以及今日的現代人力資源管理（多元且全面性）時期等階段的發展，逐漸成長茁壯而蔚然可觀，成為一個完整且有系統的學科。臺灣近年來，將觀光休閒產業列為最重要服務業之一，大家一齊來重視人力資源管理的發展與演進，正符合現在觀光休閒產業的應用與需求。

2-1　工業革命時期

　　18 世紀末至 19 世紀末，這一時期是人力資源管理的萌芽階段。由於未完全脫離君主統制的觀念和工業革命的衝擊，所以，人力資源管理尚處於傳統的窠臼之中，一切以工作為主，忽視人性的存在，主要的人力資源管理方式可分為「強權的管理」與「溫情的管理」兩種。

一、強權的人力資源管理

　　工業革命初期，雇主的重點完全放在生產工具和資本募集上，且享有至高無上的權威，勞動者只有唯命是從。人資管理方式完全以工作的成果為依歸，忽視人性的價值。大多數的勞動者，被迫接受惡劣的工作條件與低廉的報酬，生活困苦。

二、溫情的人力資源管理

　　工業革命後期，由於工廠規模日漸擴大，工作與組織也隨之而擴大。企業為滿足發展需要，開始重視管理制度；對人員採取懷柔政策，重視勞動條件的改善與福祉措施的擴充，以激發勞動意願，提高生產力，人力資源管理於是開始萌芽。

2-2　科學管理時期

　　19 世紀末至 1930 年代，企業為求增加生產，降低成本，開始重視新的人力資源管理方法，將科學原理應用於人力資源管理之中，於是科學化的人力資源管理才逐漸從實務經驗中建立起來。

一、泰勒的科學管理

　　自 1911 年泰勒（Frederick W. Taylor）發表《科學管理的原則》（Priciples of Scientific Management）一書以來，對企業界及政府組織造成了一股風潮。從此之後，管理才正式被視為一種科學。在此之前，管理者通常以經驗法則來避免錯誤；為了推崇泰勒對管理科學的貢獻，尊稱泰勒為「科學管理之父」（圖 2-2）。

圖 2-2　「科學管理之父」泰勒

泰勒提出了四個科學管理的原則，其原則與人力資源管理息息相關：

1. 動作科學化原則（Principle of Scientific Movement）：對每一個工人於工作時的每一個動作元素（Moving Element），發展出一套科學方法及標準，以代替舊有的經驗法則（Rule of Thumb）。

2. 工人選用科學原則（Principle of Scientific Worker Selection）：以科學的方法來選用工人，並施以訓練、教導及培育；取代由工人自己選擇工作，及自己訓練自己的方式。

3. 合作與和諧原則（Principle of Cooperation and Harmony）：員工與員工之間，以及雇主與員工之間均應摒除個人主義或是敵對的態度；必須誠心合作，才能真正的提高效率及生產力。

4. 發揮最大效率及成就原則（Principle of Greatest Efficiency and Prosperity）：管理階層與勞工階層必須要有適當的職能分工，該由管理階層負責的部分（如規劃與控制），應由管理階層來分擔，而不是像過去都把責任歸咎於工人。換句話說，透過職能分工，發揮每個人的潛力及專長，以獲得最大的效率及成就。

泰勒在伯利恒鋼鐵公司（Bethehem Steel Company）所做的「銑鐵實驗」，在整個載運銑鐵的過程中，他設立了休息期間、工人搬運速度、搬運姿勢等的科學標準（即加以量化），並將工人與鏟子大小作不同的組合，再配合更高工資的誘因激勵下，使得生產力大爲提高。泰勒以其個人在各種職位工作的經驗，對工人的監督採用了「動作研究（Motion Study）」及「時間研究（Time Study）」，來設定合理的產能，此即有名的「動作時間研究」及「獎工制度」。

他倡導科學管理，將勞動時間與作業方法科學化，並依此建立薪資制度與用人制度。泰勒的科學管理雖對生產技術的合理化有很大貢獻，卻仍忽略了人性的價值及人力資源的發展。

二、吉爾伯斯的動作與時間研究

吉爾伯斯夫婦（Frank & Lillian Gilbreth）以照相影片來研究分析砌磚的動作，他們設計出一種微動計時器，把時間設定在肉眼無法察覺的 1 / 2000 秒，並將工人砌磚的手部動作歸納爲「尋找（Search）」、「選擇（Select）」、「掌握（Grasp）」及「把持（Hold）」，並把這些動作稱之爲「動素（Therbligs，爲其姓氏 Glibreth 的倒拼）」。動素的提出影響所及的是人因工程（Human Factors Engineering & Ergonomics）的研究，人因工程亦與人力資源管理息息相關。

三、亨利甘特的甘特圖

甘特（Henry Gantt）於 1877 年與泰勒共同服務於 Midvale Steel Company，對於泰勒所提倡的科學管理方式非常的贊同。他於 1917 年提出甘特圖（Gantt Chart），或稱為「條型圖（Bar Chart）」，把一切預定安排及已完成的工作，繪在有時間標尺與人員或機器名稱的座標軸上，成為一個可控制服務進度的計畫圖，對人力資源管理有相關助益。

泰勒可以說是科學管理的啟蒙者，而吉爾伯斯夫婦和亨利甘特，可謂是科學管理的傳承者及發揚光大者。

人力資源 故事集

2-1

觀光產業人力資源發展，其願景如何訂定？

觀光產業發展，臺灣訂為服務案最重要發展項目之一，期望在 2015 之後，有千萬人到臺灣旅遊，而且以每年 10 ～ 15％增加的比率，到 2020 年邁向兩千萬人的觀光大國（圖 2-3）。以這樣的願景，臺灣的觀光願景與政策如何訂定呢？又觀光人力資源發展與管理

圖 2-3　近幾年從桃園機場來臺旅客逐年增加

如何配合？這些疑問成為我們學習人資管理的重要課題。這些方針與願景要如何規劃？

依據創新管理學者專家，盧希鵬特聘教授的建議重點有：(1) 宜重視觀光人的創造能力，而不是僅停留在分析能力，換句話說，如何提升觀光產業的魅力及價值，讓每位觀光客讚嘆不止，有賓至如歸的感覺，得加快臺灣的觀光資源整合；(2) 加強深度現象，探索性觀光，人文價值觀光及美食觀光等功能；(3) 加強軟性服務的創意型觀光內容；(4) 努力塑造邁向具有觀光品味、觀光文化、觀光優質環境、特別適合觀光的島。若要達到上述觀光願景，其實最重要的，觀光界迫切地需要高素質的人力資源，也就是觀光產業界要非常重視觀光人力資源發展。

（參閱：盧希鵬，經濟日報 2014/8/6，B7 版）

2-3　管理程序時期

　　1910 年代至 1960 年代，有一些人力資源管理學家及實務工作者，以宏觀的管理角度，企圖建立一些可普遍應用於各層次管理工作的原則，而與科學管理的主張相抗衡。其主要內容為有關正式組織結構內，管理的一般程序方面。因此，被稱為管理程序（Management Process）時期。此一時期的代表人物有費堯（Henri Fayol）、古力克與歐威克（Luther Gulick & Lyndall F. Urwick）、穆尼與雷利（James D. Mooney & Alan C. Reiley）及孔茲（Harold Koontz）等。

一、費堯的一般行政管理

　　法國管理學家費堯（Henri Fayol），於其 1916 年出版的《工業與一般管理》（Industrial and General Administration）一書中，主張管理者應遵循的管理功能為：規劃、組織、命令、協調及控制。費堯因此被稱為「古典管理理論之父」，也是管理程序的首倡者（圖 2-4）。

　　費堯將一個企業的活動分為「企業功能（Business Functions）」與「管理功能（Management Functions）」兩大類，前者包括技術性作業（品管、維護等）、商業性作業（採購、銷售等）、財務性作業（資金取得與控制等）、安全性作業（商品與人員的防護）、會計性作業（存貨、報表、成本計算等）；後者則包括管理性作業（規劃、組織、命令、協調、控制等）。

圖 2-4　法國管理學家費堯（Henri Fayol）

　　費堯於 1949 年所提倡的「管理 14 原則（14 Principles of Management）」，在管理學上非常著名，內容如下：

1. 分工原則（Division of Labor）：分工可使員工更具專業，且能提高工作效率。
2. 權責相對原則（Authority and Responsibility）：任何職位，任何工作都應有相當的權力與責任。
3. 紀律原則（Discipline）：各階層員工均應遵守組織的規定。
4. 命令統一原則（Unity of Command）：任何一個員工，只聽命於一個上司。

5. 指揮統一原則（Unity of Direction）：同一目標的作業，應由同一個主管人員來指揮與協調。

6. 團體利益大於個人利益原則（Subordination of Individual Interests to the Common Good）：員工應摒棄個人主義，共同為團體利益而努力。

7. 員工薪酬原則（Remuneration of Personnel）：員工必須獲得公平的報酬。

8. 集權化原則（Centralization）：管理者在做決策時，需視情況做出適度的集權。

9. 層級鎖鏈原則（Scalar Chain）：一個組織從高層到基層之間，形成一個指揮的鎖鏈，不論是命令的下達或溝通均應透過這個層級鎖鏈。

10. 秩序原則（Order）：組織內的人、事、物均應各在其位，此即秩序原則。

11. 公平原則（Equity）：管理者對待其部屬必須公平合理。

12. 部屬穩定原則（Stability of Staff）：各部門的人員，應儘量維持其穩定狀態，以提高其工作效率及專業性。

13. 主動創新原則（Initiativeness）：鼓勵員工主動參與及創新，使其更具有向心力。

14. 團隊精神原則（Espirit of Corps）：員工對組織必須忠誠、團結，以發揮最大的力量。

二、古力克與歐威克的公共行政原則

除了費堯之外，在英國方面，古力克（Luther Gulick）與歐威克（L.F. Urwick）於 1937 年也根據他們在政府及產業界服務的經驗，鼓吹下列公共行政原則：

1. 配合組織結構需求來選取人才。
2. 承認最高層主管為權威來源。
3. 堅守指揮統一原則。
4. 利用一般及專門幕僚。
5. 依目的、程序、人員及空間原則分設部門。
6. 授權並利用例外原則。
7. 責任與權威相當。
8. 考慮適當的控制幅度。

三、穆尼與雷利的組織四原則

在美國方面，任職於通用汽車公司（General Motors Corp.）的 2 位高級管理人員穆尼（J.D. Mooney）及雷利（A.C. Reiley），於 1931 年根據本身從事實務工作所得的經驗，並探討歷史上政府、教會及軍隊的組織，歸納出四個基本原則：

1. 協調原則（The Coordinative Principle）：這樣才能在追求一共同目標下，使行動保持一致。
2. 層級原則（The Scalar Principle）：強調組織結構及權威。
3. 功能原則（The Functional Principle）：應將任務分別部門負責。
4. 幕僚原則（The Staff Principle）：藉由區分直線及幕僚，由前者行使職權，而由後者提供建議及資訊。

四、孔茲的管理理論叢林

孔茲（Harold Koontz）教授於 1961 年提出一篇研究報告，指出 1900 年以來管理理論的分歧現象。他將這種現象稱為「管理理論叢林（Management Theory Jungle）」。他認為管理的程序方法（亦即費堯所提倡的管理功能），係將管理視為透過組織成員的合作以竟事功的程序。管理者所執行的四個功能是：規劃、組織、領導及控制，而這四個程序是循環、持續不斷的，如圖 2-5 所示，亦可應用於人力資源管理的程序。

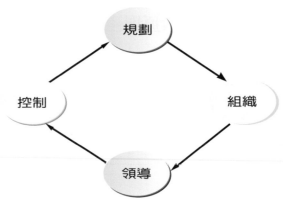

圖 2-5　人力資源管理的程序規劃

管理程序時期為人力資源管理打開了一個新的局面，那就是將企業管理的機能——規劃、組織、領導（指揮、協調）及控制，融入於組織的人力資源管理之中。

2-4　行為科學時期

　　隨著商業機能的發展，大多數人的思想、價值觀也隨之改變，而觀光企業在執行人力資源議題，亦要隨時代做變化。尤其是在 1930 年代遇到空前的經濟大恐慌之後，人們對安全、社會及個人的成就感充滿渴望；於是更強調了對「人性」及「人群關係」的重視。此一時期肇始於 1910 年代，而全面發展於 1930 年代至 1980 年代。代表性的人物有：歐文（Robert A. Owen）、孟斯特伯格（Hugo Munsterberg）、佛萊特（Mary Parker Follett）、梅育（Elton Mayo）、巴納德（Chester Barnard）、麥格里高（Douglas McGregor），以及阿吉里斯（Chris Argyris）等。以上各學派代表人物，主張的管理方式，皆與人力資源管理有密切關係。

一、歐文的員工權益主張

　　歐文（Robert A. Owen）認為在改善勞工方面所花的費用，是企業的最佳投資，同時對員工關心亦會使管理者受惠。歐文對於減輕勞工的痛苦所表現的勇氣與承諾，尤其為後人所稱道。他主張企業應明定工時、落實童工法、提倡公眾教育，並參與社區活動（圖 2-6）。

圖 2-6　歐文（Robert A. Owen）

二、孟斯特伯格的人類行為研究

　　孟斯特柏格（Hugo Munsterberg）是工業心理學的鼻祖。他在 1913 年的著作《心理學與工業效率》（Psychology and Industrial Efficiency）中，曾利用科學方法來研究人類的行為，以解釋人類行為的一般模式及個別差異。他認為科學管理與工業心理學有相通之處。此兩者均可透過科學的工作分析、個人的技術能力與工作的配合，來增加效率。他主張以心理測驗來改善員工遴選的有效性，利用學習理論來發展訓練方法，並主張透過人類行為的研究來了解有效激勵員工的技術。現代在遴選技術、員工訓練、工作設計及激勵方面的知識大多奠基於孟斯特柏格的研究。

三、佛萊特的群體倫理哲學

　　早期的學者中，認為可以個人及群體的角度來研究組織的要首推佛萊特夫人（M.P. Follett）。雖然佛萊特夫人是一位社會哲學家，她的一些觀念在管理實務上卻有著重要的涵義。她認為組織的運作應基於群體倫理（Group Ethics），而不是個人主義，唯有與群

體結合，個人的潛能才有發揮的可能。管理者的主要任務即在於協調群體努力工作，同時管理者與部屬應彼此視為事業伙伴。管理者應憑著技術及知識，而不是以正式的職權，來領導部屬。她的人性思想影響了現今對激勵、領導權力及職權的看法。

四、梅育霍桑研究

梅育（Elton Mayo）於 1927 年至 1932 年間在美國西方電氣公司（Western Electric Company）的霍桑廠（Hawthorne Work）所做的一系列「霍桑研究（Hawthorne Study）」。該研究分為四個層面與階段：

1. 工作場所照明實驗，結果發現燈光強弱與生產量高低，並無絕對的關係。
2. 繼電器裝配實驗，探討生產量與工作時間及休息時間的關係，結果顯示與科學管理的假定並不符合。
3. 大規模的訪問調查，三年內訪問兩萬多名員工，調查員工態度、地位與生產力的關係，結果證明在員工心中，「社會因素」非常重要。
4. 接線板接線工作研究，研究發現員工之間的非正式團體所建立的規範，常與管理當局所訂定的規範衝突；非正式團體的動態關係，對生產效率的影響很大。

圖 2-7　員工之間的關係互動，會影響生產效率

霍桑實驗推翻了許多科學管理的假定，並展開了對人群關係的探討，為人力資源管理的研究開創了新局面（圖 2-7）。

五、巴納德的職權接受論

巴納德（Chester Barnard）於其 1938 年出版的《執行者的功能》（The Functions of Executive）一書中，認為組織是由一個有社會互動的群體所組成的，執行者的功能在於與部屬之間的溝通，並以激勵的方式來使他們有高水準的績效。而在執行者職權的行使方面，成敗關鍵在於其部屬是否願意接受，所以又稱為「職權接受論（Acceptance View of Authority）」。

巴納德也說明了另一個很重要的觀念，即管理者必須觀察組織的外在環境，來調整組織內部的人力資源管理，以達到平衡的狀態。

六、麥格里高的 XY 理論

　　人力資源管理理論中，對於人性假定問題最具影響的理論，應推麥格里高（Douglas McGregor）於其 1970 年出版的著作《企業的人性面》中，所提出的「X 理論」及「Y 理論」。這是對於人性兩種相反的假定，可以說是將許多對於人性不同說法的整合。X 理論頗類似荀子的「性惡說」；Y 理論則類似孟子的「性善說」。

　　麥格里高認為，一個組織的人力資源管理做法，都受其有關人性假定的影響。傳統組織之所以採取集權式決策、金字塔形的隸屬關係，以及依賴外在力量以控制人員工作等辦法，就因為所採人性假定是屬於 X 理論，此即：

1. 一般人對於工作有一種先天性的厭惡感，只要可能的話，總是設法避免。

2. 由於上述原因，要使大多數的人能為達成組織目標而出力的話，必須靠強制、控制、指揮及懲罰等方法來加以威嚇。

3. 一般人寧可接受命令，也不願負擔責任。人們沒有什麼野心，最重視的乃是安全感。在這種假定下，人們之所以工作主要是為了金錢及福利，或是避免被懲罰，而這些也是人力資源管理者所能利用的主要手段。配合這種管理方式、細密分工、種種詳盡之規章辦法及嚴密的監督，都是不可缺少的條件。

　　但是，麥格里高對於這種人性假定的正確性，表示懷疑。他以馬斯洛（A. H. Maslow，見本書第七章）的需求層級理論為基礎，提出另一種 Y 理論，此即假定：

1. 人們使用體力及心智於工作上，正如同遊戲或休息一樣自然。

2. 外在控制以及懲罰的威脅，並非是使人們為組織目標出力的唯一手段。人們為了所決意實現的目標，自然會運用自我督促與控制。

3. 人們對於某種目標的付出意願大小，乃取決於完成該目標所感到的滿足程度，例如自我實現需求的滿足。

4. 在適當的情況下，一般人不但會學習接受責任，而且設法去擔負責任。

5. 運用相當高度想像力、智力和創造力以解決組織問題的能力，並不限於少數人才有，而是相當普遍存在的。

6. 在現代工業的生活條件下，一般人只發揮了一部分的潛在智慧與能力（圖 2-8）。

圖 2-8　上班族每天搭乘捷運，便利但也減少人們走路運動的時間

在這種假定下，管理者的任務乃是幫助工作人員自我成長與發展，使他們為了實現有價值的目標而自我控制與努力。假如人員表現懶惰、消極、逃避責任，那麼管理者應自我檢討，是否所採取的領導或控制方法，違反了人性積極的一面。以上說明了，如有人力資源管理理論的融入，將會使現代企業有較顯著的進步機會。

七、阿吉里斯的 XY-AB 組合理論

自 X 理論、Y 理論被提出後，一般人都願意接受，Y 理論代表人性。此即每一個人會自動自發、獨立而負責、具有發展潛力和自我實現需求。但事實上，X 理論也好，Y 理論也好，都是代表極端狀況，絕大多數的人乃處於兩者之間。

阿吉里斯（Chris Argyris）即認為，在態度與行為之間可能不同；因此，他於 1971 年提出在 X 理論與 Y 理論之外，再加上 A 型行為模式與 B 型行為模式，而成為「XY-AB 組合理論」。

1. A 型行為模式：表示一個人故步自封，拒絕嘗試新的方法，也不願意幫助他人從事比較開放或創新的行為。這種行為模式，表現在管理上，就是高度結構化和嚴密的監督。

2. B 型行為模式：與 A 型行為模式相反，觀念及行為開放，樂於嘗試新的事物，並且幫助他人從事這種行為。在管理上，也就是比較屬於支持性和鼓勵性的領導模式。

阿吉里斯認為，雖然在一般情況下，A 型行為通常是和 X 理論相聯結，稱為 XA；B 型行為和 Y 理論相聯結，稱為 YB，但並不一定必然如此。在有些情況下，A 型行為也可能和 Y 理論結合，而 B 型行為與 X 理論結合；換言之，XB 和 YA 也是可能的組合。

1. XB 型的管理者：在態度上認為人性是屬於 X 理論所描繪的，但其所採取的行為卻是支持性和鼓勵性的。這有兩種可能：一種可能是，他們被告知或從經驗中發現，這種行為模式可增加人員的生產力；另一種可能是，他所服務的組織已培養出此種環境氣候，使他們非得這樣做不可。

2. YA 型的管理者：在態度上認為人性乃如 Y 理論所假設的，但由於類似上述兩種原因——生產力與環境，使他在行為上屬於命令式和督導式的管理。不過，這種管理者會逐漸的培養下屬發展本身的才能和自動自發精神，而他自己也逐漸減少利用外在控制的方式，而代之以人員的自我驅策和控制。

行為科學時期，可以說是人力資源管理的發展期，對現代觀光休閒產業之人力資源管理產生巨大的影響，影響程度與內涵有：組織行為的探討、薪資制度的合理化、工會地位的強調、參與管理（Management by Participation）的重視及勞資關係的和諧等。

2-5　現代觀光人力資源管理時期

　　現代觀光人力資源管理，萃取了自工業革命以來各時期人力資源發展的精華，多元且全面性。主要的內涵有：美日混合式管理、激發創新管理、參與式管理及全面品質管理等。

一、威廉大內的 Z 理論

　　日裔美籍管理學家威廉大內（William Ouchi）於 1981 年出版了《Z 理論》（Theory Z, How American Business Can Meet The Japanese Challenge），為人力資源管理的研究開創了一個新的里程碑。

　　大內研究了一些美國著名的公司，如 IBM、寶僑（P&G）、柯達與惠普（HP）等，發現這些公司竟然兼具美式與日式組織的特色。因此，大內認為日本人在生產與服務業方面的優勢，在於他們的各企業結構與管理方式。

人力資源故事集

2-2

人力資源滿意度以 90% 為目標

　　在觀光界工作的朋友，請問您對目前觀光人力的品質滿意度有多高呢？50%、60%、90%，還是 100%？有位飲食界大老，他特別提醒大家：「幸福的人要有知足的智慧」，也就是說：當一位有智慧的觀光人，要自己設定幸福的目標，並全力以赴的達成。幸福或滿意度都不是絕對，而是相對的。一家觀光企業，面對天天不同環境的挑戰，人力素質成為競爭力的主要因素，而人力資源條件更成為觀光企業成功的主要因素，依據餐飲界大老經驗，其滿意度可以訂定「90%」為目標，因為滿意度若訂在 60% 到 70%，還距離稍遠；而訂 100% 為目標，則太過於理想化。以餐飲界大老的經驗，認為觀光產業界首重務實，不要目標太高，要求觀光人「人人 100 分」是不務實的，人力培訓中，若能以「90% 人力資源滿意度」為目標，就是一項良好的人力培訓計畫。

（參閱：戴勝益，宋健生，經濟日報 2014/8/6，B7 版）

因此，大內認為日本人在生產與服務業方面的優勢，在於他們的各企業結構與管理方式。Z 理論主要強調：

1. 長期雇用員工。
2. 評核與訓練配合。
3. 工作輪調與全盤訓練。
4. 非正式的控制程序與正式的工作考核。
5. 群體決策。
6. 個人責任。
7. 團隊精神。

大內提出 Z 理論的目的，在於加強美國各企業員工的組織認同感與忠誠度，建立一個更有效率的企業組織，在觀光企業亦有相當的相似度（圖 2-9）。

圖 2-9　臺北五星級飯店之一的臺北凱撒大飯店，也採用大內提出的 Z 理論

二、帕司卡與艾索的 7S 管理模式

同於 1981 年，史丹佛大學的帕司卡教授（Richard T. Pascale）與哈佛大學的艾索教授（Anthony G. Athos）出版《日本的管理藝術》（The Art of Japanese Management）一書，探討日本式管理的藝術，在書中提出了「7S 管理模式」，如表 2-1 所示：

表 2-1　7S 管理模式

中文	英文	模式
結構	Structure	組織的結構，如部門等。
制度	System	組織例行的重要程序，如會議方式等。
策略	Strategy	達成預定目標的計畫、方法或謀略。
人員	Staff	組織內部人力資源的管理與運用。
作風	Style	管理者達成組織目標所採取的作風。
技巧	Skill	組織經營運作之道。
最高目標	Superordinate Goals	組織宗旨或中心思想。

7S 管理模式對觀光企業組織所面臨日趨複雜的內外在環境、同業的生存競爭及經濟不景氣衝擊下的人力資源管理，有很大的助益。

三、肯特與彼得斯的激發創新管理

在 1990 年代以後能夠持續成長的企業，就是那些能夠激發創新的企業。在主張激發創新與組織改變的兩個知名代表人物是：肯特（Rosabeth Moss Kanter）與彼得斯（Tom Peters）。

在肯特的暢銷書《改變主宰者》（The Change Master）中，她曾對美國的 100 家企業進行研究，結果發現：美國企業的復興，端賴於對於組織改變需求的確認，以及有效的採取組織改變的行動。

彼得斯的觀點，更具有「攻擊性」。他認為過去的管理準則皆已成為昨日黃花，因為那些準則只適用於平穩而可預測的企業環境，但是這種環境已不復存在。管理者所面臨的是一個詭譎多變的環境，新競爭者的出現如風起雲湧，既有企業的倒閉亦在一夕在間。電腦與通訊科技的普及，只有採取變革策略，強調世界品質水準，採取彈性策略、持續創新，嶄新且成熟的產品及服務創造新市場的企業，才能夠立於不敗之地。

在激發創新管理的方式下，管理者必須設法使觀光組織內的人力資源「動」起來，運用各種團體決策的技巧（如腦力激盪等），以及有效的領導、激勵與溝通（見第 7 章）的方式來賦予觀光人力資源的活力。

四、參與式管理

參與式管理，早期即為行為科學時期的人力資源管理學者所提倡。因為參與式管理是管理民主化的產物，所以也是現代觀光人力資源管理者所必須遵循的典範。

參與式管理的內容，大致可分為：參與式領導、團體決策及自我管理等（見第 13 章）。

五、全面品質管理及國際標準認證

現代的企業為滿足顧客的需求，增強其競爭力，達到永續經營的目的，就必須重視「全面品質管理」。例如代表品質保證的 ISO 9000 及 ISO 14000 系列的認證制度、戴明（W. E. Deming）的全面品質管理原則與戴明獎（Deming Award）、美國的包勒基獎（Baldrige Award）及我國的國家品質獎等，都是企業所努力追求的目標。

在全面品質管理的制度下，人力資源的管理更被突顯與重視。許多企業在全面品質管理活動中，人力資源部門扮演了極重要的角色。如戴明的 14 點全面品質管理原則中，

第 2、6、7、8、9、10、12、1 三項都與人力資源管理有關；美國的包勒基獎的評估標準中，第 4 大項是人力資源管理（占 150%）；以及我國的國家品質獎評審項目中，人力資源管理也都占有極大的比重。

　　人力資源管理的發展經歷：萌芽期（工業革命時期）、成長期（科學管理時期與管理程序時期）、半成熟期（行為科學時期）及成熟期（現代人力資源管理時期），而成為專門的學科，並在管理科學的領域中占有一席之地。觀光界人力資源管理的推動，可以依循現代人力資源管理的原理與實務進行，並善加以應用。

2-3

讓觀光人求職，有機會「體驗」觀光飯店業

　　因為觀光人未來與旅客會有密切的關係，因此，晶華飯店在求職的活動設計中，特別設計了讓求職者有更多機會了解飯店業的工作型態與內容，晶華集團在 2014 年 8 月份舉辦「飯店體驗日暨徵才活動」，精心規劃包括晶華企業文化介紹、半日飯店體驗、特殊職能經驗分享等一系列活動，讓觀光新鮮人留下深刻印象（圖 2-10）。

圖 2-10　臺北晶華飯店外景

　　觀光休閒產業是國內新興產業，其發展空間很大，創意內容很多，晶華集團很用心，依據人力資源部劉副總提到，讓觀光新鮮人有機會利用「體驗式」來了解，是最佳徵才方式之一，也可以讓觀光新鮮人有更深刻之了解自我，是否要投入觀光休閒產業，是觀光產業界很不錯選才方式。

（參閱：黃冠博，經濟日報 2014/8/19，A16 版）

2-6　臺灣各企業人力資源管理的演進過程

　　人力資源管理工作在臺灣地區的演變，與臺灣過去 50 年經濟發展過程息息相關，其演進大約可分為四個階段：

一、自 1950 年代初期至 1960 年代中期

　　在這段期間，臺灣的主要企業多數屬於國營企業，並以製造生產為主軸。國營企業的人事工作大多沿襲政府公務員的文官體系，照章行事，隸屬於行政部門，處理員工出勤考核、薪資計算、員工福利、年終考績及聘僱升遷等一般行政工作。至於一般民間企業，更視人事部門為安插親人或親信的最佳去處，也是落實公司老闆決策的執行者。

　　在此同時，若干美國機構如美軍顧問團（Military Assistance and Advisory Group, MAAG）、民航空運公司（Civil Air Transport, CAT）等，先後引進美國文官制度（Government Services, GS）及一些美式人事管理觀念與方法，開啓了國內公民營企業學習世界中，先進人事管理理念制度與方法的大門，可惜這些美國機構與國內企業當時互動不多，並沒有產生多大的影響力或示範作用，十分可惜。

二、自 1960 年代中期至 1970 年代末期

　　這短短的 10 餘年，是臺灣經濟發展的黃金時期。由於 1965 年美援中止，政府大力推動以出口為導向的產業政策，大力吸引外資並積極拓展外銷，中小企業如雨後春筍般在全省各地設立，並逐漸成為臺灣經濟的主幹，而若干中大型企業由於市場及產品的擴充及獲利能力的提升，也逐漸朝集團企業方向邁進，期間雖經歷兩次石油危機，臺灣經濟榮景並沒有受到太大的衝擊。

　　在這段期間，外資相繼湧入，許多世界知名的企業紛紛來臺投資，以他們先進的人事管理架構與制度有系統導入臺灣，包括：

1. 確立人事部門在企業整體運作過程中的專業功能與地位。

2. 提升人事管理的內涵，從普通行政工作到影響企業用才、留才的專業層面。人事單位在當時被賦予的功能包括：如何經由較公平、公正的甄選程序，公開招聘適用的員工；如何透過薪資福利調查或其他相關資料之蒐集分析，來擬訂員工報酬及福利制度標準；如何落實母公司所訂定的績效評估制度，並以此作為加薪與升遷的主要依據；如何根據企業需求，擬訂並執行教育訓練計畫；如何推動內部溝通機制，以促進勞資

關係等不一而足。大大強化了人事管理的角色與機能，也為國內人事管理工作帶來嶄新的風貌。

3. 積極培養人事管理幹部及專業人才。在外商初進臺灣的前 5 至 10 年，其主要高階主管包括人事單位負責人，幾乎都由母公司派遣來臺，但由於工作性質比較偏向因應所在地的特殊環境及相關勞動法令，人事主管通常被視為第一個必須本土化的職位。基於這種考量，不少外商企業都以積極態度，物色並培育人事管理幹部及各種人事專業人員，包括引進母公司訓練課程、定期海外人事幹部研討會、海外短期實習等，為臺灣人事管理現代化奠定了良好的基礎。

三、1980 年代

在這短短 10 年間，臺灣經濟已逐漸從勞力密集轉向資本與技術密集型態，企業在獲利能力大幅增加及政府自由化經濟政策激勵下，紛紛朝產品多樣化、地區多元化方向邁進，形成一榮景。這10年臺灣經濟的平均年成長率約9%左右，外匯存底也增加5倍以上，到達 730 億美元，國外媒體與學者專家也紛紛以「經濟奇蹟」或「亞洲小龍」來形容臺灣在這段期間經濟成就。

相較於經濟的快速成長，企業人力資源管理在這 10 年間也產生了很大質變，對於提升臺灣企業的競爭力具有十分深遠的影響。

首先，人力資源管理（Human Resource management, HRM）這一新名詞，在 80 年代初期引進後，逐漸為許多國內中大型企業所使用，已反映出企業對人力資源工作的重視及其專業角色的肯定。在此期間，不少公司為因應長期發展需求而改組其人事單位，除了冠上較為時髦的「人力資源」名稱之外，有的更將人資部門提升到協理層次，以彰顯其重要性。

其次，在人力資源部門的功能上，也逐漸增多較具策略性的任務，例如較長期的人力規劃與運用、管理才能之發掘與訓練、員工生涯規劃與發展、甚至諮商與顧問工作等，使「人力資源管理」從過去反應式的解決問題，漸漸邁入預警式的管理模式。

四、自 1990 年代迄今

在此期間企業經營型態發生很大的變化，服務業取代製造業成為臺灣最大的企業業別，比重達 60% 左右。為因應市場競爭需求，企業國際化及國營企業民營化已成為求取生存的必經途徑，加上這段期間臺灣整體經營環境每況愈下，產業外移現象日趨明顯，

前往中國大陸投資及東南亞地區已蔚爲風氣。在此同時，人才與技術導向的資訊電子業在臺灣蓬勃發展，對國內產業升級產生指標作用，影響十分深遠。

企業人力資源工作在經歷 20 餘年的蛻變與轉型後，已逐漸趨於成熟並邁入策略取向的角色。90 年代企業面臨到空前未有的快速變遷，在「適者生存」的法則下，企業若無法迅速調整本身體質與策略來因應日新月異的經營環境，都將逐漸從市場中萎縮或消失。因此，愈來愈多企業體認到「變革管理」、「企業再造」與「組織創新」對企業永續經營的重要性，其中對「人」的因素的掌握更是致勝要素。

基於這種認知，人力資源部門所感受到的壓力及受重視的程度相對提升不少。人力資源單位被要求必須能夠回應企業的眞正需求，以協助改善其體質，進而增強競爭力。一些重要措施，例如如何強化績效管理、激勵員工共創佳績、如何發掘及培養高潛能員工以落實接班人計畫、如何重塑健康企業文化以貫徹企業再造等，都爲人力資源專業人士帶來前所未有的重大挑戰。

觀光企業的人力資源管理之重視程度，成爲臺灣發展成觀光大國的計畫，以時俱進；臺灣的觀光產業進步一日千里，每一類的觀光休閒產業，無不以健全人力資源管理爲目前最核心管理工作，因而，人資能力成爲觀光企業成功的最重要因素（圖 2-11）。

圖 2-11　當年位於圓山的臺北市立兒童樂園，每日進出消費人數衆多，其人力資源管理相對重要

觀光產業宜善用人力資本財

　　在臺灣,有關觀光產業的人力資源管理是新議題;因為國內的觀光產業近 5 年來,有長足的成長與改變,當邁向千萬人次的觀光客來臺之後,一切的觀光產業就必須趕上配合,才能維持服務品質,而提高服務品質所在的正是「人力資本財」的發揮。多位知名管理學者,皆認為一位觀光主管要成為卓越的觀光領導人才,平均要花上 10 年以上的培育;而要培養有一位好的觀光經理人,並不是一蹴可成,特別是針對觀光管理者的專業技術、知識及心態等三大基礎能力的培養。所以觀光管理人才的養成是一個持續不停的學習旅程 (圖 2-12)。

圖 2-12　觀光管理人才的養成,是一項持續不停的學習旅程

　　觀光市場快速推陳出新,競爭相當激烈,若僅靠過去的成功經驗,要讓觀光企業繼續成長獲利,是相當不易的;觀光人才是觀光企業成長與成功的重要資本。因此,我國要發展成為觀光大國,宜加強善用人力資本財,發揮觀光人的管理能力,才能讓觀光企業在面對高速轉變時,取得競爭優勢。

(參閱:賴沛妍,經濟日報 2014/8/7,B7 版)

1. 人力資源管理從早期的工業革命時期開始蘊育、萌芽，之間經歷了科學管理時期、管理程序時期、行為科學時期，以及今日的現代人力資源管理（多元且全面性）時期等階段的發展，逐漸成長茁壯而蔚然可觀，成為一個完整且有系統的學科。

2. 18 世紀末至 19 世紀末，這一時期是人力資源管理的萌芽階段。工業革命時期人力資源管理尚處於傳統的窠臼之中，一切以工作為主，忽視人性的存在，主要的管理方式可分為強權的管理與溫情的管理兩種。

3. 19 世紀末至 1930 年代，企業為求增加生產，降低成本，開始重視新的管理方法，將科學原理應用於管理之中，於是科學化的人力資源管理才逐漸從實務經驗中建立起來，包括：泰勒的科學管理、吉爾伯斯的動作與時間研究、亨利甘特的甘特圖。

4. 1910 年代至 1960 年代，有一些人力資源管理學家及實務工作者，以宏觀的管理角度，企圖建立一些可普遍應用於各層次管理工作的原則，而與科學管理的主張相抗衡。其主要內容為有關正式組織結構內，管理的一般程序方面。因此，被稱為管理程序時期。此一時期的代表人物有費堯、古力克與歐威克、穆尼與雷利及孔茲等。

5. 隨著觀光及商業機能的發展，大多數人的思想、價值觀也隨之改變。尤其是在 1930 年以來，人們對安全、社會及個人的成就感充滿渴望；於是更強調了對「人性」及「人群關係」的重視。行為科學時期肇始於 1910 年代，而全面發展於 1930 年代至 1980 年代。代表性的人物有：歐文、孟斯特伯格、佛萊特、梅育、巴納德、麥格里高、阿吉里斯等。

6. 現代一般及觀光企業是人力資源管理，萃取了自工業革命以來各時期人力資源發展的精華，多元且全面性。主要的內涵有：美日混合式管理、激發創新管理、參與式管理及全面品質管理等。

7. 應用資訊化的人力資源管理，成為當代人資的重點。

8. 提升觀光產業是競爭力，首重觀光人資管理的健全及創新，如人力的品質提升，觀光人的創造能力，觀光人有自我的品味與自我實現的願景等。

9. 應用管理哲學，觀光企業宜訂定人力資源管理滿意度以 90% 為佳。

10. 觀光人的工作相當實務，宜爭取讓新鮮觀光人有機會親自體驗式學習觀光飯店工作。

11. 觀光企業要從全面品質管理及國際標準認證方式，來建構良好的觀光人資管理方法。

12. 觀光產業宜善用人力資本財，以邁向健全的觀光人力資源管理制度。

本章練習 LEARNING PRACTICE

問題討論

1. 討論觀光人在資訊能力的應用議題。

2. 簡要說明工業革命時期及科學管理時期的人資發展情形。

3. 討論觀光產業人力資源發展中，其願景該如何訂定？

4. 簡要說明管理程序時間及行為科學時期的人資發展情形。

5. 說明麥格里高的「X 理論、Y 理論」對人力資源管理之運用。

6. 就美日混合式、激發創新、參與式及全面品質等管理方式的進步，說明其對人力資源管理之影響。

7. 說明人力資源滿意度以 90%為目標的理由。

8. 分析觀光人求職時，若有機會以體驗式了解觀光飯店的工作內涵，其優點有哪些？

9. 討論觀光產業為何要善加應用人力資本財？其重要性是什麼？

第 **3** 章

觀光企業管理與經營環境

新竹加強培訓觀光解說員

　　新竹縣政府委託中華大學觀光研究中心辦理「臺灣漫畫夢工場觀光資源解說人員培訓計畫」，此計畫可稱是觀光人力資源管理的一部分。觀光休閒產業所需的服務人力非常多元，其中觀光資源的解說員，一般歸類於領隊及導遊的能力培訓上，但新竹縣政府因應「竹東動漫園區」及「內灣水月仙境」美景的開園，特別以專班方式，進行觀光人力資源發展。本計畫共招募了 79 位學員參加，訓練內容包括：200 小時基礎導覽解說實務、國際與原鄉動漫相關課程的培訓、踩線導覽實習課程的分組演練等，其中還有 16 位學員通過觀光英語導覽解說的考核。新竹縣政府期望結合國際上的動漫大師，以臺灣漫畫夢工場計畫將竹東動漫園區與內灣觀光旅遊做連結，讓其成為新竹重要的國際觀光魅力亮點（圖 3-1）。

圖 3-1　新竹政府結合動漫以帶動觀光人潮

（參閱：曹松清，經濟日報 2014/8/26，A18 版）

任何觀光企業的生存與發展，均與其周遭環境的變化息息相關。所以，當觀光企業在進行任何決策與管理時，都必須考慮到觀光企業所面對的內外部環境之可能情況，要能夠審慎評估整個行銷環境帶給企業的機會與威脅，以及組織內部既存的優勢與劣勢，促使觀光企業能夠掌握機會，避免威脅，並且依觀光企業本身的優勢來選擇適切的發展區隔，同時也針對自身的劣勢加以改善。

美國管理學者珍（Subhash C. Jain）認為進行管理環境的分析及評估，對觀光企業有很大的好處：

1. 協助觀光企業在早期即能夠掌握機會，而不為競爭者奪得先機。
2. 協助觀光企業在早期即能夠發覺經營威脅，及早發現、及早預防。
3. 促使觀光企業能夠敏銳察覺到其所屬顧客的需求變化。
4. 提供觀光企業較客觀與有效性的資訊，作為觀光企業在制定行銷策略的參考依據。
5. 藉由觀光企業對管理環境變化的敏銳性與積極回應性，建立並改善觀光企業形象。
6. 持續對環境進行偵測，也是一種教育策略制定者或經理人的良好機會。

觀光企業組織為一個依附在社會的開放性系統，自然無法關起門來閉門造車，必須密切注意內外在環境的變化，隨時做調整，才能在優勝劣敗的競爭環境中「適者生存」。

3-1　觀光企業管理環境分析

觀光企業對管理環境的分析，可運用行銷管理的「SWOT 分析（Strength, Weakness, Opportunity, Threat）」，來進行內外部管理環境分析（有關 SWOT 分析，將於第 11 章中詳細敘述）。

一、外部環境分析（機會與威脅分析）

藉由進行外部環境分析（圖 3-2），可以自外部環境中找出對觀光企業有利的機會（Opportunity）與對觀光企業不利的威脅（Threat），促使觀光企業及時掌握環境的機會點並且迴避威脅。所謂「機會」係指環境當中能夠使觀光企業具有獲利的領域。

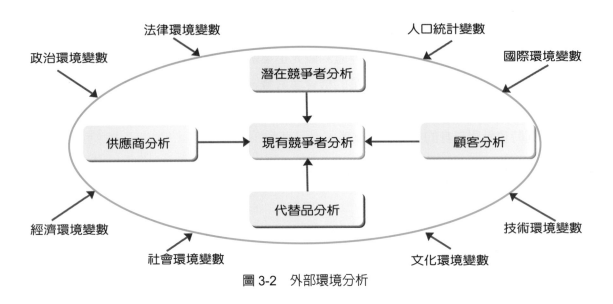

圖 3-2　外部環境分析

　　所謂「環境威脅（Environment Threat）」，是指由環境中不利的趨勢或發展所引起的挑戰，而這種威脅將在缺乏有效因應性與防禦性的情況下，導致觀光企業的銷售與利潤遭到下降的危機。

二、內部環境分析（優勢與劣勢分析）

　　在確認外部環境中的機會與威脅之後，接下來，必須進行觀光企業內部環境優勢（Strength）、劣勢（Weakness）的評估。管理者可分別就事業單位在行銷、財務、生產與服務組織等系統方面（表 3-1），依其是否具有主要優勢、次要優勢、普通、次要劣勢、主要劣勢等指標，給與事業單位在各項因素上的表現績效加以評分。事實上，並非所有因素均同樣重要，對於不同的機會而言，成功的機會乃受到各種因素不同程度的影響。

表 3-1　優勢／劣勢分析

評分項目 \ 評分指標		績效					重要性		
		主要優勢	次要優勢	普通	次要劣勢	主要劣勢	高	中	低
行銷系統	1. 公司聲譽								
	2. 市場占有率								
	3. 產品品質								
	4. 服務品質								
	5. 價格效果								
	6. 配銷效果								
	7. 促銷效果								
	8. 銷售效果								
	9. 創新效果								
	10. 地理區涵蓋面								
財務系統	11. 資新成本／可獲性								
	12. 現金流量								
	13. 財務穩定性								
生產系統	14. 設備								
	15. 規模經濟								
	16. 產能								
	17. 努力認眞的員工								
	18. 及時生產能力								
	19. 技術性製造技巧								
組織系統	20. 具遠見的領導								
	21. 具向心力的員工								
	22. 企業導向								
	23. 彈性／反應性								

三、SWOT 分析表

根據攸關行銷內外部環境及各種競爭情勢，整合外部行銷環境與內部行銷環境的分析，以作為發展行銷目標及策略的基礎，可以利用表 3-2 的模式來進行 SWOT 分析。

表 3-2　SWOT 分析

外部環境分析（機會／威脅分析）						
變數		機會與威脅程度				對事業的重要性（數字越大、重要性越高：採 0~3）
		機會	中性	威脅		
		2	1	0	-1	-2	
總體環境分析	1. 人口統計變數 (1)年齡別 (2)性別 (3)職業別 (4)教育程度 (5)地理區位						
	2. 政治環境變數						
	3. 法律環境變數						
	4. 經濟環境變數						
	5. 社會環境變數						
	6. 文化環境變數						
	7. 技術環境變數						
	8. 國際環境變數						
	9. 潛在競爭者分析						
個體環境分析	10. 現有競爭者分析 (1)直接競爭者 (2)間接競爭者						
	11. 顧客分析 (1)顧客區隔 (2)未獲滿足的需求						
	12. 供應商分析						
	13. 代替品分析						

（續下頁）

（承上頁）

外部環境分析（機會／威脅分析）					
變數	機會與威脅程度				對事業的重要性（數字越大、重要性越高：採 0~3）
	機會	中性		威脅	
	2	1	0	-1	-2	
研究參與系統						
生產系統　1. 機器與設備						
2. 製造能力						
3. 經濟規模						
4. 經驗曲線						
行銷系統　5. 目標市場						
6. 產品						
7. 價格						
8. 配銷通路						
9. 促銷						
10. 資本結構						
財務系統　11. 獲利力						
組織系統　12. 組織人力						
13. 組織文化						

　　以企業組織而言，由於業別或規模不同，所面臨的環境也會有差異。本書就針對現象企業所面臨的外部環境：科技、法律與政治、經濟、社會與文化、同業競爭、企業的社會責任、以及國際環境與管理等來加以討論。

3-2　科技時代的觀光企業

　　人類的科技發展，可謂是一日千里。自從 19 世紀「工業革命（Industry Revoluation）」以來，發明及創新一直伴隨著時代的腳步。尤其自從電腦問世以後，代表著資訊時代（Information Time）的來臨，電腦成為人們生活不可或缺的重要工具，尤其是電腦在統計、分析、文字處理及資料儲存的驚人表現，更令人嘆為觀止；「自動化」已成為所有組織及企業的共同需求。組織內的軟硬體設備及資訊人才的培育，更是刻不容緩。觀光企業很多元，包括交通、通訊、各種遊樂設施、旅客服務等，皆與科技進步息息相關。

　　麻省理工學院（MIT）的伯來周森（Erik Brynjolfson）和希特（Lorin Hitt）兩位教授，自 1987 年至 1991 年間針對 367 家大企業進行調查，發現資訊科技不但降低了觀光企業成本，更提升了觀光企業服務及產品的品質。

　　技術上的改變會影響一個觀光企業的命運。當機會存在，而所需要的技術卻缺乏時，科技可能是一種限制。但是技術上的改變，卻能為觀光產業創造機會，並大幅改變既有的產業。一個相當新的領域「科技預測（Technological Forecasting）」已蓬勃的發展。它可幫助預測在一段特定的時間內，在一定的資源分配的水平之下，會產生什麼樣的科技發展。管理者必須了解技術上可能的變化，並儘早採取以下的因應之道。

一、高科技對觀光企業的影響

　　觀光休閒產業有很多硬體設施及旅客食、衣、住、行、育、樂方面，皆受到高科技產品的影響，如現在的智慧型手機、高速鐵路、波音 777 型豪華客機等，都為觀光企業的進步加分很多（圖 3-3）。

　　困難的是，我們很難預知在未來的五年或 10 年，什麼樣的科技會主宰我們身處的觀光環境。即使如此，各高科技產品一直持續

圖 3-3　智慧型產品的普及，也可以為觀光企業加分

不斷的在領先改變，這些產品似乎在改變的觀光環境中。

　　每位觀光人得嚴謹的態度來應付所面對的競爭環境，並積極的了解新科技產品之發明，不可掉以輕心，以便迅速地藉由科技的改變，來提高觀光企業的競爭力。觀光企業

更宜積極的追求具有實質潛力的新科技與新產品，訓練觀光人運用科技，而且擬訂出一些策略來提升觀光事業的服務品質。

二、躍進改變與漸進改變

不論哪一類型的觀光企業，皆受到傳統業或尖端高科技產業（電子、資訊、半導體等）的影響。

因此能同時分辨躍進改變（Radical Change）與漸進改變（Incremental Change）是很重要的。前者釜底抽薪的改變了產品及製程的基本觀念，而後者只對產品及製程的基礎做某種修正而已。對管理者而言，躍進式的改變是一個獨特的挑戰，因為這些改變所代表的是某種原則、績效或成本關聯性的斷層現象。換言之，原有的競爭規則不再適用，原有的績效標準、成本控制的方法亦已過時，因此管理者不能再依靠過去的經驗法則來制定策略。

躍進式的改變是由技術所驅動，而漸進式的改變則是由市場所驅動的。因此，以整體而言，後者是比較能夠被預測的。就漸進式的改變而言，由於在引介階段（Introduction Stage）新的技術非常粗糙，因此常會受到商業團體（通常也包括政府機構）的評估，在此階段技術會有某種程度的改良，這些新技術在被市場接受之後，改良的速度便大為增加，進而形成一股漸趨激烈的競爭壓力。在此新技術的潛力發揮淋漓盡致時，便進入了成熟階段，漸進式的改變速率便會緩慢下來。

漸進式創新的改變頻率是這樣的：最初當產品的績效不彰，而競爭者也在進行產品的差異化時，漸進式的創新著重於產品設計的改良。當技術的擴散愈來愈廣，產品的應用愈來愈普及之後，產品的設計便成為標準化，此時，價格及交貨的可靠度便成為競爭的重要武器。當產品設計的創新率愈來愈慢時，製程的創新便愈來愈快。

臺灣地區觀光休閒企業非常多元性（圖3-4），在躍進式及漸進式改變皆有，每一位業者得依企業條件加以衡量來做改變。

圖 3-4　臺灣休閒產業發展十分多元，圖為宜蘭地區的休閒農場

3-3 法律與政治環境對觀光企業的影響

　　我國為發展觀光產業，特別爭取與各國之間互惠互利的條件，訂定保護觀光客權益及安全事宜，尤其兩岸旅客的互動，包括旅遊保障及運作方式、自由行及航班大量增加等，皆在法律與政治上共識來運作，讓觀光企業蓬勃發展（圖 3-5）。

圖 3-5　國內著名的雄獅旅行社近年採多元通路發展，帶動觀光產業

3-4 觀光產業與經濟環境

　　經濟的景氣循環，對觀光企業的衝擊也是相當直接的。利率、通貨膨脹率，消費者的購買力等造成了觀光企業獲利的成長或衰退。經濟情況的變化，對觀光企業而言既是機會也是問題。一個景氣的經濟情況，對於觀光企業或服務的需求會產生重大的影響，它同時也使得新的觀光企業如雨後春筍般的湧現。在經濟蕭條的情況下，觀光企業紛紛倒閉的現象已是屢見不鮮。

　　1930 年間的「經濟大恐慌」，造成了一些企業的發展停滯。1981 年，美國通貨膨脹提升了房屋營建業的成本及銀行貸款利率，使得建築業者都瀕臨破產邊緣。1997 ～ 1998 年的「亞洲金融風暴」，進而造成了全球性的經濟不景氣，使得日本、南韓的「泡沫經濟」崩潰瓦解，企業如骨牌效應般的倒閉或被併購。亞洲各國股票重挫，失業率大幅提高；企業的經營者，無不苦思良策，以度過經濟不景氣的難關。

2007 年下半年起至 2008 年國際原油價格一直暴漲，引起全世界產油國以外的國家通貨膨脹、物價飛漲、股市大跌、經濟衰退，尤其是航空業者更是慘澹經營，旅遊人士大減。2008 年 9 月起，美國金融大海嘯襲捲全世界，雷曼兄弟倒閉、美林被併購、AIG 財務危機等，可謂「美國打噴嚏，世界都感冒」。

我國政府為促進觀光的繁榮進步，營造臺灣成為觀光大國，邁向千萬旅客來臺，賺取超過百億美元之外匯的目標，來主導服務業的發展，進一步地提升臺灣自由化、國際化的程度，讓世界旅遊者慢慢了解臺灣的好風光及美食，進而發展臺灣「無煙囱」經濟，促進觀光產業年年對經濟貢獻度有顯著的成長（圖 3-6）。

圖 3-6　國內觀光博覽會造就商機

3-5　社會與文化因素在觀光企業的角色

以現在的觀光企業管理角度來看，觀光企業不僅是一個提供服務或旅遊商品的組織，更是社會有機體中的一分子，觀光企業處在社會這個大環境當中，其生存與發展和社會的變化及文化的投射息息相關，無法置身於外。社會與文化的環境因子包括：人口結構與特徵、風俗、習慣、語言、宗教信仰、社會表徵、一般信念及社會價值觀等（圖 3-7）。

圖 3-7　不同的語言與宗教信仰，是社會和文化的環境因子之一

這些軟性因子，皆是世界旅遊者來臺灣觀光的重要因素；近期有文創產業結合觀光產業活動，就是以社會及文化因子為最大訴求。

當臺灣社會及文化素質環境改變的同時，也改變了觀光企業的經營之道。所以，觀光企業經營者必須適應社會期望的轉變進行調適。而觀光企業不僅是投資者的私產，也是一種社會及文化性機構，除了謀求投資者的利益之外，也必須顧及並增進社會中與觀光、餐飲有關其他人群和整體社會的福利。觀光企業想要長久經營與永續發展，就不能忽略社會環境（Social Environment）裡發生的種種問題；觀光產業在全臺推動中，是屬於全民運動，不論是國家風景區或民營旅遊聖地，甚至是各地之觀光工廠、文創藝文中心及土產供應等，皆能讓全民受到很大的鼓舞及社會責任，大家要努力一致塑造最佳的旅遊環境及文化（圖3-8）。

圖 3-8　臺灣各地方為推動觀光產業地方特色，成立特產展示會

一個文化體系之下，通常因地區、種族、城鄉差距等因素，而區分出許多次文化。然而對於觀光企業的經營者而言，觀光企業發展方向及管理策略，均必須依據各個次文化之間的價值觀、消費習慣的不同，而有所調整。例如在現今臺灣所謂的 4 大族群間的風俗習慣，以及價值觀都有極大的差異，其他諸如南北臺灣的差異、城鄉間的差距等，都是觀光企業所必須注意的文化環境。也是臺灣最寶貴的觀光社會與文化資源。

3-6　觀光企業間的競爭議題

所有的觀光產業組織，都有許多競爭者。同業在產品品質、價格、服務及廣告行銷方面，皆為觀光企業組織帶來很大的競爭壓力。如何擊敗對手（至少要與對手共存共榮），觀光產業組織的管理者，必須運用高度的智慧，來找出因應的策略。例如各商務旅館之間的競爭、航空運輸業中華與長榮之間的競爭、各遊樂區的競爭、各旅行社之間旅程規劃的競爭、國際品牌與本土品牌飯店之競爭等。同業間的競爭結果會讓一些體質較弱（組織結構、管理機能、財務控制等）的觀光企業組織遭到淘汰。

觀光企業在面臨現有的同業競爭時,也受到潛在競爭者的威脅。因應之道,除了不斷的求新、求變,以及健全觀光企業體質外,可以參考美國經濟學者賓(Joe E. Bain)對新進者(潛在者)的看法來鞏固市場地位,力求生存。賓認為新進者要想取得一席之地,必須設法克服來自於市場現有廠商所設下的一些障礙:

1. 品牌忠誠度:品牌忠誠度是消費者對現有觀光企業產品與服務的偏好程度,其可依下列方式取得,包括廣告、專利權、產品創新、高品質產品及售後服務等。
2. 絕對成本優勢:絕對成本優勢來自於較佳的本業的技術與管理,這些技術與管理可以是因為過去的經驗、專利或祕方等而取得。
3. 規模經濟效益:規模經濟效益是指結合連鎖觀光企業規模的成本優勢。規模經濟效益的來源包括經由大量標準化的產出與服務而獲得成本的降低。

3-7 觀光企業的社會責任

企業是社會的核心,要取之於社會,用之於社會,觀光企業也不例外。

在 80 年代以後,環保意識逐漸萌芽,到了 90 年代已成為一種可觀而強大的力量。環保人士透過各種壓力團體對企業組織施以壓力,要求其對社會負起「社會責任(Social Responsibility)」。觀光企業組織既然是社會有機體中的一分子,因此除了追求本身的利潤外,也必須顧及和增進其他人群或整體社會的權益與福利。

著名的美國財星雜誌(FORTUNE)每年就美國的企業,以(1)管理技術;(2)產品及服務品質;(3)長期投資的價值;(4)財務健全性質取才、用才;(5)留才的能力;(6)對社會及環境的責任感;(7)資源運用效率等 7 大要素來評估其管理績效。

而 ISO 14000 的環保認證,更是企業負起社會責任所追求的新趨勢,全球最大的運動鞋製造商耐吉(Nike),最近通令其世界各地供應商:從 1999 年開始,必須通過 ISO 14000 認證,否則將拿不到訂單。經由這樣的國際大廠登高一呼,環境保護與企業汙染防治不再只是應付有關單位檢查的工作項目之一而已,更是企業在仔細謀劃跨世紀藍圖之際,一個不可或缺的首要考量。而觀光止業與人們直接互動,更要特別注意到環境之影響。

國內各企業在 ISO 14000 環保認證方面,根據財團法人全國認證基金會統計,臺灣地區亦有數千家企業通過認證。

　　諾貝爾獎得主佛瑞德曼（Milton Friedman），對企業的社會責任提出了「社會義務」的觀點。採取這種觀點的企業，在法律的約束之下，且在追求利潤的同時，從事社會責任的行為。由於允許企業能夠存在的是社會，因此企業必須努力獲取利潤以作為回報。基於此，合法的追求利潤是履行社會責任的行為；相反的，任何違法或不追求利潤的行為即是未盡社會責任。

　　觀光企業所需承擔的社會責任，範圍非常廣泛；但依其對象可分為三大類：

一、對消費者的責任

　　產品銷售以後，企業應履行其售後服務的責任，包括品質、安全、性能（績效）及資訊的提供等方面的承諾。觀光人的服務項目中，除了直接對旅客的各種服務行為之外，對所有消費者的真正責任中，宜再加強訓練觀光人，一齊從責任感出發，來重視觀光產業在社會責任的義務，宜要在大環境中來重視品質、安全、平衡性中，給予社會大眾承諾（圖3-9）。

圖 3-9　社會責任與企業經營互動的重要性講座

二、對企業員工的責任

　　對待觀光企業員工，管理者至少必須符合各種法令的規定。諸如工作安全和健康問題、工資和工時的規定，以及工會的組織等。這些法律不外乎約束觀光企業管理要建立安全、具有服務力的工作環境，以維護員工的基本公民權。除了這些責任外，企業所提供的福利措施（包括退休金、健康和住院醫療保險、意外保險）亦是社會責任活動範圍的擴充。在許多情況下，這些活動是在工會及員工的壓力下所實施的。

　　壓力產生時，雖有不做反應的選擇，但這種行動會使一些員工認為觀光企業公司不負社會責任。法律上沒有明文規定，或是壓力團體未加訴求的行動，在本質上亦屬於社會責任的活動。

　　觀光企業從事多數的活動，目的在滿足員工的需要，有些企業只提供安全的工作環境和具有競爭性的報酬。而有些企業則提供一系列與員工有關的服務。

　　手機及平板電腦的蘋果公司，嘗試將其社會價值融合在每日的作業裡，有些觀察者認為該公司將成為一個「新時代企業」的領先倡導者，其任務包括了使世界有更好居住環境和創造手機利潤。公司將其哲學和價值觀灌輸在每位員工的心中。對其所有工作滿一年的受僱者，公司會免費贈送手機、電腦和認股權——這些都是在企業管理哲學下的例行性作業。至於以非例行方式進行的，包括當公司的第一季營業額超過一定營業額時，便給予每一位員工額外的一星期假期。

3-1

幸福的觀光企業，宜重視員工精神層面

　　觀光人每天接觸著消費者——觀光客，每位觀光客皆想得到最尊榮及最體貼的服務，而要有出自內心的最體貼及尊榮之觀光客，是相當不易的；必須先有優質的觀光企業體，在平日就要先能培訓出富有幸福感，高滿意度的員工才能達成，又員工的內心感受首重員工精神層面，這些內心感受層面皆有較多元正向感覺為要，才可以創造出更優質繁榮的企業。

　　在討論觀光企業對企業員工的責任議題中，我們可以發現：要有滿意度且高度安全及尊榮感受的觀光客，宜先有調教有素且內心感覺高度幸福的觀光人才能奏效；若要優質的觀光界員工，即要先有幸福的觀光企業才能誕生，一個觀光產業界有諸多的幸福觀光企業，才有機會論及到：觀光企業對企業員工的責任承擔。我們生長在高度文明及科技化的 21 世紀，每一個觀光企業都宜良性發展，重視觀光人的員工精神層面之培養及陶冶，才能讓觀光人有自尊、有自信及責任感。

（參閱：盧希鵬，經濟日報 2014/10/15，A19 版）

三、對社會大眾的責任

今日企業界已逐漸感受到不得製造各種污染及不良黑心食用產品的重大壓力，不管是來自政府和民間的獎勵措施、處罰辦法或社會輿論的制裁，已使企業面臨了有更新或添置新設備或防污設備的需要。事實上，有關噪音、空氣、用水等的環境污染，以及生態環境破壞事件，不僅危害到社會大眾生命財產的安全，且常使企業要為此付出極高的代價。因此，企業經營者應本榮辱與共、休戚相關的共識，做必要的防治公害投資。購買最現代的設備，以消除社會大眾的疑慮，否則將會為企業帶來危機。

國內的一些企業也曾遭遇群眾圍廠抗爭的事件，例如中油高雄林園廠、台塑高雄仁武廠等，而每次的群眾抗爭運動，均造成了企業的重大損失。早在 1985 年，美國德拉瓦州天然資源暨環境管制部（DNREC），更以撤消 37 項操作許可（因為製造 PVC 的半成品 VCM 多次洩漏）來迫使台塑在當地的 PVC 廠停止生產。

在 2014 年，先後有食用豬油大廠發生不當食用油原料的問題，讓廣大百姓受害，吃了不安全衛生的食用油，促使頂新集團受到很大衝擊。又一些高污染性的產業（石油工業、化學工業、製紙業、紡織業企業對員工、對社會大眾應善盡社會責任；更應避免員工或居民不滿而引發抗議事件等），企業的管理當局必須致力於工廠污水、廢氣及廢料的處理，以合乎環保標準。除了環保問題外，所有的企業都應盡全力避免「公安」問題的發生，做好敦親睦鄰的工作，對其附近的住民提供就業機會、發放補助津貼、認養公共設施、贊助公益活動等，善盡企業的社會責任。如此一來，不但可以降低民怨減少抗爭，更可提升企業的整體形象。

3-8　觀光企業受國際環境的影響

觀光企業國際化是現代企業發展的趨勢，當一個企業決定跨越國界，加入全球性的市場競爭時，它就成了一個多國籍企業（Multinational Company, MNC）。對 MNC 而言，國際的環境因素就扮演著一個重要且複雜的角色。此時，企業必須要審慎思考如何在不同的文化、經濟、法律及政治環境之下營運。如鄉林集團的涵碧樓大飯店企業，在大陸青島、南京、桂林等地展店，就是國內飯店，邁向國際化的策略，其皆得受不同文化、政治、經濟與法律的影響。

企業國際化，不外乎兩個理由：

1. 該企業可能是因為受國內環境的威脅而被迫走向國際化。例如經濟衰退、勞工缺乏、融資困難等；
2. 該企業可能是被在其他國家的機會所吸引。無論原因如何，一旦一個企業決定進行海外貿易，它就面對了一系列全新的環境。

由企業國際化的理由，我們可以推知多國籍企業經營的目的為：

1. 統籌利用「國際經營資源」（資金、原料、人才、技術、資訊、市場、管理等），來彌補「國內經營資源」的不足，提高國際合作，獲得最高經營成果；
2. 從企業國際化，提高國內「產業結構高度化」。多國籍企業經營對母國與地主國經濟發展，有利弊參半的影響，因此，多國籍企業必須考慮母國與地主國雙方總體經濟的發展，並且從企業內部化管理的國際產業分工，考慮國際間的貿易平衡。

有很多企業因為國際化的成功，為公司帶來了難以想像的巨大營業額及豐碩的利潤，例如 IBM、GM、奇異（GE）、蘋果（APPLE）、GOOGLE、YAHOO、SAMSUNG、FACEBOOK、台積電（TSMC）、豐田（TOYOTA）、日產（NISSAN）等，其年銷售額都已相當於開發中國家一國的 GNP。

有學者針對就當前國際政治、經濟及社會環境的發展，做以下的研究與分析：

一、國際政治環境發展

國際政治與觀光產業密不可分，有穩定的政治環境，才有良好的觀光產業發展；世界各國因「市場經濟」取代了「計畫性經濟」的大趨勢，而讓觀光產業有發展的潛力。

（一）東歐變遷及歐盟運作

東歐變遷及歐盟運作，是目前在歐洲政治重心，也是影響觀光產業發展的最重要因素之一。歐洲是歷史上觀光聖地，有很多歷史文物及觀光資產，觀光人也努力來創造該地區的觀光價值及潛力市場。

（二）俄羅斯及烏克蘭的互動

俄羅斯及其鄰近國家關係密切，幾乎是生命共同體，但近年來，有一些政治因素影響了觀光產業的發展，也給觀光人一個借鏡的機會。

（三）中國大陸的經濟崛起及市場的成熟

中國大陸的經濟開放及廣大市場已不斷吸收外資的投入，而其日益強大的經濟力量，亦使亞洲國家備感威脅。目前亞洲地區中國經濟體，超越日本、四小龍再居次、東協各國殿後的經濟發展局勢，而中國的參與，似乎使世界各國必須重新調整經濟發展的步伐與方向，及早加入亞洲市場的競爭。中國大陸的大經濟體，已僅次於美國的大經濟體，不論是市場、消費力、生產力皆是全球最重要地區，全球 200 大企業，無不以中國大陸地區為首要重心。由此可知，觀光產業的計畫，也是觀光企業及觀光人的發展依靠，影響全球觀光人及觀光業的發展。

二、國際經濟環境發展

WTO 自 1995 年起取代 GATT 的角色，繼續為建立世界貿易秩序而努力，透過區域經濟的整合，促使區域內國家放棄自主獨立的權利，而遵循一致的經濟政策與規則，減少區域內國與國之間的關稅及非關稅障礙。此外，亞太地區中國市場的崛起，也將成為世界經濟新重心，基於上述國際經濟趨勢的影響，直接或間接的促使亞太區域內，尤其中國大陸地區，競相推行經濟革新政策以迎合世界觀光潮流的來臨。

（一）世界貿易秩序的重建

關稅暨貿易總協定（The General Agreement of Tariff and Trade, GATT），成立宗旨在於提高各會員國的生活水準、確保充分就業、保障收入及促進世界資源的有效利用，並透過降低各會員國間關稅與非關稅的貿易障礙，以達成世界自由貿易的目標。為了達成此一目標，GATT 乃透過最惠國待遇原則、他國國民禮遇原則、關稅減讓原則、減少非關稅障礙原則、廢除數量管制原則、諮商原則等，來規範各會員國彼此間的貿易行為；尤其在觀光產業的影響，也直接波及到世界貿易的秩序。

隨著 GATT 烏拉圭回合談判於 1994 年 4 月 15 日的順利完成，世界貿易組織（World Trade Organization, WTO）於 1995 年 1 月 1 日正式成立，由 WTO 繼續落實 GATT 原則及全球貿易自由化政策，原先 GATT 所規範的單純國際協定，從此由具有國際法人地位的正式國際組織 WTO 所取代。至此，世界貿易組織（WTO）、國際貨幣基金（IMF）與世界銀行（IBRD）並列為當前調整國際貿易、通貨與金融方面的三大機構。WTO 的成立雖然會帶來經濟自由化的好處，也會帶來激烈的競爭。甚至也影響到區域經濟結盟，如 TPP（太平洋結盟）、東協等。

區域經濟的形成，乃奠基於國際間的市場協定（Market Agreement），市場協定包括優惠貿易協定（Preferential Tariff Arrangement）、自由貿易區（Free Trade Area）、關稅同盟（Customs Unions）、共同市場（Common Markets）、經濟聯盟（Economic Unions）及政治聯盟（Political Unions）等六種基本型式。各種協定均對區域內經濟活動有所優惠，相對的，對於跨區域性的經濟活動則有較大的障礙。除了較具約束性的區域經濟協定外，尚有一些彼此約束力較弱的區域經濟協定，包括區域合作會議（如亞太經濟合作會議）或區域內的經濟互惠協定等。

1980 年代末期開始，國際企業經營環境產生了重大的變化，那就是區域經濟整合的形成，其中以歐盟（EU）、北美自由貿易區（NAFTA）及亞太經濟合作會議（APEC）為最主要的三個區域經濟組織。在亞洲地區，臺灣、香港和中國大陸之間的貿易與投資正進行得十分熱烈，而與日本、東南亞各國的經貿關係也日益密切。

區域經濟整合對會員國與非會員國的影響情形有：

1. 促進區域內貿易活動量，創造貿易效果，增加區域內各會員國間的貿易量，並提高整體世界貿易量，然而非會員國間的障礙將會擴大。
2. 由於市場擴大，所以區域內各會員國生產變得更有效率，而且趨向於大規模與專業化的生產，逐漸達到規模經濟的目標。
3. 促進區域內各會員國的國內經濟發展。
4. 基於區域內各會員國調整產業結構的因素，短期內各會員國的失業率會增加，但長期而言，失業率會下降。
5. 區域內各會員國的自主性將降低，且必須受限於區域經濟體的整體利益與規範來行事。
6. 由於區域經濟體乃集合眾多國家力量，所以區域內各會員國對抗非會員國的力量將相對提升，亦即提高其在國際上的談判能力。

愈是嚴密的區域經濟組織，將使區域外的企業愈不容易以出口外銷方式進入此一區域。因此，跨國企業愈需進行直接投資以設立營運據點，對於國際行銷企業乃具有相當大的影響與衝擊。觀光產業也因應全球化及區域合作整合，讓觀光產業有相當顯著的發展，並同時塑造了觀光產業發展的基礎。

從「迪士尼 90 周年臺北特展」，談國際觀光企業的特色

「Mickey」米奇是大家非常熟悉的卡通人物，同時也是一位觀光人，在第 3 章我們討論：觀光企業管理與經營環境，其目的是要喚起所有觀光人力資源管理者及實際參與觀光產業的觀光人，要從「標竿國際企業的管理與環境」來學習觀光人的管理能力。

2014 年 12 月 13 日，國際迪士尼觀光集團的設計團隊，打造「迪士尼 90 周年特展」，在臺北松山文創觀光園區展出，藉以表現觀光產業發展的特色所在（圖3-10）。觀光產業國際化以「迪士尼」塑造特色的方式，是值得全球觀光產業學習的，不論是宣傳「標語」及「商標吉祥物」皆相當成功，也努力塑造周邊產業，如餐

圖 3-10　臺北迪士尼 90 周年特展宣傳海報

飲、代表商品、交通、飯店等，都是觀光大集團「迪士尼」工作重點。其計畫過程皆以「國際化企業」的風格來進行執行，在本章討論國際化企業的議題，特以「迪士尼90 周年在臺北特展」來建議學習：觀光休閒人力資源管理的同好們，讓我們來關注迪士尼的人資運作，學習迪士尼人資的選才、育才、用人及留才的精髓，創造臺灣地區的觀光產業發展。

1. 觀光企業管理環境的分析,可運用行銷管理的「SWOT」分析法,來進行內外部管理環境分析。

2. 針對觀光企業所面臨的外部環境:科技、法律與政治、經濟、社會與文化、同業競爭、企業的社會責任以及國際環境與管理等。

3. 在科技發達下的觀光企業很多元,包括交通、通訊、各種遊樂設施、旅客服務等,皆與科技進步息息相關。

4. 觀光休閒產業,有很多硬體設施及旅客的食、衣、住、行、育、樂方面,皆受到高科技產品的影響,如智慧型手機、高速鐵路、波音 777 型、豪華客機等,都為觀光企業的進步加分很多。

5. 臺灣地區觀休閒企業非常多元性,在躍進式及漸進式改變皆有,每一位業者得依企業條件加以衡量來改變。

6. 觀光產業亦受法律與政治環境影響,在發展過程中,宜特別爭取與各國之間互惠互利條件,訂定保護觀光客權益及安全事宜。

7. 觀光產業與社會文化環境的影響因子有:人口結構及特徵、風俗、習慣、語言、宗教信仰、社會表徵、一般信念及社會價值觀等。

8. 觀光產業的企業,相互良性競爭是必然的,如各商務旅館之間、航空業之間、各遊樂區之間、各旅行社等皆是。

9. 觀光業要想取得一席之地,必須在市場競爭中,克服下列障礙:(1)品牌忠誠度;(2)絕對成本優勢;(3)規模經濟效益。

10. 觀光企業的社會責任,要取之於社會,用之於社會,觀光企業與「人」最有關係,更不可例外。

11. 幸福的觀光企業,宜重視員工精神層面,才能讓觀光人有自尊、有自信及責任感。

12. 觀光企業是要與國際接軌的,如鄉林集團的涵碧樓大飯店,在大陸的青島、南京、桂林等地展店,就是國內飯店邁向國際化重要策略,唯要重視不同文化、政治、經濟與法律的影響。

13. 學習迪士尼的觀光產業國際化做法,從 90 周年臺北特展,學習到特色的表現。如「宣傳標語」、「商標吉祥物」、「人力資源之選才、育才、用人及留才」等方面皆是創造國際化重要的做法。

問題討論

1. 討論新竹縣加強培訓觀光解說員的做法。

2. 觀光企業要如何進行「人力資源管理的 SWOT 分析」？

3. 討論科技發達之下，觀光產業該如何配合？

4. 說明法律與政治環境對觀光企業的影響。

5. 試說明觀光產業與經濟環境的關係性。

6. 申述社會與文化因素在觀光企業的角色。

7. 簡要說明觀光企業的社會責任。

8. 討論建構幸福的觀光企業，在員工精神層面上該如何執行？

9. 討論觀光企業受國際環境的影響。

第 **4** 章

觀光人力資源規劃

學習重點

1. 分析人力資源規劃的特質

2. 探討人力資源規劃的程序

3. 進行人力資源評估

4. 了解人力資源供需預估的方法

如何提升觀光經理人實力？

　　觀光界經營者常喊出：「觀光人才要到哪裡去找呢？」根據離職調查研究，有 **70%** 的明星員工都是被平庸的經理給予消耗殆盡的。我們在學習與討論觀光休閒的人資問題時，要先反思在觀光企業裡面，是否把觀光經理人的管理能力進行系統性與知識性的規劃學習，讓觀光經理人有發展的生涯？而不是讓觀光經理人混於其中，逐漸變成折磨員工的「人力資源」。

　　身為觀光企業的領導階層或是人力資源部門主管人員，是否曾經針對觀光經理人進行全面及整體性的規劃？在各大管理領域中，一般經理人的管理能力包括有：領導力、組織力、執行力、溝通力、決策力及時間管理等。依據多位資深經理人的研究，觀光經理人在上述各能力培養中，又可以注重兩大管理能力的培養，一是「事」的管理，二是「人」的領導。「事」的管理包括：行政資源管理能力及思考分析能力；「人」的領導包含：團隊運作建置的能力及督導培育部屬的能力（圖 4-1）。

圖 4-1　兩大管理能力的培養包含「事」的管理、與「人」的領導

（參閱：賴沛妍，經濟日報，2014/8/7，B7 版）

觀光界若可以掌握及善用人力資源的優勢，也是一個觀光企業組織謀求生存、成功與發展的不二法門。而觀光人力資源規劃是不能「閉門造車」的，必須結合觀光企業組織的整體環境與策略，並兼顧短、中、長期的管理目標，才能適切的運作，隨時保持其彈性。

具體而言，觀光人力資源規劃就是針對觀光企業現有的人力狀況與未來的人力需求，予以分析、評估及預測，以配合觀光企業的管理發展（Management Development）。

4-1　觀光人力資源規劃的特質

一、人力資源規劃的目的

觀光人力資源規劃是將企業目標和經營策略轉化成人力的需求，透過人力資源管理體系的運作，有效達成企業目標和經營策略的成功，並確保在此過程中人力供需均衡。人力資源規劃的目的，可歸納為以下幾點：

（一）降低人事成本

人事成本在觀光企業組織的成本支出中，占有非常大的比例。如能針對組織內的人力資源，做詳盡的分析及妥善的規劃，將可減少人事的浪費，並降低人事成本。

（二）合理分配人力

觀光人力資源規劃透過分析的過程，使觀光企業的人力分配達到供需均衡及合理化。不致造成某些部門的人力過剩，而某些部門卻人力不足，並且使人力資源適才適所。

（三）適應企業的管理發展

觀光企業的管理發展，可能面臨了組織規模的擴大或組織規模的縮小（經濟不景氣或企業獲利降低）。人力資源規劃即對觀光企業現有人力與未來人力需求進行評估、預測，擬訂短期、中期及長期人力計畫，以適應觀光企業的管理發展。

（四）滿足員工需求

良好的觀光人力資源規劃可協助觀光企業之人力資源發展（Human Resource Development），進而滿足觀光企業員工的需求。不論是觀光企業員工的招募、升遷、訓練發展、績效評估、薪資及福利制度等，或是員工的生涯（前程）發展，都必須以觀光人力資源規劃為依據。

二、觀光人力資源規劃的要件

觀光人力資源規劃的要件，也就是觀光企業組織進行人力資源規劃所必須先行考慮的因素（圖4-2）。

圖4-2　國內人力銀行之一：104人力銀行公司的官網首頁

（一）企業目標和策略的訂定

這是一個觀光企業活動的基準，不管這個目標是由高階主管訂定，或出自董事會的決定，企業必須透過這個目標，發展出一套目標體系和經營策略，以功能和層級加以系統化。這種做法不但加強目標和手段的關聯性，也反映出企業管理的理念和企業結構的配合，有了目標體系，觀光企業自應考慮本身的條件，有形和無形的資源，擬出企業策略方針。在這個階段，客觀和實際是重要的考慮因素，有了目標和策略，觀光人力資源規劃的需要性和可行性就大為提高了。

（二）內外在勞動市場的了解

外在勞動市場是指整個勞動供需的情況，而「內在勞動市場」是指企業內部人力的搭配和結構。由於這兩個勞動市場的運作規範不盡相同，前者強調自然的平衡和勞動力的同質性，後者則著重制度、習慣及個人差異。而企業的人力需求勢必仰賴外在勞動市場，其內部作業也勢必受到外在勞動市場的影響；因此，增進內在及外在勞動市場的了解，並掌握兩者間的關係，維持一定的交流管道，才能有效的規劃人力。

4

（三）高階主管的參與支持

這是作業成功的重要條件，而尤以規劃作業為然，高階主管的理念、心態以及企業的文化，直接影響下屬對業務處理的做法。隨著管理階層的上升，一般管理功能就愈趨重要，規劃本為管理功能中的一環，因此高階主管的支持和參與，不但重要，也是必要的（圖4-3）。

圖 4-3　高階主管的參與支持，是作業能否成功的重要條件之一

（四）觀光人力資源管理體系的搭配

觀光人力資源規劃是整個人力作業的第一步，其成效的印證在實際人力運用的作業上，與其他人事管理作業功能的配合。不但如此，要有良好的規劃，對內在人力狀況的資訊了解，是重要的先決條件，諸如人力資料庫、企業組織結構、工作規劃、升遷軌道、薪資標準等都有助於觀光人力資源的規劃工作。

三、觀光人力資源規劃的內涵

一般而言，觀光人力資源規劃需經過分析、評估、預測、計畫和控制（含回饋）等階段，其內涵可以圖4-4的模式，來表示各規劃要素間的關係。

（一）觀光企業分析和產品的需求

這是需要面，它表示一個企業可努力追求的方向，不管這項需要是否出自服務對象的要求或是企業的目標和競爭策略的制訂。一般企業在設定這個質和量的水準，都具有較大的自主權。從此，需求水準所引申的人力需求自然就比較容易規劃。

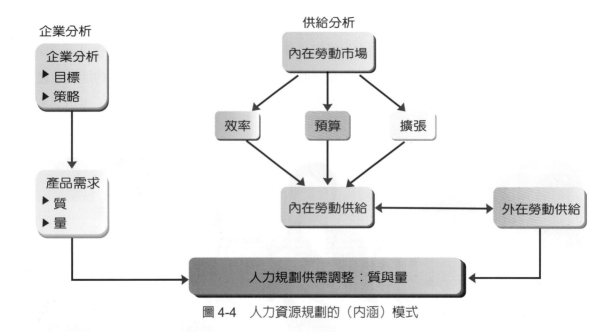

圖 4-4　人力資源規劃的（內涵）模式

（二）觀光企業成員的工作效率

此屬於供給面，也屬於人力素質的一面，員工的工作效率向為人力資源規劃所追求的重要標的，自應列入考慮，工作效率素質的提高與所需工作時數的變化有互補關係。我們若將工作效率與工作需求量相比，便可預估工作時數或工作人數的需求量。當然在換算的過程，我們也要考慮個人工作效率與團體效能的關係，避免完全以個體的觀點來規劃。

（三）預算的設限

預算是企業工作目標的數字說明書，它代表了企業本身資源的分配考慮，也包含了在預算期間一個企業對人力的需求。這裡所談的預算內容並不單限於人事經費的分配，它也應包括企業工作項目增加、機器廠房擴大、業務推廣等資本性支出的項目。這樣的安排才能顯示整個人力需求和財力的配合（圖 4-5）。

圖 4-5　預算是企業工作目標的數字說明書

（四）內在和外在勞動市場的配合

　　一個觀光企業必須從其存在的社會獲取各種資源，包括人才。這表示外在勞動市場對內在勞動市場的影響，尤其是一般外補的職位，其工作內容、資格條件、報酬待遇等均須考慮外在勞動市場的變化。一旦觀光企業有了足夠的成員，這些成員便構成內在勞動市場，其結構的形成或由於傳統習慣，或由於企業文化，或由於觀光企業本身特性，或由於技術環境。重要的是內在勞動市場必須反映出企業的目標和工作分配，如何有效配合內在及外在勞動市場便是人力資源規劃的重要課題。

　　基於上述因素分析，我們略可看出各因素在觀光人力資源規劃中所扮演的角色，以及因素與因素之間的相互關係。簡單的說，業務和工作在質和量的增加或預算的膨脹都會引起人力需求增加；相反的，工作效率的提升、內在勞動市場的穩定發展都足以造成需求的減少。而外在勞動市場的緊縮，自然造成人力供給的減少。當然內部觀光人力資源管理體系的不當，也會造成人力不足的現象。

釋放「觀光」產業能量

近日偶然機會看到一小篇文章，標題是「釋放產業能量，要描述製造業的大革命：3D 列印技術（即一種利用逆向工程及智慧型自動化的基層製造技術）對產品研發端的改變很大」。而本文在人力資源故事集個案介紹中，加入了「觀光」兩個字，在於探究「觀光」能釋放哪些能量？又要如何釋放？國內發展觀光產業，是要讓觀光企業人都有機會成為創新者，尤其觀光產業社群中，人人皆可以有更多創意，觀光人能大顯身手，來釋放「觀光」產業能量，提升觀光服務品質。當釋放「觀光能量」時有幾個趨勢：

1. 觀光休閒產業創業門檻降低，小型休閒中心，微型創意飲食大量崛起；

2. 觀光的「市場導向」必須成為所有觀光企業的 DNA，跟不上變化就會被加速淘汰；

3. 「具有觀光事業的多工型（或稱跨領域）人才愈來愈有價值，「多工型」的部門勢在必行；

4. 觀光產業間的正式與非正式策略聯盟大量出現，團隊合作將無所不在；

5. 錯誤決策永遠無法避免，而修正錯誤的速度和能力變得越來越重要（圖 4-6）。

圖 4-6　未來的趨勢，觀光產業內的團隊合作將無所不在

4-2　觀光人力資源規劃的程序

觀光企業組織的人力資源規劃，可依以下的程序來進行：

一、決定觀光企業經營目標

組織經營目標是帶給成員努力的方向，而企業應把這種期望的結果予以具體化。至於目標的設定通常採由上往下的方法（Top-Down Approach），先從組織長期的經營理念發展出短期的經營目標，而單位部門乃根據此短期的經營目標，定出具體的績效衡量標準。這種方法的重點在於部門與人力資源管理經理都能夠參與，特別是參與早期階段的目標設定，此時，人管經理便能提供高階決策者公司現有的人力優缺點，單就這項資訊就能大大影響整個過程。

企業的經營目標決定組織人力的需求，即決定何種專長或技能可幫助達到組織目標。舉例而言，生產部門的目標為增加某項產品的生產量（產能），則生產部經理須決定這種目標要如何轉換成人力資源需求。例如他可以從工作說明書開始，然後決定人員的調動、增加等需求，由各部門的需求即可推定人力的總需求為何（圖 4-7）。

圖 4-7　組織經營目標是帶給成員努力的方向，而企業應把這種期望的結果予以具體化

二、現階段內在觀光人力資源評估

對於內在環境人力資源評估，應包括教育訓練制度、員工能力、員工工作技術、員工個人資格及員工人數等。若能加以了解，則有助於未來人力的運用與調整。一般企業的人事部門可以建立員工的存量（Human Resource Inventory）紀錄表，記錄員工的基本資料、工作經驗、教育程度、其他專長及特殊資訊等，並以電腦儲存，以備隨時之需。

三、外在觀光人力資源評估

　　人力資源規劃是以現在及未來人力資源為規劃的內容。所以，評估組織外潛在的人力資源，亦相當重要。以下就未來勞力市場的可能變化加以敘述：

（一）潛在勞力供給來源

1. 想更換工作的在職者。

2. 失業人員。

3. 新踏入勞動市場人員。

（二）勞力供需規劃因素

1. 量的因素

　（1）勞動階級人口增加速度將減緩，相對的，白領階級人口比例提高，使人力成本提高而促使自動化的加速推進。

　（2）由於組織型態改變，具有管理專才的管理人員需求量也增加。

2. 質的因素

　（1）國內勞工要求較高工資，造成生產成本過高，必須引入低開發國家的外籍勞工。

　（2）女性人口的就業增加，其教育水準亦提高，擔任管理職位者亦隨之增加。

　（3）由於科技不斷的推陳出新及管理技術趨向多樣化，因此教育訓練亦日益重要。

　　上述勞力供需兩項規劃因素，若能掌握其變化，我們將可對未來人力資源市場有充分的認識與把握，進而有助於企業制定合理的人力規劃。

四、設定觀光企業目標及策略

　　組織所有階層的目標和計畫提供了決定組織整體人力需求的基礎，人力資源的目標與策略應以企業之目標與策略為藍本來擬訂，以配合完成企業未來的目標。

（一）目標

　　目標代表一種行動和決策的方向，可分為近程、中程及遠程，彼此應相互配合與連貫。某些企業的目標，實質上即為人力規劃的目標，例如降低員工流動率，可能包括在企業整體目標中；同時，它亦正是人力資源規劃的目標之一。

（二）策略

　　當目標設定之後，在擬訂策略之前，宜考慮過去曾經執行了哪些策略？其成效如何？當組織的新目標設定之後，原來的策略是否可行？是否要改變策略？

五、觀光人力資源規劃的實施方案

一套完整的人力資源行動方案，應包括下列各項：

1. 工作分析：此係一最基本的項目，它所提供的資訊有助於規劃工作，並可協助組織了解其訓練與任用之所需。

2. 工作評價：為工作分析的延伸，藉以了解各個工作之責任度及執行業務所遭遇的困難度，以作為薪資的依據。

3. 前程分析：依據員工自行擬訂的前程計畫，藉以了解員工職業期望，並鼓勵其對工作的積極參與，以提高員工的成就感，進而鼓舞士氣，增強向心力。

4. 徵募計畫：在於提供適當人選，使人與事相互配合，以確保優良的人力資源；基本上，要做到因事設人，而非因人置事。

5. 訓練發展計畫：為增進員工的技能、知識與未來工作潛能，則需施予訓練及發展。通常可依據 6W2H（Who, Whom, Why, What, When, Where, How, How much）分別擬訂計畫，並編列預算，安排課程（聘講師、課程內容、時間、地點）教具等。

6. 績效評估（考核）計畫：根據員工平時工作的表現，予以公正而客觀的評估，作為薪資調整、升遷、及獎懲的依據。

7. 人力異動計畫：根據員工績效評估的結果，予以公平而合理的調整，包括升遷、降職、調任，或定期、不定期的輪調。

8. 報償計畫：給予員工工作的報酬，包括合理而公正的薪資制度、優惠的福利措施及舒適而安全的勞動條件，以使員工能安於工作，並提高生產力。

9. 其他：如申訴制度、人事規章、勞工關係、離職管理及人力控制等措施均應適時適切的制定。

六、整合觀光人力資源策略與個人生涯發展

人力資源的策略是依企業目標而定，因而若要整合個人生涯發展於人力資源發展的策略中，亦須從企業長期和近期規劃中考慮。通常，整合人力資源策略與個人生涯發展，有四項相關步驟：

1. 企業規劃。
2. 績效規劃與審查。
3. 報酬決定。
4. 生涯發展決定。

　　人力規劃在上述四項步驟，要掌握的就是績效規劃與審查，對績效良好者，才能給予較高的報酬，而績效差者，報酬較低。當然報酬的高低，又會影響員工個人的生涯發展決定。所以如何輔導、教育與訓練未能達到理想者重建個人在組織發展的信心，亦是人力資源規劃中，欲達到「人盡其才」理念的重要工作（圖 4-8）。

圖 4-8　整合觀光人力資源策略，對於組織團隊的進步十分重要

七、觀光人力資源稽核與回饋

　　人力資源稽核與回饋（或稱人力資源審計；Human Resource Auditing），是一種廣泛的調查、分析及比較的過程。換言之，一旦人力資源規劃實施方案的行動開始後，則必須對其成效加以稽核、控制並回饋至人力資源部門以為修正。稽核可包括對內及對外的稽核，對內稽核包括個人與部門的比較；對外稽核則包括同業間有關規範、標準的比較。其範圍通常包括：

1. 人力品質（Quality of Work Force）：其主要問題是工作品質的決定，即表示現有的人力，究竟有多少可參與實際的工作？能力如何？
2. 技能檔案（Skill Inventory）：狀況包括員工個人技術、能力、工作經驗及其他有關資料等。
3. 人員流動狀況（Turnover）：用來表示員工人力穩定的程度，包括新進、辭職、退休及傷亡等，並設法遞補人力。
4. 內部異動狀況（Internal Move）：指工作輪調、升遷及降職等的異動程度。

觀光業,好人資,更要有「旅客消費力」

　　「提升消費力」是觀光產業增加利潤的核心,在旅遊行銷方面,如何提升旅客知消費力?這個問題在培訓觀光人的過程中,仍是關鍵因素之一;每位觀光人的定位不一樣,有些觀光人定位於服務旅客的各項需求事件,而有些觀光人定位於「旅客消費力」,提升行銷力訓練。

　　淡江大學育成中心特別協助進駐廠商,推出「open 各店大賞」品牌大型系列活動,淡水老街及淡水夕陽是臺北近郊遊覽勝地(圖 4-9),淡江大學育成中心設計的提升「旅遊消費力」,內容包括有:創意商品、美食、旅遊客人導覽及旅客服務等,其設計一種「超級幸運五重送禮物卡」活動。此活動重點為:不輪是商圈、大店、小店、僅需要做一件事,就是發送精緻紙本「超級幸運三重送禮物卡」給客人,並應用網路雲端方式,來結合行銷所淤的各種資訊,可以輕鬆推動行銷活動,完全串起商家與旅客之間互相的資訊。

圖 4-9　淡江大學育成中心的旅遊設計,幫助淡水老街提升消費力

(參閱:曹松濤,經濟日報,2014/8/26,A18 版)

4-3　現有觀光人力資源評估

現有觀光人力資源評估亦即對觀光企業組織現有人力資源進行盤點與查核，包括數量、類別、素質及年齡等進行分析，以謀求決定完成各項業務所需的人力。

一、人力數量分析

人力數量分析的重點在於探討現有的人力數量是否配合觀光企業組織的業務量，也就是檢討現有人力配置，是否合乎一個組織在一定業務量內的標準人力配備。這些探求須測定各種業務所包含的工作量以及處理某部分工作的工作時間與人力需求，但在估計人力需求時須考慮除去缺勤、離職等因素之後，每天所能實際工作的人力。

企業在人力配置標準方法的運用上，通常有下列幾種方法：

（一）工作分析法

工作分析（Job Analysis）係以工作分析結果而製成的工作說明書和工作規範為基礎，計算各職務執行時所需的人力。在進行工作分析時，應就各業務的項目，按發生頻率、處理時間等加以調查，並以此為基礎，計算業務量。

業務量的計算一般係以月為單位，發生頻率應依年月日記錄，處理時間以小時為單位較為方便。以每月的總業務量所需時間除以每月的工作時間，即可計算出每項職務所需的人力，所應注意的是工作時間內的休息時間應予扣除。休息時間可利用工作抽樣法，依調查所得資料予以算出。

$$所需人力 = \frac{每月總業務量所需時間}{（每人每日工作時間 - 休息時間）\times 每月工作日數}$$

（二）動作時間研究法

動作時間研究（Motion and Time Study）係指對一項操作動作需要多少時間，這個時間包括正常作業、疲勞、延誤、工作環境配合、努力等因素在內。訂出一個標準時間後，再依據多少業務量，而核算出人力的標準。

標準時間是指生產一單位所需要的時間，是由純時間乘以（1+休息比率）而求得，一天總需要時間是由標準時間乘以一天目標生產量。動作時間研究法的計算公式如下：例如某五星級大飯店的主廚，為準備喜宴用餐，由大廚利用碼表（Stopwatch）測定每道菜的工作時間作為基礎，以求得標準時間，再計算所需的人力數量。

（三）工作抽樣法

工作抽樣（Work Sampling）是一種統計學推論的方法，應用統計學的機率原理，以隨機抽樣方式，輔以數學計算，以測定某個部門在一定時間內，實際從事工作所占規定時間的百分比，再以此百分比測知人力運用的效率。

使用工作抽樣法同時可觀測許多樣本，因此較動作時間研究法節省人力和經費，但分析者事前必須充分了解工作對象的內容和業務的流程。例如從銷售計畫到貨款回收的銷售活動，各階段應由哪個單位、哪個職位負責以及其前後關係如何，均應詳加調查及整理。

工作抽樣法的進行，首先要決定觀測次數，再由觀測結果求得工作標準時間，然後依動作時間研究法，計算所需的人力。

（四）成果分析系統法

成果分析系統（Performance Analysis System, PAS）是紀錄作業員在 1 個月至兩個月期間，每人每日工作的名稱、工作時間及工作量。依該紀錄可了解到某項業務在某一時間內，可完成哪些工作？每項業務的處理時間則依統計法設定其標準，並以此為基礎以計算所需的人力。至於統計的標準產量及所需人力的計算，一般均用電腦進行。此方法的運用過程，茲說明如下：

1. 製作個人的業務記錄表：作業員每當做完工作，即應記錄工作名稱、處理時間及工作量。若工作無法以數字表示時，應以工作完成的百分比標示工作進度。
2. 開工率的調查：開工率可利用前面所說的工作抽樣法計算出來。
3. 個人業務紀錄表的統計與統計標準的決定：統計個人的業務紀錄表，將實際需要的時間與個人工作時間加以比較，以檢討兩者是否有顯著的差別，若需要修正時，應該與記錄者面談後再修正。此外，應將每項工作單位處理的標準時間計算出來，該統計的標準時間可依平均數或中位數等方式計算。
4. 計算所需員額：利用前面算出的資料，依下列公式以決定所需的員額。

（五）管理幅度法

所謂管理幅度（Span of Management, SOM）是指一位管理人員能夠有效管理的部屬數，組織政策愈明確，管理者訂定政策所需時間愈短，則管理幅度愈廣；獲得幕僚支持愈多，以及部屬能力愈優異時，其管理幅度亦愈廣。該方法係依垂直的組織層次分類，

以決定適當的管理幅度，再以此為基礎做多層次的垂直分類，以決定各階層的管理人數，最後據以算出員額（圖 4-10）。

圖 4-10　一位主管能有效管理的人數越多，則管理幅度越廣

（六）線性責任圖

　　線性責任圖（Linear Responsibility Chart, LRC）是將組織內的業務與員工，以矩陣的行與列加以排列，而將各員工對各業務的責任記入矩陣表內，如此則可明確的表現出業務和決策由誰在何時進行以及其所達成的程度。線性責任圖較組織圖表或工作說明書，更能令人了解組織內的責任與權限關係。所以，可作為計算員額的資料，亦即以個別職務的責任程序和現行負責該職務之人數為基礎，計算出在各責任水準上需要多少的人力。

二、人力類別分析

　　經由人力類別分析，可以了解一個企業組織業務的重心所在。一般多元化企業所雇用的人員類別很多，若以工作的職能別區分，大致包括技術與研發人員、業務人員及管理人員；若以工作的性質別區分，可以分為直接人員與間接人員兩種。

（一）職能別人力

1. 技術與研發人員：指從事生產、工務、設計及研究工作的人員。

2. 業務人員：指從事銷售、材料、及儲運等工作的人員。

3. 管理人員：包括從事總務、人事、會計、企劃及服務等工作的人員。

（二）性質別人力

1. 直接人員：係屬直接從事生產，或某一項工作的人員，如技術人員或業務人員。
2. 間接人員：即其工作性質並非與某種工作的處理有直接關係，卻是此種生產過程所必須的，可說是屬於幕僚或支援生產的人員，如管理人員。

　　上述人力代表了企業內勞力市場的結構，其配置比例隨企業性質、規模而有所不同。通常直接參與生產的人員占較大的比重，約占 60% ～ 70% 左右，而間接人員約 30% ～ 40% 左右；另外，如果某類人力的配置不足以應付變動時，企業應迅速舉辦訓練或向外招募合適的人員，以符合人力需求。

三、人力素質分析

　　人力素質分析即分析現有工作人員的工作知識和工作能力的程度，任何組織都希望能提高工作人員的素質，以期能對組織作更大的貢獻。

　　通常企業組織內的工作人員可能會發生兩種現象：1. 某些人員能力不足，難以勝任目前工作而限制組織業務的發展；2. 某些人員雖能力有餘但未能充分利用，不但浪費人才，同時也易導致人員的不滿和異動。所以為了達到適才適所的目的，人力素質必須和組織的工作現況相配合。企業管理當局在提高人員素質的同時，也應該積極的提高人員的工作品質，以人員創造工作，以工作發展人員，使組織得以蓬勃成長。至於提高人力素質的方法，莫過於實施工作輪調和訓練發展；另外，也實施工作分析，擬訂詳細的工作規範，以作為人力素質的準則，並切合工作需要。

　　近年來，企業有個顯著的趨勢，就是組織內勞心者增加的比例遠超過勞力者所增加的比例。其中因素很多，最主要的還是由於科學技術的革新以及實施機械化與自動化的結果，而勞心者的增加更顯示出訓練發展的重要性。

四、年齡結構分析

　　分析員工的年齡結構在總體方面可按年齡組別，統計全公司人員的年齡分配情形，並進而求出全公司人員的平均年齡，以發現公司人員的年齡結構是否有老化現象；在個體方面，可按工作人員的性質，如職位、學歷、工作性質等，分別分析其年齡結構，以供人力規劃的參考。

　　一般而言，年齡是表明能力的尺寸，年齡增加則顯示經由經驗而獲得知識亦增加，人員的能力亦增加；但在另一方面也顯示人員吸收新知識的彈性降低，使其難以因應環境變化的需要。

　　組織內工作人員年齡增加也表示其體力降低，在設計組織分派職務與責任的時候，必須確實分析工作人員難以勝任現職的原因，探究係業務量的增加，或年齡增長所導致精神體力衰退。如係人員體力衰退之原因則須調整人員的年齡結構，以保持企業的活力。通常企業理想的年齡分配應為三角形的金字塔，頂端代表退休年齡（60 歲至 65 歲）的人數，底端代表就業年齡（18 歲至 22 歲）的人數，而企業員工的平均年齡約為 34 歲至 36 歲。

4-4　觀光人力資源供需預估的方法

　　人力資源供需預估是針對企業組織未來管理發展的需要，根據各種環境的變化，預估未來企業所需的人力及外界人力供給情況，期能適時、適地、適量地提供與調節所需的人力，以達成組織目標的一種過程（圖 4-11）。

圖 4-11　人力資源供需預估，可以幫忙組織達成目標

　　人力資源供需預估隨預估期間的長短，可分為短、中、長期三種。通常最適切的預估期間約在一年左右（實務上亦有以半年為預估期間者），因為預估的期間愈長則其結果愈不準確。人力資源供需預估的方法很多，一般常用的主要有經驗估計法、總體預測

法、統計法、對數學習曲線法、電腦模擬法、德爾非法、技能檔案法、替換圖法及馬可夫模式等。

一、經驗估計法

（一）主管估計

這是最古老，也是最常用於預測人力需求的方法之一。此乃利用與工作最接近者的直覺與經驗，估計企業未來所需的人力。以往，由於企業規模都不很大，一般主管基於其多年的經驗，對於企業內部的情況及影響企業之外在因素，往往能有相當程度的了解，因此根據其直覺與經驗所預測的人力需求，大多能獲得滿意的結果，尤其在缺乏足夠資料時，它不失為一種簡單與快速的方法。

圖 4-12　主管估計是利用與工作最接近者的直覺與經驗，來評估企業未來所需的人力

近年來，由於企業規模不斷擴大，經濟系統也愈來愈複雜，一個主管僅憑其多年的經驗與豐富的學識，可能無法對企業內部與外部的情況有全盤的了解。因此冒然估計的結果，就難以令人滿意；此外，此種估計法尚有很多缺點，諸如根據主管個人的主見，可能產生偏差、需要花費管理人員相當多的時間、管理人員可能無法提供正確的資料等（圖 4-12）。

（二）經驗法

此法建立在啓發式決策（Decision Heuristics）的基礎上，其基本假設乃是人力的需求與某些因素的變化有著某種關係存在。例如行銷部門在銷售量增加 $60,000 時，即需增雇一名推銷員；當某部門連續四星期以上的加班成本（Overtime Cost）都超過 $1,000 時，即增雇一名生產工人等。此種根據銷售量或加班成本的改變，預測所需增雇的推銷員數或生產工人數，用於短期預測上，常常能達到相當滿意的結果。

不過，對於其他種類的人員，如幕僚人員、行政人員等需求量的改變，此法卻不能得到滿意的結果；此外，企業新增加部門所需的人力，以及對於較長期間的人力需求，此法亦難有滿意的結果。

二、總體預測法

總體預測法（Aggregated Forecasting Model）同時考慮了內在及外在因素，其公式如下所示：

$$E = \frac{(L_{agg} + G)\frac{1}{X}}{y}N$$

其中 E 就是未來預估勞動力的數值，L 是目前企業活動的總值，G 是經過 N 年後的成長數值，x 是在 N 年後勞動生產力的增加比率，例如 1.05 就是增加 5%；y 是目前企業活動的轉換總值，小字 agg 代表總體的數字。

這個模式有幾個特點：

1. 未來的企業活動和成長與雇用人數成正比例的關係；
2. 生產效率因素，可以改變雇用人數，改變的方向端視生產效率是否增加或降低；
3. 當前企業活動的轉換值，代表企業一貫用人政策和工作安排，所以一旦用人政策或工作設計更改，轉換數值就可能發生變化。例如某一製造電容器工廠，現年銷售額 $60,000,000，預計未來五年成長是 $80,000,000，即增加 $20,000,000，而預估每年生產效率提高 1%，五年即可提高 5%。至於轉移數值按過去經驗和當前工作設計，$60,000,000 的銷售額用 60 人，即每 $1,000,000 的銷售額需用 1 位員工，則 5 年後的員工數額將是 76 人。

$$5 年後需用人數 = \frac{60,000,000 + 20,000,000}{1,000,000} \times \frac{1}{10.5} = 76$$

三、統計法

（一）迴歸分析

所謂迴歸分析是用以敘述兩個以上變數間的關係，即以 1 個或多個自變數，預測或估計某一特定因變數的分析。

迴歸分析中最簡單的模式是兩變數的直線迴歸模式，即所謂的「簡單直線迴歸模式（Simple Linear Regression Model）」，簡稱簡單迴歸。設 X 為自變數（獨立變數；Independent Variable），Y 為因變數（相關變數；Dependent Variable），在某一特定 X 值下重複實驗或觀察，所得 Y 的觀測值可構成一分配，以 Y ＝ a+bX 表示。

影響人力需求的變數或因素只有一個時，可利用簡單迴歸分析，然而獨立變數有兩個以上時，就必須以「複迴歸（Multiple Regression）」分析。人力規劃中通常有許多變數，如生產量、營業額、預算及勞動市場的供需等均會影響到其人力需求，因此大多使用迴歸分析。

迴歸分析法不能僅是單純的求其迴歸方程式，必須佐以相關分析（Correlation Analysis），因其自變數與因變數間有著相關關係。此時所謂的相關分析是分析兩變數間密切性程度的相關關係；同樣的，相關也分簡單相關與複相關（Multiple Correlation）。

現在我們以人力預測值為 Y，影響 Y 的變數有生產量 X^1、營業額 X^2、內部的勞動供給 X^3，經過迴歸分析，我們可以得到人力需求的公式：

$$Y = a + bX^1 + cX^2 + dX^3$$

此時我們所求出的相關係數表示了預測值 Ye 與觀察值 Yo 之間的關係，我們稱此為 X^1，X^2，X^3，與 Y 之間的複相關係數（Coefficient of Multiple Correlation）。此一係數愈接近＋1時，變數間的關係就愈為密切；係數愈接近零表示無相關關係；如果係數為負，則表示逆相關關係。

如此進行相關分析之後，則可依據相關係數得知其變數間的密切程度與某一變數對其他變數的影響，因此有助於人力預測的正確性。

（二）時間序列分析

所謂時間序列（Time Series）是指依時間進行而發生的事項變動之順序，予以觀察、標示的統計數列稱之。它共有兩個變數，自變數為時間，因變數為各時間所相當的數量或數值，如生產量、營業額等的任何一組變數。若以圖標示時間序列，則可以很容易的了解其變動的情況；這些變動又可區分為：

1. 趨勢變動（Trend Movement）；
2. 季節性變動（Seasonal Movement）；
3. 循環變動（Cyclical Fluctuations）；
4. 不規則變動（Irregular Movement）。

其中經常使用於人力預測的方法是處理趨勢變動的「趨勢分析（Trend Analysis）」，這是根據過去的資料來分析未來的事件，因此是一種比較單純的方法。以

員工過去的資料為依據，依月、季、年分別作成圖表，再以圖表表示其變動趨勢，即成**趨勢線**（Trend Line）；然後以目測或數學方式加以推測，即可預測未來的人力需求。傳統的時間序列法模式為：

$$Y = T \times C \times S \times I$$

公式中，T 為趨勢變動，C 為循環變動，S 為季節變動，I 為不規則變動，其中求取此一趨勢線最常使用的方法是最小平方法（Least Square Method），此外，尚有目測法（Free Hand Method）、移動平均法（Moving Average Method）、指數平滑法（Exponential Smothing）。

趨勢分析的最大缺點乃是過去的**趨勢**並無法保證將來是否仍會持續進行，這在使用時須慎重考慮。

（三）比率分析

當一個組織有幾個團體必須加以預測時，比率分析（Ratio Analysis）較為適用。例如利用統計法先行預測與企業活動直接有關的生產、行銷等直線部門所需的人力後，再藉以計算與重要團體之間的比率，以預測人事、會計等部門所需的人力；即只需知道對一、兩個核心團體的員工比率，而不需做整體的預測，只要與重要團體間的關係呈穩定現象，必能得到相當正確的預測，這種比率分析法大多應用於人力需求較不規則的建築業等相關產業。

以上所述的人力預測統計為一種計量工具，其目的在客觀的預測人力需求。雖然在某些情形下以直覺為主的觀察也有可能是正確的，但是任何策略的決定都必須建立在合理的、科學的基礎上。目前由於電腦的發達，較為複雜的統計計算及其過程中的各種困難都已被克服，只要正確的輸入資料，便可減少時間和精神而得到更適切的結果。

四、對數學習曲線法

1963 年，萊特（T.P. Wright）發表了「飛機製造業如何縮短直接勞動時間」的論文，萊特的模式是以製造進步曲線（Manufacturing Progress Curve）、經驗曲線（Experience Curve）、學習曲線（Learning Curve）及更技術化的對數（log）計算為基礎，因此稱為對數學習曲線（Logarithmic Learning Curve）。

根據此一模式，生產量倍增，則單位生產所需的直接勞動時間就是呈一定比率遞減。假設生產最低單位需要花費 1,000 小時，而學習率為 80%，那麼生產第二單位僅需 800 小時，生產第四單位僅需 640 小時，依此類推。圖 4-13 表示在 80% 與 70% 曲線情形下的此一關係，與最低單位生產所需的直接勞動時間無關。所有的 80% 曲線均採同一形態，所有的 70% 曲線亦採同一形態。

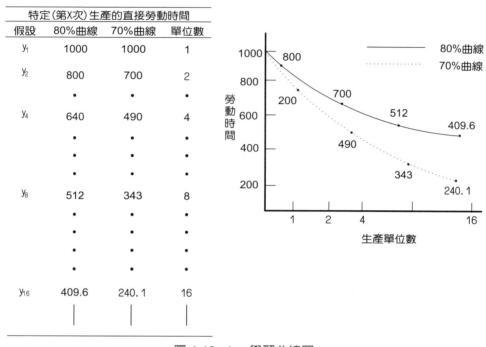

特定(第X次)生產的直接勞動時間			
假設	80%曲線	70%曲線	單位數
y_1	1000	1000	1
y_2	800	700	2
	•	•	•
y_4	640	490	4
	•	•	•
	•	•	•
y_8	512	343	8
	•	•	•
	•	•	•
	•	•	•
y_{16}	409.6	240.1	16

圖 4-13　log 學習曲線圖

一旦學習率被確定之後，以第 2、第 4 及第 16 倍數增加的單位，其生產所需的直接勞動時間便很容易決定，而第 3、第 5 至第 7 及第 9 至第 15 的單位生產所需直接勞動時間，卻無法以簡單的算數加以定義，必須用對數計算。但是，必須留意的是即使學習率已經決定且正確性與對數學習曲線相同，而時間卻未能減少，此時則可以使用最小平方法來解決。

對數學習曲線模式對人力規劃有下列助益：

1. 由於可預測作業成果的大概進步情形，因此有助於決定有效的生產日程。
2. 可以有效的控制契約期間人力資源的雇用與解雇。
3. 可以利用於確立生產目標、績效評估等組織目的與作為採購時的協議工具。

此一模式起初雖僅適用於飛機製造廠，但目前也有不少其他製造業採用，如金屬、紡織及汽車業等，尤其最常被運用於勞力密集的產業。

五、電腦模擬法

預測人力需求的另一個方法是利用電腦進行模擬（Simulation），即數理模型。此一方法需配合組織特性，方能開發適合該企業的模型，因此和前述學習曲線模型相比較，它會因組織的不同而有很大的差異。

此電腦模式是由奇異公司（General Electric, GE）所開發出來的，稱為 MAN PLAN 模式。此程式是專用來處理較難的人力資源需求預測模式，以及一般較複雜的數學模式，使利用者能獲得適合個人的企業資訊。

公司的電腦計畫為了獲得預測所需的資訊，對使用者提出了下列問題：

1. 你製造了多少不同的產品系列？
2. 你對銷售的預測可達幾個月？
3. 你能預測未來 10 個月內各項產品的產量嗎？

這些問題由使用者回答後再由電腦處理，然後便可得知生產所需的人力平均水準。MAN PLAN 還可以告訴我們每一特定期間內可能需要的人力數量，人力資源管理者根據此一模式，可以了解各種不同的人力決策所產生的影響。例如可利用升遷或降級方式，來降低現有人力的流動率。

六、德爾菲法

德爾菲法（Delphi Procedure）也是在預測人力需求，它和前述的其他方法不同，屬於較具主觀性的方法。因此，它經常被主張計量法的學者批評為一種不好、不值得信賴的方法。

德爾菲法的主要目的在綜合專家們的獨立意見，以預測未來的狀況。由於參與團體討論的專家個人易因彼此地位的差異而受到影響，並對某種意見妥協。因而此方法乃摒棄專家與專家間的面對面會談，其進行的過程即一方面由中間者負責提供專家所需的資料，專家則以書面回答，並由中間者蒐集，這種方式可避免專家間直接的衝突；一方面則經由一系列的問卷方式，讓每個參與的專家在無任何限制的情況下，自由表達其對某一特定問題的看法。如此，可以誘導獨立性的思考，並讓成熟的意見漸進的養成。

　　在此一程序中，除非有一個綜合性的預測出現，否則必須不斷的加以修正，在專家們反覆、漸進的回饋循環裡，持續的接受有助於預測其他專家之反應，最後就會出現一個綜合性的意見。

　　但是德爾菲法僅能適用於一年左右的較短期間，若應用於更長期間的預測則有很多困難，且進行的過程需花費相當多的時間，參與人員經過幾次的試用後興趣將會減低。

七、技能檔案法

　　建立技能檔案（Skill Inventory）在於綜合與組織人力資源有關的資料，藉以正確的了解每個人是否適合不同職務，以提供組織的人力需求。假設企業主或管理者能很快知道所有員工的技能，將有助於組織內的升遷與工作輪調，以拔擢最有才幹的人。

　　一般而言，技能檔案包括的內容有：

1. 基本資料：年齡、性別、結婚與否等。
2. 技能資料：教育程度、工作經驗或曾擔任過的職務及訓練等。
3. 特別資格：專業團體的會員及特別的業績等。
4. 報酬資料：現在與過去的薪資、調薪日期等。
5. 公司資料：福利、退休與年資等資料。
6. 個人能力：心理測驗及其他測驗的成績與健康資料等。
7. 特殊愛好：職務類型或其他嗜好等。

　　技能檔案製作完成至少有兩個優點：

1. 可建立有系統的員工升遷順序資料，使員工可以知道自己也有升遷的機會。尤其在大企業裡，這可激發員工的士氣並促進組織的團結；
2. 意味著員工一旦職位升遷，即可滿足權力、成就與尊敬等人性需求。所以，技能檔案有助於滿足組織的目的和個人的需求。

　　近年來，人工作業完成的技能檔案雖已很成功的爲企業所應用，然而若使用電腦，則應用將更廣泛，可記憶各項人事紀錄，人力資源管理人員就可以容易的得到所有員工的任何資料。

電腦化的技能檔案，其設計有以下幾個必經階段：

1. 決定從員工獲得資料的方法：此時可以利用個別面談及團體面談或問卷等方法，其中雖以個別面談所需經費與時間最多，然而，除了可以提高資料的正確度外，亦是一種逐步誘導員工的有效方法。

2. 將電腦處理前的資料編號：技能資料蒐集完畢，在電腦處理之前，須先加以編號，同時也要考慮資料的貯存、檢索及整理等技術問題。

3. 建立一個可查詢技能檔案資料的系統：如此一來，無論在任何情況下，員工都可以運用來檢查其所提供技能資料的正確與否。在此一整體的設計過程中，很重要的是對每一項技能的定義必須正確與簡潔，如此才能迅速且正確的提供所需的答案。

技能檔案建立的成功與否，當然需配合許多必要條件，但是其中最重要的是在開發此一系統時，必須要有明確的目標和程序；此外，尚需考慮下列幾個條件：

1. 員工應有共識，不能認為此系統是非人性的。
2. 要有企業主的積極支持。
3. 所有檔案的系統與資料必須是最新的。
4. 技能檔案不能侵犯員工私人的權益。
5. 應用在甄選人才時，必須對其職位所要求的技能條件做一詳細的分析與判斷。

技能檔案不僅有助於決定人的條件，在其他條件的決定上，例如投標或是引進新製品的決定，其所提供的資料經常都具有關鍵性；同時，它還有助於未來員工的培育訓練（圖4-14）。

圖4-14　技能檔案（Skill Inventory）有助於未來員工的培育訓

1. 一位觀光企業的經理人，其管理能力宜包括：領導力、組織力、執行力、決策力及時間管理等能力。

2. 觀光經理人宜注重兩大管理能力的培養，一是「事」的管理，二是「人」的領導。「事」的管理包括：行政資源管理能力及思考分析能力；「人」的領導包含：團隊運作建置能力及督導培育部層能力。

3. 觀光人力資源規劃的目的有：（1）降低人事成本；（2）合理分配人力；（3）適應企業的管理發展；（4）滿足員工需求。

4. 觀光企業組織進行觀光人力資源規劃必須先行考慮的因素為：（1）企業目標和策略的訂定；（2）內外在勞動市場的了解；（3）各階主管的參與支持；（4）人力資源管理體系的搭配。

5. 進行人力資源規劃須經過分析、評估、預測、計畫和控制等階段。

6. 觀光企業組織的人力資源規劃程序為：（1）決定觀光企業經營目標；（2）階段內在觀光人力資源評估；（3）外在觀光人力資源評估；（4）設定觀光企業目標及策略；（5）觀光人力資源規劃的實施方案；（6）整合觀光人力資源策略與各人生涯發展；（7）觀光人力資源稽核與回饋。

7. 觀光業要有好人資，更要有「旅客消費力」，因此「提升消費力」是觀光產業增加利潤的核心。

8. 提升「旅客消費力」宜包括有：創意商品、美食、旅遊客人導覽及旅客服務等，並設計一種「超級幸運三重送禮物卡」等活動。

9. 現代觀光企業人力資源評估重點中的人力數量分析有：（1）重視工作分析；（2）學習動作時間研究方法；（3）了解工作抽樣法的應用；（4）認識成果分析系統法；（5）留意管理幅度的評估。

10. 觀光企業的人力資源評估，在人力類別分析，要注意的內容有：（1）職能別人力；（2）性質別人力。

11. 人力素質分析及年齡結構分析是觀光人力資源評估重點的其中兩項。

12. 觀光人力資源供需預估的方法有：（1）經驗估計法；（2）總體預測法；（3）統計法；（4）對數學習曲線法；（5）電腦模擬法；（6）德爾菲法；（7）技能檔案法。

問題討論

1. 如何提升觀光經理人的實力？

2. 介紹觀光人力資源規劃的目的為何？

3. 觀光人力資源規劃的要件為何？

4. 說明「觀光人力資源規劃」的內涵。

5. 如何釋放「觀光」產業能量？其做法為何？

6. 介紹觀光人力資源規劃的程序。

7. 說明觀光業要有好人資，更要有「旅客消費力」的道理為何？

8. 簡要說明「現代觀光人力資源評估」的方法。

9. 簡要說明「觀光產業人力資源供需預估」的方法。

第 **5** 章

觀光產業服務工作設計

學習重點 ////

1. 學習觀光產業服務工作設計的內涵

2. 了解觀光產業服務工作分析的內涵與使用方法

3. 探討觀光產業服務工作評價的意義與使用方法

從圓山飯店的蛻變，談觀光人服務場地及改造的迫切性

　　觀光產業是一種重視設備設施及人力服務的產業，也代表著硬體與軟體兩者皆不可或缺，硬體是指觀光產業的設備與設施，例如圓山飯店在近五年來努力改造，已有很大的蛻變。圓山大飯店擁有輝煌歷史，卻成為一種包袱，自從 1995 年大火後，營運急轉直下，開始長期虧損；但自 2008 年至今，在總經理和前後兩任董事長大力支持之下，一點點推動圓山蛻變，不僅進行員工服務場地改造，更說服員工工會支持，進行各種新型的服務工作設計與分析，澈底地改造硬體，明白地進行服務內涵的創新，是促進圓山飯店最大的經營突破。

　　這六年來，先後整頓的硬體設施有：（1）自助餐廳「松鶴廳」、聯誼會；（2）改裝客房（自二樓至九樓）分兩個階段完成；（3）改裝金龍餐廳及麒麟客房，同時改裝圓山夜景的新風貌；（4）並將使用頻率較低的空間，規劃為商店街。以上依總經理在 3 階段改裝下來，從屋頂、空調、機電系統都更新，將圓山老舊客房完成場地改造，而其效益已逐漸展現，平均房價由 3,600 元左右，提升到 5,000 元。

　　展望圓山飯店未來，其因有地標優勢，並鎖定日本及大陸的大量客源市場，其獲利成果令人引頸期盼（圖 5-1）。

圖 5-1　圓山大飯店近幾年致力於改造硬體設備，以展現經營的蛻變

（參閱：黃冠穎，經濟日報 2014/12/9，A19 版）

工作設計是對服務業的工作內容，進行分析與設計，是人力資源管理過程中的重要基礎，它可以協助人力資源的規劃、工作（生產作業）績效的提升、薪資管理及員工的績效評估等。

「工作設計（Job Design）」可以決定及創造工作本質與特色的程序，工作係由工作設計所產生，並由「工作分析（Job Analysis）」所描述，而工作分析又是「工作評價（Job Evaluation）」，也是進行服務業先前的服務工作。所以，從工作設計、工作分析（工作說明書與工作規範）到工作評價，可謂是一系列連貫的觀光產業服務工作內容。

服務工作設計對觀光業正常營運而言是非常重要的，良好的服務工作設計更能提升觀光人的工作績效。

5-1 觀光產業服務工作設計

一、服務工作設計的重要性

服務工作設計是服務業為了提升員工的工作效率、服務力及配合並激勵多元服務力的需求，所制定一套最適合的服務工作設計內容、方法與形態的活動過程。事實上，觀光企業經營者比過去更重視服務工作內容設計，因為服務業就是以高品質的服務力來吸引旅客，所以他們認為：例如應用全面品質管理（Total Quality Management, TQM）的達成，必須使服務工作細緻化、專業化、服務力多元化及建立自我管理團隊（圖5-2）。

圖 5-2　觀光企業經營者比過去更重視服務工作內容設計

二、服務工作設計內容的考量因素

良好的服務工作設計，應考量以下四個基本因素：

（一）專業技術

在專業技術方面，服務工作設計專注於分析服務工作方法及標準時間的設定。它必須分析服務工作週期中的每一個服務工作要素，並決定完成每個工作要素所需的時間，以提供管理者評估績效的標準，有效達成觀光產業的目標。

（二）人因工程

人因工程通稱為人體工學，係在調整整個服務工作體系（如服務工作本身、服務工作環境、所需的機器設備等）來配合服務人員的知覺、視覺、聽覺及觸覺等特性，研究各種信息獲致反應的快慢及準確度。這些都是受服務員工心理的影響，亦是人因工程所要研究的內容。

（三）服務工作細緻化

服務工作細緻化始自觀光產業時期，將複雜的服務工作，分為細項，或將一種服務過程，分為數個更細的動作。這種做法的需求，進行整合的工作方式，細分為更專業的服務工作方式，配合各種顧客滿意度。

服務工作細緻化會增加服務工作滿意度，由細緻化的結果，員工更能體會到服務時代的來臨，將注意力集中在服務品質提升，以重視顧客滿意度之上。

（四）行為上的細緻考量

服務工作設計內容已由過去的簡單化、標準化演進至目前的重視人性化及貼心化。這種改變，部分是在於工作過於專業化，以及客戶需求性擴大，另一個重要原因是在旅客活動中，其動態性增加，必有更貼心性的安排與互動。

不論觀光企業的大小，企業在追求服務績效的同時，亦須重視企業的整體服務，包括促進員工的福利、增加心理上的激勵、降低工作環境的壓力和憂慮、肯定員工服務價值等活動。其具體的做法包括服務工作豐富化、服務工作特性的改變、服務人員教育訓練及參與性小組，以及服務工作過程的調整。

三、觀光產業服務工作設計的內容

（一）工作細緻化

工作細緻化在觀光產業發展之後，旅客的需求性提升頗多，儘量把工作劃分得更細，以使服務員工可專注於每一小部分的服務細節，提高員工的服務工作效率及旅客的滿意程度。

（二）工作貼心化

工作貼心化的目的，就是要把服務的價值表現出來，讓顧客從內心，發出感動心，引出顧客的滿意度，同時也使員工能從服務工作中感受到更大的心理激勵。例如在客房的清潔服務員工應給予較多步驟的工作，擴大其工作範圍，避免枯燥乏味，且讓他們負更多的責任，而產生更大的服務成就感。但必須注意，實施工作貼心化之前，最好先徵求員工的意見；以免引起反彈，反而弄巧成拙。

（三）工作豐富化

工作豐富化是較徹底改變員工的服務工作內容，其方法不是橫向擴張，而是把工作直向伸展，就是增加工作不同的內容和責任。工作貼心化是將服務工作範圍，不僅有工作豐富化更增加的「服務工作深度」，也對自己的服務工作有較大的自主決定權，同時肩負起某些通常由監督者來做的任務——規劃、執行，以及評估其工作。對於工作有較大的決定權，使員工有更多的自由度、獨立性和責任感去從事完整的服務活動，同時可以獲得回饋以評估自己的績效，以不斷精進。

（四）工作輪調

工作輪調主張把員工定期派到不同工作崗位上，增加其工作多樣化，主要的目的是使員工能藉著工作輪調增加其學習機會。工作輪調在一般的企業實務中，並不普遍被使用，但對當今正夯的服務業（銀行、旅館業等）普遍在採用，目前觀光產業也不排斥，且更在強化工作輪調的合性做法。不過，一般認為服務工作輪調還是有以下的優點：

1. 調派靈活：每一職位服務工作者不只是會做一種服務工作，而會做幾種服務工作。因此，必要時即可調動其他人員補充，不致發生工作停頓的現象。

2. 公平負擔：有時不同工作可能勞逸程度不同，有人辛苦、有人輕鬆，容易引起不平及糾紛。在工作輪調制度下，大家輪流擔任，在感覺上較為公平。

3. 減少單調和枯燥的感覺：簡化後的服務工作，範圍較狹窄，也較重複，容易滋生單調和枯燥之感，影響服務工作者的工作滿足及生產力。如能加以輪調，可產生一些變化，以資調劑。

4. 增進溝通：由於輪調結果，一個人對於不同的幾個服務工作都有親身經驗，如果這些服務工作彼此間有關聯之處，則由於服務工作者所具有的共同經驗，可以增進了解和配合。

　　觀光企業在選擇工作細緻化、工作貼心化、工作豐富化或工作輪調時，必須考慮觀光企業文化、企業策略及服務技術等因素。若觀光企業追求保守策略和官僚式文化，工作細緻化較為恰當；若企業採用創新策略和發展式文化，工作貼心化及工作豐富化則較合適。

臺灣各飯店的餐飲特色設計

　　現今，觀光人在飯店服務工作設計中，無不以特色表現為重點。每一家飯店經營策略，餐點方面是展現差異化的核心；臺灣著名飯店，如晶華、西華、寒舍等皆用餐飲作為強項，這些飯店每年聘請米其林客座主廚就是一連串的「練兵」過程。除了數個月前要派外場人員、師傅先去對方餐廳研習，等客座主廚到了臺灣，真正指導時，還得針對食材、餐具、服務流程等細節，作為訓練員工的重點；而這些著名飯店也藉此提升服務水準，努力訓練員工，配合主廚們的創意菜單，組合成各家飯店的餐飲特色。如晶華甚至將各客座主廚的菜單集結成立「食藝廊」，充分發揮飯店的特色。

　　服務業的特色表現，或是特色內涵設計，是未來觀光休閒產業展現的方向，在展現特色的同時，觀光人應更加努力接受各種教育養成訓練，才能達成精緻有品味的特色餐飲服務。

（參閱：黃冠穎，經濟日報，2014/8/22，B7 版）

5-2　觀光產業服務工作分析

所謂服務工作分析，是探討觀光產業各公司各職位的工作人員需要做些什麼服務工作，及需要雇用什麼條件的服務工作人員才恰當；前者之目的為擬訂服務工作說明書，而後者的目的為擬訂服務工作規範，其內涵如表 5-1 所示。

表 5-1　服務工作分析的內涵

工作分析	
工作說明書	工作規範
該工作內容應包括的項目：	該工作人選應具備的條件：
• 工作名稱（頭銜） • 工作位置 • 工作摘要 • 所需的機械工具 • 設備、物料 • 接受的監督為何 • 工作條件 • 其他困難	• 教育 • 經驗 • 訓練 • 判斷力 • 創新 • 實際努力 • 責任感 • 溝通技術 • 情感特性

一、服務工作分析的功能

服務工作分析的主要功能，可以圖 5-3 來表示。圖中所顯示的是服務工作分析所產生的資訊，而這些資訊，可以用來支援下列觀光產業執行服務工作所應用的人力資源管理活動：

1. 員工招募與遴選：利用服務工作說明與服務工作規範，讓管理者決定要雇用何類的人。
2. 薪資管理：管理者在發展薪資計畫時，需要服務工作分類及分級，服務工作分析可提供每項服務工作的相對價值，因此可以作為分級的標準。
3. 績效評估：績效評估是將員工實際績效與期望績效做一比較，服務工作分析即可以決定出績效標準。

4. 教育訓練：由於服務工作說明書記載了服務工作中所需的技能，因此，所需的教育訓練也就因應而生了。

5. 保證任務完成的指派：透過服務工作說明與服務工作規範可以發現哪些任務還未指派，因而及時指派。

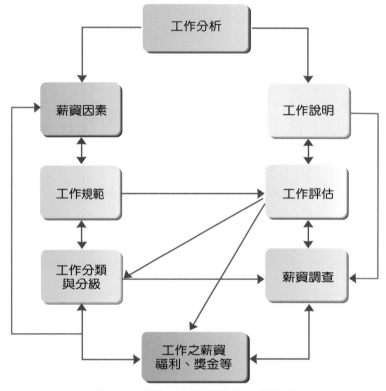

圖 5-3　服務工作分析產生的資訊圖

二、服務工作分析的方法

　　管理者可以使用下列各種服務工作分析的方法，來決定服務工作要素和基本知識、技術及能力等，以獲取更高的服務工作績效。

（一）觀察法

　　觀察法（Observation Method）即服務工作分析人員直接觀察或透過服務工作者正在工作的錄影帶，來了解其服務工作的情形。儘管這是一個直接取得第一手資料的方法，但被觀察者通常在有人觀察時無法有效率的服務工作，而且使用觀察法必須全程觀察，對有些工作是可行的，但有些管理服務工作則不適用此種方法。

（二）個別面談法

個別面談法（Individual Interview Method）即選擇現職人員進行工作訪談，藉以了解其服務工作內容，並將所有訪談結果彙總成一個服務工作分析，這種分析能有效的評估該項工作的職責，但卻非常耗時。另外，必須注意的是這些受訪者，通常會誇大他自己工作服務的重要性（圖 5-4）。

圖 5-4　個別面談法，能有效評估工作分析

（三）小組訪談法

小組訪談法（Group Interview Method）與個別面談法相似，其差異在於小組訪談法是同時訪談一組人。它的正確性會提高，但小組的互動也可能隱藏某些實際情形。

（四）結構性問卷調查法

結構性問卷調查法（Structured Questionaire Method）是發給工作者一份列有所有服務工作細項的結構性問題，而由其勾選他們目前所執行的服務工作項目，這在對服務工作項目的了解上非常有效，但因為它是一個單向溝通的問卷，無法有效的澄清或詢問相關問題。

（五）技術討論會議法

技術討論會議法（Technical Conference Method）是對特定服務工作具有廣泛性的知識，來進行許多專家看法的諮詢。雖然這是個不錯蒐集資料方法，但通常會忽略實際工作者所真正執行的事。

（六）服務工作分析問卷表法

很多公司應用工作分析問卷法（Job Analysis Questionnaire Method）來蒐集與服務工作有關的資訊。表 5-2 便是這一類的問卷表，它針對與工作有關的資訊；例如典型任務與工作、使用的用具、設備及需要負擔的責任等。

表 5-2　服務工作分析問卷表

姓名	
薪資頭銜	
指引	讀完本問卷表，並盡可能確實回答，然後交給各直屬主管，若有問題亦請教各主管。
責任	每承擔的責任爲何？ 短期或臨時性的責任爲何？ 不規則且不定時擔任的責任爲何？
監督	多少人在你直接監督的下？（寫出工作項目及人數） 你是否具有充分的權力來指派工作、改正錯誤、鼓舞、解僱或答覆員工的埋怨？ 你是否僅從事工作的指定或協調部屬而已？
物料、設備、工具方面	所處理的主要物料及產品爲何？ 寫出在工作中所用到的機器設備名稱。 寫出在工作中主要使用的工具名稱。
指示方式	（寫明是口頭、文字等方式）
與其他部門的主管同僚保持聯絡的必要性程度爲何？	寫出你所處理事情的名稱、部門名稱？ 描述聯繫的特質？
決策	哪些是不需請示主管便可做決定的事情？
責任	描述所承擔責任的特性。 錯誤所導致的損失爲何？
記錄與報告	哪些紀錄與報告是個人要準備的？ 這些資料的來源爲何？
工作檢核	如何從事檢驗、查核？ 誰來做它？
身體方面的要求條件	在下列工作位置中所花費時間比率爲何？ 站立：＿＿＿％、坐著：＿＿＿％、走動：＿＿＿％ 要搬運的物品重量爲何？ 是否要有其他技術配合？

（續下頁）

（承上頁）

工作條件	工作性質是否會吵雜、悶熱等。
危險度	敘述在工作中可能發生的危險及意外事件。
主管評語	教育程度要求水準（寫初期等級）。 經驗：從事這項工作應有的經驗及經驗時間長短。 訓練：為勝任這項工作應有的訓練為何？（寫出所需訓練的種類）
日期：	主管簽名：

（七）重要事件法

　　重要事件法（Critical Incident Method）是以工作者的直接上司為主要參與者，即要求每個主管將其下屬工作的行為詳加記錄，對於影響工作績效的重大行為更是要詳盡敘述。接下來便從各個主管的紀錄中，找出相關或相同重要工作內容，編成工作描述，這種做法在強調工作的內涵。表 5-3 和 5-4 提供一個重要事件法的例子。

表 5-3　重要事件法問卷表

當你看見下屬或其他人執行職務，明顯的影響其個人或整個團體的工作績效時，請就下列問題詳加敘述：
1.當時工作環境。
2.從事該工作員工的實際行為。
3.這事件存在的時間。
4.這個員工的工作是什麼？其個人從事這項工作又有多久？

表 5-4　重要事件法發展的工作項目

工作職稱	電腦打字員
工作項目	工作的準確性
重要事件	• 注意到信件和稿件有明顯的錯誤，並加以改正。 • 打出的文稿和如同印刷一般。 • 遇有關問題，首先查閱祕書工作手冊。 • 常將文件歸錯檔案。 • 文件中的重要字體如地點、時間、數字常被打錯。 • 打完文件忘記用字典或文字處理機複查。 • 常寄錯文件，不檢查地址或受件人。

三、服務工作說明書與服務工作規範

　　如前所述，服務工作分析的最主要目的是在於編製服務工作說明書及服務工作規範，以下就兩者的撰寫原則（或注意事項）與內容格式，來加以說明。

（一）服務工作說明書

　　服務工作說明書記載該服務工作人員應執行的事項、理由、方法及程序等。一般的服務工作描述包括：服務工作職稱、服務工作位置、服務工作摘要、服務工作內容、服務工作責任、服務工作環境及服務工作條件等項目，如表 5-5。服務工作說明書具有三項功能：

1. 使應徵者了解工作內容。
2. 指引新進人員，詢問其被期望做些什麼。
3. 提供給在職人員的實際工作活動與其所負責任是否符合的比較考核。

　　服務工作說明書記載該工作人員應執行的事項、理由、方法及程序等（圖 5-5）。服務工作說明書

圖 5-5　人資部門工作人員正在討論工作說明書

往往會因為環境的不同而使其撰寫人亦有不同，例如有些委請管理顧問撰寫。但最好由工作分析人員自己撰寫為宜，因為他們對工作較熟悉，所要調查分析的項目亦較清楚，所以比較符合實際的需要。在撰寫服務工作說明書時應考慮下列各項：

1. 須先鑑定服務工作，以避免作業重複。
2. 對所要說明的服務工作，其標準名稱必先予以確定。
3. 對於職責內容的敘述要簡單明瞭。
4. 服務工作說明書須和現有的組織規程、服務工作手冊相符合。
5. 服務工作說明書須有一定的格式。

表 5-5　服務工作說明書

工作職稱	財務會計專員	職務編號	No.0031
部　　門	財務部門	工作編號	No.1053
報告對象	財務經理	日　　期	7/17/1996
部　　署	佐理員	層　　級	35
工作摘要	會計帳務審查、編寫財務日報表以及保管財務相關文件與憑證。 處理財務活動之各種記錄並執行所需的財務會計控制活動。		
工作內容及責任	• 檢視各種請購、報銷文件、相關表格、摘要等。 • 編製財務傳票、日報表及文作、相關表格、摘要等。 • 核對與目前往來銀行對帳單，有無不符的紀錄，若有不符處，採取必要的行動使紀錄正確。 • 將財務資料摘要做成報告形式，以提供給經營分析運作。 • 會計年度工作計畫及經費事項之編擬、審核、執行各種財務會計管理控制活動，以獲得保存及提供各種財務資訊。 • 會計規章、作業程序之擬訂及修改。 • 準備財務會計使用之各種申請書、表格，以及例行用的備忘錄。 • 各類財務相關憑證、傳票歸檔保存，妥善保管。 • 必要時，對於財務會計佐理人員，提供一些會計功能上的指引。 • 運用電子計算機、統一發票專用收銀機、PC 個人電腦，處理財務會計資訊。		

（二）服務工作規範

服務工作規範係說明該職位的服務工作人員成功的執行服務工作所應具備的最低資格或條件。透過服務工作分析，服務工作規範可獲得有效執行服務工作的資訊，如教育、知識、技術、能力和經驗等，如表 5-6 所示。

表 5-6　服務工作規範

工作職稱	財務會計專員
部　　門	財務部門
學　　歷	國內外公（私）立專科以上學校畢業的教育程度，主修會計、統計、企業管理以及商業相關科系。
特殊要求	熟悉財務管理會計、辦公程序、電腦操作資訊處理、事務機器以及稅務經驗。
檢定技能	會計檢定乙級合格之技術能力。
工作經驗	至少 2 年工作經驗、最好熟悉國際貿易業務、企業管理業務。
心智能力	具有良好的數字觀念。
健康狀況	身心良好，情緒穩定。
特殊能力	心智靈活，能與別人一起工作。
成　熟　度	必須在 3 年內，能承擔大型展覽會計帳務處理及擔負職責重任。
其　　他	期望在 3 年內，能儲備晉升為四職等專員。

服務工作規範的形態，不必和服務工作說明一樣嚴格及正式，因為它只是提供詳細的參考資料。其撰寫原則可歸納為：

1. 必須簡明扼要。
2. 避免累贅。
3. 偶然發生的職務應予註明。
4. 設備、設計等應予識別，其用處亦須描寫清楚。
5. 稱謂須統一。
6. 依服務工作事實所得之結論須置於陳述之後。
7. 主觀裁斷的敘述必須和事實吻合。
8. 應交予實際執行者認可，以確保無誤。

從旅行臺灣，話說觀光產業服務設計的重要性

很多人對「旅行臺灣」很嚮往，因為臺灣是福爾摩沙，美麗又可愛的寶島，是世界觀光的好去處（圖 5-6）。我們在研讀觀光產業人力資源管理的課程，對從事觀光產業服務的每一位觀光人來說，亦是服務設計上相當重要的課題。本節內文中也針對服務工作功能性，進行廣泛討論，說明旅行臺灣與服務工作設計的關係，也告訴觀光人，要有多種面向服務設計的觀念，以學習創新服務設計的方法。

觀光服務設計時，若是能有下列的想法，會更有設計的內涵：

1. 了解旅行臺灣，是讓貴賓有「賓至如歸」的生命創新感覺，讓每位旅客有「人、事、物、真、善、美」的高度人情味印象。

2. 服務設計時，宜考慮臺灣每一季節，思考有哪些是可以留住旅客心的方式？如春天用花；夏天用水果；秋天用山嵐；冬天用風等理念來溶入旅行臺灣的服務內涵。同時搭配好吃、好看、好玩，隨時可以得到觀光能量再出發的力量。

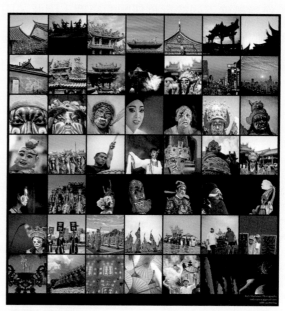

圖 5-6　臺灣的觀光特色，讓越來越多外國人願意來臺灣旅遊

3. 設計行腳臺灣的服務設計，宜採用人與土地、山陵、人情味、熱情的綜合性設計，找出最佳化旅行臺灣的交會點，來行銷臺灣，發展臺灣的觀光產業。

（參閱：天下雜誌遇見幸福專刊－旅路 21 款執行）

5-3 服務工作評價

　　服務工作評價就是尋找所有的工作在組織中的排序,並按其所反映的相關價值做層次性的安排,而此種安排是針對工作而非對人,在服務工作內涵中宜加以設計與規劃,力求需求性與價值性,即是工作評價之功能性。服務工作評價係假設以一般典型的工作者,可以表現出來的一般績效作為評估標準,所以,這個過程並不特別重視員工個別的才能或工作表現。如果必須對組織內的每一種服務上的職務或職位進行需求性及價值性評估與設計,服務工作評價將能提供一個較為客觀的標準。

　　不同的服務工作有不同的評價指標,如觀光產業中所需的程式設計工程師,其服務工作指標就不同於行政部門的經理,因此,服務工作分析有助於釐清服務工作評估的要項。服務工作評價則有助於對組織中每一項服務工作的相對價值加以明確化,一般在服務業中薪資管理及人事行政管理是應用服務工作評價的項目。

一、服務工作評價實施程序

　　服務工作評價實施欲順利,必須先確定實施步驟,如圖 5-7。依階段程序逐步進行:

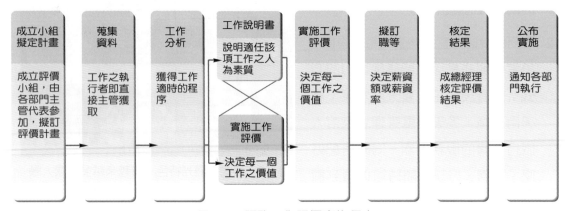

圖 5-7　服務工作評價實施程序

1. 成立服務內涵設計小組開始擬訂計畫:首先必須先成立評價小組,訂立評價目標,決定評價計畫範圍,或所要評價的對象,並編列經費預算;選定由誰負責籌劃與實施。
2. 蒐集資料:蒐集有關評價因素、工作類別、工作職等、薪資及員工作業情況等,作為評價施行的參考。
3. 進行服務工作分析:工作分析係獲得工作事實的程序。蒐集資料,對每項工作做詳細了解,並予以分析、研究、撰寫工作說明書與工作規範。

4. 建立服務工作說明書：正確說明工作的職務、責任，以及所需的能力條件。

5. 確認服務工作規範：說明適任該項工作的人員責任，規定能圓滿執行某項工作所需的條件。

6. 實施服務工作評價：決定每一個工作的價值，根據由工作分析產生的工作說明書及工作規範，進行工作評價。評估人員可以獨立的評價每一件工作，然後集體開會，共同研商，以解決相異的問題。

7. 擬訂職等及職稱、職位：決定薪資額或薪資率，利用獲得的工作資料，依據工作說明書，衡量每項工作的價值，評定每一職位的總分數；並依據總分數的高低與職等表對照，得知相對價值，比較各工作的地位。

8. 核定結果：由行政部門簽呈總經理核定工作評定結果。

9. 公布實施：正式公布，並發文通知各部門實施。

二、服務工作評價的方法

服務工作評價的方法有：計點法、排列法、分類法及因素比較法。

（一）計點法

計點法（Point Method）係採用不同的界定指標（如技術、努力與責任感），這些指標都可按情節輕重對所評估工作給予等第評定，如表 5-7。

計點法在所有工作評價的方法中最為穩定。工作可能隨時間的演進而更改，但評定量表的建立卻可在計點法之下繼續適用，且計點法亦可以最小化評估誤差。但從另一角度來看，計點法具有複雜與發展耗時的特性。

表 5-7　計點法例

因　　素		第一級	第二級	第三級	第四級	第五級
技術	教育	22	44	66	88	110
	進取心	14	28	42	56	70
責任	其他的安全性	5	10	15	20	25
	其他的工作	7	14	21	28	35

值得注意的是，主要的指標必須小心、清楚的界定，因素的等第必須由所有的評估者所同意，以建立每一項指標的比重與分派每一等第的點數價值。雖然計點法耗時、花成本，但還是觀光服務業目前最樂於使用的。

（二）排列法

排列法（Ranking Method）首先要於組織中成立一個工作考評委員會，結合管理階層與員工階層的代表，將工作從最高到最低階層做一簡單排列；又可分為定限排列法與成對排列法。

1. 定限排列法：所謂定限排列法，是將一個企業中職務最高與最低的員工選擇出來，並作為高低界限的標準；然後在此最高與最低的限度內，將所有的工作按其性質的難易程度或可報償因素的重要性程度，逐一排序出來，即可顯示工作間的不同價值，然後再賦予薪資，如表5-8。

2. 成對（配對）排列法：係將一個企業中的工作，成對的加以比較，例如甲、乙、丙、丁、戊五種服務工作相互比較，經比較按其順序排列，由於此方法較為繁雜，所以企業組織少採用此法。

表5-8　定限排列法例

排序次序	薪資
財務部經理	NT$75,000
副理	NT$68,000
課長	NT$55,000
組長	NT$42,000
出納員	NT$32,000
帳務員	NT$28,000
臨時員	NT$23,000

（三）分類法

分類法（Classification Method）係由以前的「美國文官委員會」（即今天的人事管理局；OPM）所制定，分類的建立係經由界定某些一般性的指標——如技術、知識、責任，作為評核的分母，和所欲的工作目標做一評比，而建立起各工作的層次與級距。這些例子包括商店服務工作、事務性服務工作、銷售服務工作等等。組織所需要的服務工作型態一旦分類建立起來，各種服務工作種類就會按這些指標排列出其重要性的順序，每一服務工作就可置入其適當的分類中。哪一服務工作置入哪一分類，是以每一職位的服務工作描述與分類類型的描述做比較。

例如國內某觀光集團將全部等級按高低程度，區分為11個職等；最高者為董事長11職等，最低者為工友一職等。若經考試進入則以三職等專員起任用。本法優點為使用簡單；而其缺點是等級之說明必須涵蓋很多的工作，但只能採一般化的說明，故在評價時容易引起爭執。此外，每一種工作類別，都要有一套等級說明，而且如何做相互比較也是困難的問題。

（四）因素比較法

因素比較法（Factors Comparison Method）是一種較複雜的與量化排序的方法，評估者選擇觀光產業中的主要服務工作為標準。這個被選擇出來的服務工作應是眾所周知的，並且建立起薪資結構，經由所有服務工作的跨部門代表所評估出來。從最高薪到最低薪，從最重要到最細微的工作；並且涵蓋每一服務工作要項（因素）所需的範圍（這個範圍是由工作者與管理人所組成的委員會所認定）（圖 5-8）。最典型的是由委員會選出 10 至 25 項重點服務工作。

圖 5-8　因素比較法（Factors Comparison Method）有一套獨特的標準，可稱為量身訂做的途徑

在重點服務工作中，有些因素會被用來作為比較的項目。而決定的指標包括智力的需求、技術的需求、體能的需求、責任性及工作條件等。一旦重點工作被確定、指標被選定，委員會的成員會按這些指標來排列重點服務工作。接下來的步驟是因素比較法中最有趣的面向。委員會同意每一項重點服務工作的基本行情，以及在五個指標中安置這基本行情（如表 5-9）。舉例來說，在一個組織中，電力維持被公認為重點工作，估計每一小時的行情為 16.40 美元，委員會分配 4.00 美元於智力的努力，4.90 美元在技術方面，2.30 美元在體力的努力上，3.30 美元在責任性上與 1.90 美元在服務工作條件上，這些數額都將成為衡量其他服務工作的標準。

表 5-9 因素比較法

工作	鐘點費	智力需要	技術需要	體能需要	責任性	工作條件
電力維持	$16.40	$4.00	$4.90	$2.30	$3.30	$1.90
盤點控制	$13.95	$3.80	$4.40	$1.75	$3.00	$1.00
倉庫管理	$11.10	$2.25	$3.00	$1.80	$2.30	$1.75
祕書	$9.15	$3.00	$2.50	$0.50	$2.15	$1.00
電力維護	$8.45	$2.25	$1.50	$1.70	$1.10	$1.90

　　因素比較法的最後一個步驟是，委員會將比較其所有的判斷，並解決所發現任一個因素差異。當重點服務工作是清楚的又易於被了解，而且委員會對之有高度認同時，這個系統就易於運行。

　　因素比較法的缺點，在於其複雜性；它使用同樣的五個指標來評估所有的服務工作。再則，這套標準既無檢查制度又無矯正措施，使用者要被迫去使用一把彎曲的標準尺。從正面看來，因素比較法有一套獨特的標準，可稱為量身訂做的途徑。另一個優點則是服務工作經由比較，可決定出相對價值，因為相對服務工作價值是服務工作評估所要的，所以這個方法符合邏輯性及合理性。

　　觀光休閒餐旅人力資本為本產業的核心，在服務工作評價中，頗為重要，當從事觀光人資工作時，宜加以重視並推廣，共同促進觀光服務業的發展（圖 5-9）。

圖 5-9　臺北市饒河夜市的人潮眾多，若能加以重視並推廣，可以促進其在觀光上的發展

觀光人力來源的寶藏－科技大學的產學合作方式

　　服務業的人力資源維繫了產業之興盛及衰退，觀光人力宜力求年輕化及熱情的特質；因此，很多觀光產業皆依政府各部會的人力培訓規劃，參加各種方式的「科大產學合作模式」來吸引年輕人願意加入。

　　什麼是「產學合作」？產學合作顧名思義，是產業界與學術界共同合作來培育所需的人力，包括提供獎學金、設計培訓課程、提供實習、參與教學活動等。目前教育部、經濟部及勞動部共同推出的產學合作方案有：教育部的產學攜手專班及產業學院學分學程專班，其中產學攜手專班為：設計「3+4」及「1+4」等方式。以「3+4」為例，即三年高職銜接四年科大，學生通常在高三實習，科大階段同時工作並完成學位；而產業學院學分學程專班是指：為企業量身打造的專班，通常為兩年學分學程，大三修企業指定學分，大四為全年實習。另外，經濟部推出的「產業人才札根計畫」有兩種措施：一、企業提供獎學金及實習機會，有高職生與大學生兩類；二、設計兩年課程計畫，大三修本職學能的專業課程，大四全年實習，不計算學分，屬於不綁約性質。最後是教育部與勞動部合作模式，稱為「產學訓專班」，模式內容是：大學四年期間，白天在企業上班，晚上修課，輔以職訓考取的證照，大學畢業時，學位、證照、就業一次到位（圖 5-10）。

圖 5-10　臺灣桃竹苗的明新科技大學校景一角，該校辦理產學攜手專班最早且績效最佳

（參閱：經濟日報，2015/1/2，A14 產業版，擦亮技職路專欄，主編李淑慧，編輯陳嘉宇）

1. 觀光產業是一種重視硬體設施及人力服務的產業，不管是硬體及軟體皆不可或缺。

2. 觀光人資的工作內容，是要經由服務工作設計，才能提升觀光人的工作績效。

3. 良好服務工作設計的內容時宜考量因素有：（1）專業技術；（2）人因工程；（3）服務工作細緻化；（4）行為上的考量。

4. 觀光產業服務工作設計的內容為：（1）工作細緻化；（2）工作貼心化；（3）工作豐富化；（4）工作輪調等。

5. 觀光產業服務工作進行工作輪調的優點有：（1）調派靈活；（2）公平負擔；（3）減少單調和枯燥的感覺；（4）增進溝通。

6. 觀光服務工作分析的功能有：（1）員工招募與遴選；（2）薪資管理；（3）績效評估；（4）教育訓練；（5）保證任務完成的指派。

7. 觀光服務工作的分析方法，宜用觀察法、個別面談法、小組訪談法、結構性問卷調查法、技術討論會議法、服務工作分析問卷表法及重要事件法。

8. 服務工作分析的最主要目的是人資單位宜編製工作說明書及服務工作規範。

9. 進行服務工作評價的程序，宜有：（1）成立服務內涵設計小組開始擬訂計畫；（2）蒐集資料；（3）進行服務工作分析；（4）建立服務工作說明書；（5）確認服務工作規範；（6）實施服務工作評價；（7）擬訂職等及職稱、職位；（8）核定結果；（9）公布實施。

10. 服務工作評價的方法有：計點法、排列法、分類法及因素比較法等。

 問題討論

1. 說明觀光服務業進行服務工作設計的重要性。

2. 討論圓山飯店蛻變後創新的內涵為何？

3. 介紹進行服務工作設計內容宜考慮基本因素有哪些？

4. 說明觀光產業在服務工作中，該有哪些設計內容？

5. 討論臺灣各飯店的餐飲特色設計的原則為何？

6. 介紹何謂服務工作分析？

7. 說明服務工作分析的功能為何？

8. 討論服務工作分析的方法有哪些？

9. 介紹服務工作說明書與服務工作規範的內涵。

10. 討論從旅行臺灣話說觀光產業服務設計的重要性。

11. 介紹服務工作評價實施的程序。

12. 討論服務工作評價的方法有哪些？

13. 介紹目前科技大學的產學合作方式。

第 **6** 章

觀光人力資源的發展

學習重點 ////

1. 了解觀光人力資源招募計畫的擬訂

2. 了解觀光人力資源規劃的途徑

3. 探討應徵者進一步甄選的內涵

4. 了解觀光人力的選定與任用

觀光人力資源藉由產學模式發功，量身打造

　　教育部與各技專校院合作，全力推動各種產學合作，為觀光產業找尋人力；尤其103學年度開始（2014年8月起），在教育部技職再造方案力挺下，鼓勵技專校院建立「產業學院」機制，對焦觀光產業具體技術人力需求，量身打造專業學程，即「學分學程專班」，使學生結業後，順利銜接就業。

　　簡言之，某科技大學可以為某個觀光企業或觀光產學公會，辦理量身打造的學分學程專班，通常是大三、大四兩年學程；從相關科系的大二學生中，由學校和企業共同遴選出成績較優異的學生加入，對觀光企業來說，等於提早挑選未來員工做培育。科大學生依要求完成學分修習，觀光企業承諾錄用八成以上，此種模式是當前觀光企業透過科技大學，培養自己人才最夯的方式。

　　教育部希望在服務業及製造業皆可以擴大辦理，以各式學分學程在科技大學遍地開花。在觀光公司實習長達一年，由觀光企業擔負起育才責任，培訓完後為觀光企業所用，可說是學分學程專班的最大特色。教育部自2014年起，讓科技大學校園吹起產學合作風潮，全力支持觀光產業的人力資源（圖6-1）。

圖6-1　教育部與各學校辦理產業學院

（參閱：經濟日報，2015/1/2，A14產業版，擦亮技職路專欄，主編李淑慧，編輯陳嘉宇）

觀光人力資源規劃的內涵中，包括了對組織內部現有人力的分析及對未來人力需求的預測，並確定了觀光企業組織對人力的需求。為了使觀光企業組織可以配合國內觀光產業發展而順利運作，必須招募合適的觀光人力資源，也就是要網羅優秀的人才，擔任其可以發揮所長的職務與工作。如此一來，才能讓觀光企業組織更加精實卓越，以因應國內大力發展觀光產業，提升觀光人力品質，得全國上下面對挑戰。

觀光人力資源的發展，主要分為觀光人力資源的招募、甄選與任用三部分，依序進行，本章將一一介紹。

6-1　觀光人力資源的招募

招募是觀光企業為了吸引對觀光產業有興趣及具有工作知識、工作能力的適當人選，辦理前來應徵的過程。觀光企業組織要吸收到優異的人才，須靠良好的招募程序和作業，其主要的步驟包括：擬訂招募計畫、準備招募資料及尋求招募途徑。

一、擬訂招募計畫

擬訂招募計畫的目的，在於提供一個適當的人力資源組合，以達成組織未來的目標。招募人才計畫，是一連串持續不斷的活動，它不僅是人力資源部門的重要職責，同時亦牽涉到其他實際需求人力的部門（圖 6-2）。

圖 6-2　人力資源也是企業重要的資產，一定要擬訂完整的招募計畫，才能獲得優秀的人才

招募人才計畫內容雖然隨著需求的不同而有所不同，但其基本要求是達到人和事的配合。即根據前述的服務人力規劃、服務工作分析、服務工作設計及服務工作評價的結果，確實做到因事設人，而非因人置事。

招募計畫的內容及方向，可大致分為以下四點：

（一）預測未來各種不同型態的人力需求

為針對各單位未來業務發展的需要，根據各種環境的變化，預測未來數年內所需的人力，尤其由內部人力需求的調查，指出部門內人員的調任、離職及新職位的產生等，可作為預測人力需求的指標。

（二）將此需求與組織內在的人力組合相比較

針對各單位現有人力數量、素質、類別及年齡等進行查核、分析，並配合業務的消長狀況做一比較，以了解為完成各項業務所需的人力。

（三）決定需要招募的人力類別及人數

由上述兩項的供需資料，針對規劃中的每個年度，將供給與需求報表結合在一起，來決定需要招募的人力類別與人數。

（四）擬訂招募策略

人力類別與人數決定之後，接著就要考慮招募的方式、時間及地點等策略。一般的經驗指出，公司所需人才的性質，若職位愈高，其招募地區可擴大至全國；若為基層員工，則儘量由公司鄰近的區域招募，以提高員工在公司工作的穩定性。

二、準備招募資料

招募計畫擬訂後，就要開始準備在招募過程中所希望了解的資料，這些資料必須能配合招募的目的，使招募所得的人員確為所需之人，以下為幾種常用的資料項目：

（一）擬任職務說明書

將擬任服務工作的職責、性質、內容等詳實地敘述。此在服務工作評價制，可以服務工作說明書代替；在職位分類制，可以職位說明書或職級規範代替；在職稱等級制，則須將擬任職務的職責，作簡要的敘述。

（二）所需的資格要件

包括：（1）個人基本背景資料；（2）性向與興趣；（3）分析的能力；（4）技術能力；（5）態度與需求；（6）健康狀況（包括生理與心理）；（7）價值體系等。此在服務工作評價制，通常依職位或職級規定，內容須要詳細具體；在職稱等級制，通常依職等規定，內容則極為簡單籠統。

（三）公司組織概況

通常可在公司網站或編印成書面資料，就公司的組織概況，員工人數、主要任務、近年來組織發展情形及今後的發展方向等簡要說明。另外，有關員工的薪資待遇、生涯發展、福利設施等亦可一併列入說明。其主要目的在使應徵者看到此資料後，認為公司是有前途的，增加他們前來應徵的意願。

針對此點，有學者提出了觀光企業招募及應徵者接受的互動過程（互相期待理論），如圖 6-3 所示。

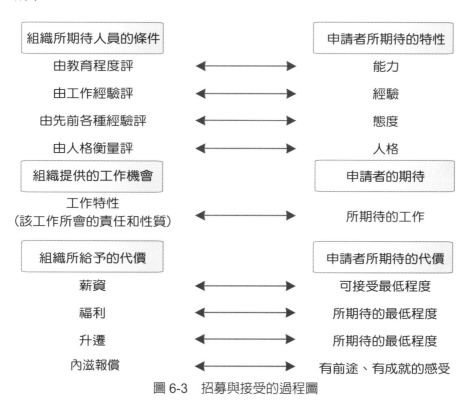

圖 6-3　招募與接受的過程圖

三、尋求招募途徑

觀光企業招募人才，最簡便的方式就是在內部尋找。另外，也可還有透過各家人力銀行（如 104、1111、518 等）、廣告徵才、校園選才及各類職業訓練場所與內部員工介紹親戚朋友等途徑。

（一）自企業組織內部尋找

自內部升遷或轉調的方式，具有下列的優點：

1. 能激勵士氣，增加員工的企圖心及向心力。
2. 降低員工招募的成本。
3. 舊人因對公司早已熟悉，能比新人更容易進入狀況。

然而，自內部尋找人才，也有其負面的影響：

1. 組織內部員工為了升遷而勾心鬥角，破壞了組織的和諧與團結。
2. 舊人可能缺乏創新性，使得企業在發展上較欠缺活力。

（二）藉由人力銀行

國內人力銀行協助觀光產業尋找人才，已經有相當的功能性，也很有制度與經驗，如 104、1111 等人力銀行，皆有不錯的招募人力平臺，深入了解觀光產業，有不少人力資源部常應用人力銀行來協助招募工作。

（三）廣告徵才

廣告徵才是企業獲得人力資源最主要的途徑；其媒介有：

1. 報紙刊登廣告：報紙為觸角最廣的平面媒體，資訊效果也最為有效而直接，且廣告費用較為低廉。
2. 雜誌刊登廣告：較為單一性而非普遍性，具有廣度不夠及難以掌握時效性的缺點。
3. 電視媒體：電視廣告具有良好的聲光效果，且深入每一家庭。然而，因廣告費用過於龐大，較不為一般企業所採用。
4. 電台廣播：其效果雖然直接，但因廣度不足，所以也少為企業所採用。
5. 電腦網路：隨著資訊時代的來臨，電腦網路也普遍被運用。網路上的資訊包羅萬象，尤其被年輕人所喜愛，而且費用低廉，企業可以在網路上大篇幅而詳盡的刊登求才訊息，並可充分掌握時效性。網路徵才，已漸漸成為觀光企業招募人才的主要管道。

（四）校園選才

學校提供了觀光企業招募所需的各式各樣的人才，可供雇主事先挑選和面談，是一個工作應徵者的主要來源，各觀光產業公司也慢慢相當重視。無論工作本身所需的教育程度如何，從高中、特殊專長訓練、大學、碩士及博士學位，教育機構均可以提供組織所需具潛在能力的人才。高中或職業技術學校可提供較基層工作的應徵者；商業或祕書學校可以提供行政幕僚人員；二技到四技的科大或研究所可以提供管理階層的人員。

（五）各類的職業訓練場所

不論是公辦或是民營的職業訓練場所，均為企業提供了非常專業的人力資源。在國內政府與民間合作設立了許多職業訓練場所，施以實用而專業的教育訓練，包括了理論課程及實務（實習）課程；諸如管理、電腦資訊、餐飲、旅運管理、門市服務等，造福了不少急欲就業的人士，尤其是甫自學校剛畢業或軍中退役的社會新鮮人。

（六）臨時人力派遣公司

當技術及半技術人力愈來愈希望工作時數少於 40 小時，或根據自己的偏好選定工作時間表時，使得臨時人力公司（Temporary Help Services Agency）（有時亦稱為人力派遣公司）的需求快速成長。臨時人力公司雇用的員工經常在不同的組織內工作，如此一來，便可以滿足勞工工作時間彈性及工作場所多變化的需求。此外，臨時人力所得到的所得通常比永久職員高，但是他們無法享受一般員工的福利（圖 6-4）。

圖 6-4　人力派遣公司負責安排員工

近年來，組織因為很難取得技術人才，而比以前更加仰賴臨時人力公司提供人力資源（小型公司知名度不高，或無暇搜尋所需人才時）。也有些公司只需要短期人力，如果利用臨時人力公司，可使公司免於遣散員工的高成本負擔及失業保險費可能的調漲。人力外包（委外）已成為時髦的名詞，短期的人力供應於企業整體人力的比例愈來愈高。

（七）內部員工

介紹親戚朋友給自己公司的推薦機制，其公司代表有：福華飯店、臺北凱撒飯店及涵碧樓店公司等，也有某比例的公司是內部員工介紹自己的親戚朋友（圖 6-5）。

圖 6-5　臺北福華飯店外觀

6-1

學習日月光特訓千里馬的方法

　　臺灣有半導體工業王國之稱，其中半導體的封裝及測試是最重要的製程之一，而日月光公司最著名的封裝公司，其基層工作人員是品質保證的重要因素之一。自 2014 年起，教育部促使校園颳起到企業實習的風氣，實習期間亦由過去暑假期間拉長為一整年，為年輕學子提供職場初體驗，企業也從中找到人才，留住人才。2014 年暑假日月光公司生產線上，出現了數十位還在大學的實習生，他們臉上流露著熱情與朝氣，頗具有新鮮工程師的駕勢。日月光公司人力資源部主管稱：培訓一位實習工程師，公司一年投資至少新臺幣 20 萬元，預期這些實習的大學生，有七成實習生，畢業後會繼續在公司上班，日月光認為這些投資相當值得，因為人力資源是公司生存最重要的因素，唯有公司有機會長期培養。日月光公司高級主管，認為一年花 20 萬元，來特訓未來公司的千里馬，是一種最佳願景的人才培育模式。

　　上述個案所施用的方法，觀光產業的人力資源發展也可以如法炮製，以學習半導體產業培育重要人力資源的模式。若可以仿照，相信國內的觀光產業人力，會有顯著的改善與增進，期盼觀光界可以參照擴大辦理（圖 6-6）。

圖 6-6　日月光公司外觀

（參閱：經濟日報 2015/1/2，A14 產業版，擦亮技職路專欄，主編李淑慧，編輯陳嘉宇）

6-2　應徵者的進一步甄選

甄選的目的，除了要更進一步地獲得經初步篩選通過的應徵者其詳細資料外，更可藉此確定該應徵者是否真為觀光企業所需的人才，所以甄選的過程相當重要。其方式及程序可歸納為：

一、筆試

筆試的內容，一般分為專業知識、一般管理常識、智力測驗及企業認知測驗等（圖 6-7）。

（一）專業知識

因應觀光企業所需的人才類別，製作各種專業知識的測驗題目，例如管理學、觀光學概論、餐飲概論、餐飲會計、服務行銷、活動設計等。觀光企業可將該測驗成績，訂定一個及格標準，未達此標準者，即予以淘汰。

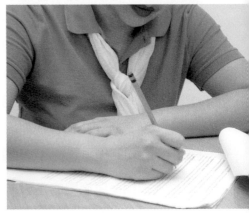

圖 6-7　筆試為應徵者參加面試的關卡之一

（二）一般管理常識

該測驗可包含旅遊與導遊概論、觀光法規、人力資源管理、知識管理與創新、採購與管理等等的基本常識，試題以簡略為宜。一般的基層員工可免參加此項測驗。

（三）智力測驗

現代化的智力測驗應包括傳統的 IQ（Intelligence Quotient）測驗、攸關人際關係的 EQ（Emotional Quotient）測驗，以及與品德有關的 MQ（Morality Quotient）測驗等。具有大學及研究所學歷的應徵者，可免除 IQ 測驗，而以 EQ 及 MQ 測驗的成績加重計分。由調查研究分析，有些員工雖然他的工作能力很強，智力也很高，但做事不能成功，原因就在於他在工作的環境中不能與人和睦相處，在人際關係互動與態度不佳。

（四）企業認知測驗

企業認知測驗的主要目的，乃在於測試應徵者對本企業的了解程度。包括對公司的企業文化、產品或提供服務的種類與項目、行銷策略與通路、子公司或經銷商狀況、甚至於知名度等的認知。

二、面談

面談（Interview）是招募程序中一項重要活動，好的面談，可以使應徵者獲得真實的工作預告（Realistic Preview），能知道所應徵工作的完整資訊（圖 6-8）。

圖 6-8　應徵者接受面談可瞭解工作完整資訊

面談有下列幾種方式：

（一）結構式面談

藉由一組經過設計與職位密切相關且一致的系列標準問題的詢問，完成對應徵者標準面談的評估程序。惟施行時，應避免僵化。據研究指出，結構式面談的效度高於其他兩者，常用於較大或中型企業的初試階段。

（二）非結構式面談

以往常用於心理諮詢，現在則廣泛應用於組織的選用過程中，其問題結構化程度不若前者。由於此種面談方式結合了一般性，以及與職位相關的特殊性問題，因此若面談單位疏於準備，將容易形成各應徵者間資料比較的困難，並造成主試者個人的偏見。

（三）壓力面談

係給予應徵者一假設情境，然後要求其發表對此特殊事件的處理建議，以了解應徵者在壓力或憂慮下，對問題或事件的處理反應能力。面對高度競爭的環境，現今企業以選用受挫能力高且耐操、耐勞的員工為目標，因此應用壓力面談來甄選員工就日形普遍。

面談的品質常可能影響應徵者是否願意接受該項職務。一般應徵者對面談大多抱持正面看法，他們認為可以利用面談機會詢問有關工作與組織的資訊；因此，招募面談的內容非常重要。有些企業為了急欲延攬人才，往往只告訴應徵者公司好的一面，這種作法是不恰當的。一項由人壽保險業所進行的研究發現，提供真實的（正面及負面）資訊，實際上可以提升招募的成果。此外，獲得真實工作資訊的應徵者，一旦被錄用進入公司工作，比較不會輕易辭職。

三、實際操作

實際操作常被一般企業所忽略，然而對新進人員是否能早日進入工作狀況或勝任該項職務，卻是一個非常重要的過程。例如資訊室的實際操作、餐飲部管理、宴會部行銷、業務部行銷、客房部管理、工程部維修工程師等。

6-3　觀光人力的選定及任用

應徵者經過了進一步的甄選，需求部門經理以 120%～ 200%的需求名額，將成績排名較前的應徵者詳細資料，交予人力資源部門。人力資源部門經理呈請副總經理或總經理，協同各部門經理開會討論將人員選定，並寄發錄取通知書，通知錄取者依規定期限到公司報到。未報到者即喪失錄取資格，並由人力資源部門通知備取者遞補。

一、職前訓練

新進的員工常會因工作環境的不熟悉感到壓力緊張不安，而影響其工作表現。為了安定這些「新鮮人」的情緒，增加其信心及熟練度，俾使其早日進入狀況，發揮其所長，所以，對新進人員施予短時間（通常是一～三天）的職前引導訓練，是非常必要的（圖 6-9）。

圖 6-9　公司辦理職前訓練的情形

職前訓練的目的，既然是在於協助新進人員適應公司的環境，其主要內容應包括：

1. 公司的宗旨、信念、經營方針、沿革等背景資料。
2. 工作規則、勞資協定、人事規章等有關工作條件的事項。
3. 文書草擬、業務處理方法及細節等一般業務的基本知識。
4. 公司的規律、習慣及禮節等禮儀教育。
5. 薪資計算方式及公司福利措施等。
6. 工作技能及設施了解，並加入部份需求的演練操作等。

在一～三天的一般性職前訓練結束後，各部門的主管再針對其所屬的新進人員，施予具體的服務工作指導，如服務工作分析、服務工作說明及服務工作規範等。

二、試用

新進人員在職前訓練結束後，到各需求部門任職。此時，雖已成為公司的一分子；然而，為了確保公司所招募的人員真正為公司所需的人才，幾乎所有的企業都會給予三～六個月的「試用期」，觀察及考核新進人員的工作態度、工作能力、工作潛力、人際關係及對組織的忠誠度等。

試用期間的薪資，雖可比正常薪資稍低，但必須符合相關法令（如勞基法）的規定。

三、正式任用

新進人員在經歷了職前訓練、試用等階段後，公司的直屬部門主管已充分了解其如前所述的工作態度，工作能力、品德操守等。如覺得滿意，則應儘速呈請總經理核准後，交予人事部門主管呈報發布予以正式任用，並發給「任用書」或「派職令」。至此，已完成了整個人力資源的開發作業。

重視人力資源發展與管理的「福華飯店」

　　「福華飯店」是本土五星級飯店模範生之一，「福華飯店」在 30 年前，由國內營造業績優人士——廖欽福先生（創辦人已於 2006 年以 96 高壽仙逝）創立，記得媒體曾報導過，創辦人廖董在 40 年前，出國訪問常感嘆，我們臺灣都沒有像國外有較高檔及舒適乾淨的飯店（酒店），經過多次的思索，毅然開始建設今天的「福華飯店」，至今已 30 周年，在臺灣各地已有多處「福華飯店」據地，天天為廣大的國人及觀光客服務，如今「福華飯店」在觀光飯店的用心與成就，讓國人同感驕傲與光榮（圖6-10）。現有專任員工多達千人以上，服務據地已有近 10 處，是本土觀光飯店的標竿企業。作者很榮幸，在撰寫本書時，針對「福華飯店」的人力資源發展與管理部分，能有機會訪問福華相當資深的協理，探討這標竿飯店在選才、育才、用才及留才等方面的實務作法，提供給讀者及就讀大專觀光相關科系的新鮮人，在學習人力資源管理過程中做為參考。

圖 6-10　福華飯店大廳

一、選才

　　公司招募人力，一般有三大管道：人力銀行、產學合作學校及現任員工介紹親友等，亦有部分員工是在學生期間，就已經有實習的經驗，待畢業後有意願繼續留下來工作，這些人力公司是非常重視的；若有考過各種職場的重要證照，在任用上亦有相對幫助。

（續下頁）

（承上頁）

二、育才

　　公司非常重視教育訓練，有獨立教育訓練的單位規劃執行：每位新進員工，皆先實施基本訓練兩至三天，介紹公司經營願景及企業文化，也會加入各單位需要的專業知能，有必要也會安排各單位的現場實務。另對現有員工的年度教育訓練，一般分佈於每月規劃不同課程，並依各部門屬性，且與部門主單共同擬訂訓練課程與目標，常會利用空班時間來實施。公司長期以來，投入教育訓練，已深具制度化，讓員工不斷精進與創新學習機會。

三、用才

　　公司原則分有：基層服務人員及幹部，幹部有領班、副理、經理及協理等等；人力資源部設有經理乙職，及員工若干人，專門負責人力資源開發及管理。公司各種服務設計由各部門主管與員工共同擬訂，如以月為單位，基層服務人員有日、夜班，亦有大、小月的彈性調整假期，有時以整年或半年為單位來共同擬定休假計畫。考核部分：由直屬主管及次高主管先行考核，採各位單位獨立評分並每位皆有面談溝通機會，次高級主管亦一一給予了解員工的意見，並給予機會說明及未來努力方向建議等。全公司考核最終是以等第來表示之，各評定級別分有：優、甲、乙、乙下或丙等，原則上各等第的配額以各部門為計。此年終考核與年終獎金掛勾，如優等可達 2.5 個月年終獎金以上，若考核在乙下會給予扣去 0.2 或 0.3 個月年終獎金，可能只有 1.7 個月獎金。每位員工整年的出勤情形，服務態度，各種記功或記過，皆併入考量年終的評定等第（圖 6-11）。

圖 6-11　福華飯店的服務人員皆經過考核評鑑

（續下頁）

（承上頁）

四、留才

　　遇到員工有易動或跳巢，各部門主管們會先進行面談，深入了解工真正離開及跳巢的原因，並表明對當事人的期待，給予強力慰問。公司尚未有額外的獎金給予留才之作法。員工有進修意願，期待前往學校進修，各部門會配合給予排班方便及請假，幫助員工個人生涯規劃。

五、綜合性特色

　　「福華飯店」是全國人的標竿飯店，有很多優越表現，尤其在人力資源部分，如：人力的穩定度高，人事管理制度完善，經驗傳承佳，老幹部多，人情味富有，員工向心力強等等，皆是「福華飯店」人力資源管理的特色表現。

（2014/12/08，由黃教授專訪福華飯店廖協理記錄）

1. 針對觀光人力資源發展的規劃內涵包括：對組織內部現有服務人力的分析，及對未來人力需求的預測，並確定觀光企業組織對人力的需求。

2. 觀光產業的人力資源需求，可藉由教育部推動的產學合作模式來推動，並以觀光企業所需的人力來量身訂做。

3. 人資部門準備招募資料有：（1）擬任職務說明書；（2）所需的資格要件；（3）自己公司的組織概況。

4. 人力招募的途徑有：（1）自企業內部尋找；（2）藉由人力銀行；（3）廣告徵才；（4）校園選才；（5）各類的職業訓練場所；（6）臨時人力派遣公司；（7）內部員工介紹自己的親戚朋友等方式。

5. 政府相當重視依企業界的需求人力，給予彈性課程設計，包括有企業需求的學程及整年校外實習活動。

6. 面談有下列幾種方式：（1）結構式面談；（2）非結構式面談；（3）壓力面談等方式。

7. 觀光人力的選定及任用，宜注重職前訓練、試用、正式任用等重要過程。

個案教學設計

個案討論：人力資源系列專訪

主題：重視人力資源發展與管理的「福華飯店」

個案教學與活動設計（啓發式討論與教學使用）

1. 請同學試用電腦與智慧型手機，上網查閱：「福華飯店」網站資料，了解該公司的基本資料。（約 10 分鐘）
2. 請兩至三位同學，報告福華飯店的現況及其網站資料。（每位同學 2~3 分鐘，約 8 分鐘）
3. 同學閱讀本個案內容。（約 6 分鐘）
4. 請一位同學介紹福華飯店的「選才」之做法。（約 3 分鐘）
5. 請一位同學介紹福華飯店的「育才」之做法。（約 3 分鐘）
6. 請一位同學介紹福華飯店的「用才」之做法。（約 3 分鐘）
7. 請一位同學介紹福華飯店的「留才」之做法。（約 3 分鐘）
8. 請一位同學介紹福華飯店的「綜合性特色」有哪些？（約 3 分鐘）
9. 教師講評與大家討論時間。（約 5 分鐘）
10. 本個案與本章（觀光人力資源的發展），有何相關性？請同學自由發言。（約 6 分鐘）

◎本個案約用 50 分鐘，建議以一節課的時間來應用。

問題討論

1. 說明觀光人力資源開發的意義與重要性。
2. 介紹教育部與觀光產業界合作推動的人力資源開發模式。
3. 若要擬定招募計畫的內容及方向，宜有哪些重點？
4. 介紹準備招募資料的項目有哪些？
5. 試介紹尋求招募途徑有哪種方式？並簡要說明。
6. 討論日月光公司如何特訓未來公司的千里馬？
7. 介紹公司人資部門針對應徵者進一步甄選工作；如：「筆試」、「面談」等加以說明與做法。

8. 介紹新人進入公司的職前訓練之目的與內容。

9. 說明個案討論的「福華飯店」其人力資源發展特色。

第 **7** 章

觀光人力資源的
領導激勵與溝通

學習重點 ////

1. 探討觀光人力資源領導的理論

2. 探討權力的型態與領導方式

3. 探討觀光人力資源激勵的理論

4. 分析員工問題的處理與激勵對策

5. 了解觀光人溝通的過程與內涵

「海底撈」張董的領導故事

　　2004 年餐飲連鎖店「海底撈」在北京開了連鎖火鍋店，至今才 11 個年頭，卻有一萬名員工，「海底撈」在張董事長用心領導、激勵與溝通下，已經在北京餐飲業引起轟動，也被美國哈佛商學院拿來做個案教學的教材。

　　張董事長以樂觀、主動、帶著強烈的自豪感、眼中傳達誠懇和歡迎心，及走起來很快像小跑步的服務精神等來領導員工，這些是張董事長帶領一萬名員工的領導哲學，他鼓勵員工：「客人是一桌一桌抓的」，而「員工是一個一個吸引的」，完全以最貼心的服務，來影響顧客的味覺。在火鍋店常以美甲、擦鞋、帶孩子來服務客人，有時還出現幫客人買咳嗽藥、幫小孩帶冰淇淋、為孕婦準備泡菜及為老人多送一份豆腐等貼心的做法。這種「以客為尊」的領導哲學，是「海底撈」在人力資源領導成功的最佳表現。連故意當「奧客」的美食家，也被「海底撈」的「無可挑剔服務」感動到無話可說。張董事長另一個領導哲學名言是「先知先行，把客人當上帝，也把員工當家人」。由此故事得知，觀光人的人力資源領導風格是十分重要的（圖 7-1）。

圖 7-1　大陸「海底撈」連鎖火鍋店

（參閱：經濟日報 2014-11-17,A14 版，經營管理孫淑瑜。）

　　一個觀光企業為有效的運作，達成其經營管理的目標，妥善的運用組織內的人力資源，就必須有高明的領導、適度的激勵、及充分的溝通。

7-1 觀光人的領導力

　　領導的功能乃在於引導組織成員為組織的目標而努力，它一方面為完成組織目標，另一方面為滿足成員需求。在個人和組織的整合過程中，領導是最具影響作用的要素。一個觀光企業是否能以眾人的力量完成共同的目標，領導的關係甚為重大。

人力資源故事集

7-1

　　兩岸大企業領導人的魅力如何？如下圖所示，他們具備不同領導方式與風格，可由此得知領導人的激勵要領。

施振榮

1. 對產業環境、經濟發展有貢獻。

2. 前瞻性的策略思考和創新能力，關心了解員工，照顧員工福利。

王永慶

1. 良好的管理能力與經營績效。

2. 塑造明確的企業經營理念，對產業環境、經濟發展有貢獻。

張忠謀

1. 前瞻性的策略思考和創新能力。

2. 具有領導魅力、良好的管理能力與經營績效。

郭台銘

1. 良好的管理能力與經營績效。

2. 前瞻性的策略思考和創新能力，具有領導魅力。

馬雲

1. 企業要成功，必備三個 Win。

2. 三個 Win 是指客戶、合作夥伴、自己；只有客戶贏了、合作夥伴贏了、自己贏了，才是真正贏了。

因此，領導在各企業組織的動態變化中有非常重要的作用，它彌補了傳統組織設計的許多不足之處，使組織有更大的靈活性和對環境的反應力，它為協調組織內部的不同群體提供了一種途徑，因而有助於組織成員個人需求的滿足。

當然，領導並不是領導者單方面的行為，而是領導者和被領導者在某些情境下交互作用的結果。因此，領導亦可視為一種人際互動的過程。

一、觀光人宜學習著名的領導理論

（一）巴納德的職權接受論

巴納德（Chester Barnard）認為組織是由一群有互動關係的人們所組成的，因此管理者主要的工作在於與部屬之間的溝通，並予以激勵，使他們有高水準的績效，一個組織的成功主要是依靠員工之間的合作。

巴納德在他的接受觀點中，精心提出職權被接受之前必須具備四項要件：

1. 部屬必須能了解溝通的內容。
2. 在做決定時，部屬必須深信對於他的要求和組織的宗旨一致。
3. 在決定時，部屬必須深信對於他的要求與整體的個人興趣有一致性，如果是不道德或不合乎人性的要求，也許他不會服從。
4. 巴納德認為部屬在體力和精神上須能配合要求，因此超越部屬能力和服從範圍的要求都是不可能的。

他並強調組織內的自然團體（Natural Group）、向上溝通、自下而上的職權行使、以及領導者對組織產生的凝聚力等，才是有效組織的特徵。所謂「自下而上」的職權所指的是，主管的職權乃決定於部屬是否願意接受。

巴納德更進一步提出他所謂「無異區域（Zone of Indifference）」的觀念。除了前述四項要件外，此一觀念也有助於解釋毫不遲疑的接受職權的情況。在此一區域內，部屬並不在乎對他要求的是什麼；超出區域之外的要求，即使有理由，部屬也不會接受。

最理想的情況是管理者能讓部屬對於自己的命令能維持在一個較寬廣的無異區域。有了這一點，再加上巴納德所說的四項要件，管理者必能使他的命令得到服從。

（二）密西根大學的「工作中心式」與「員工中心式」理論

1947～1961 年，李克（Rensis Likert）、凱茲（D. Katz）和一群密西根大學調查研究中心（Survey Research Center）的學者，對產業界、醫院和政府的領導人所做的研究，將領導者分為兩種基本類型：

1. 工作為中心（Job Centered）：著重工作分配結構化、嚴密監督、按照既定的模式生產。
2. 員工為中心（Employee Centered）：以人性為出發點，建立有效的工作群體，並與員工充分溝通。經過李克等人研究的結果顯示：大多數生產力較高的單位，多屬於採用「以員工為中心」的領導者；而生產力較低的單位，多屬於採用「以工作為中心」的領導者。

（三）俄亥俄州立大學的兩構面理論

1945～1957 年，俄亥俄州立大學由漢菲爾（J. K. Hemphill）、費雪門（E.A. Fleishman）等人所組成的研究小組，對於領導者的行為進行了深入的實證研究，提出了兩個層面的領導：

1. 體恤（Consideration）：乃為領導者對部屬給予尊重、信任、及相互了解。
2. 體制（Initiating Structure）：就是領導者對部屬的地位、角色和工作方式等，訂定一些規章和程序。

由體恤與體制構成了四種基本領導方式，如圖 7-2 所示。

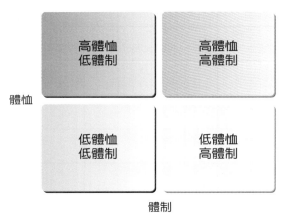

圖 7-2　由體恤與體制構成的四種基本領導方式

這些學者試圖研究此領導方式和績效指標，如出勤率、意外事故、申訴、以及員工流動率等之間的關係。結果發現，在生產部門方面，工作技巧的評等結果和體制呈正性相關，而與體恤程度呈負性相關。但在非生產部門內，此種關係則相反。

國內學者曾針對臺灣民間企業之中階經理人員從事研究發現，體恤因素、體制因素與工作績效之間有顯著正相關；而「低體恤、低體制」領導方式的平均工作績效均顯著低於其他三種領導型態。

另外，針對臺灣新興服務業從事人員進行的研究，亦顯示體恤因素、體制因素與員工整體投入間呈現顯著正相關，而「高體恤、高體制」的領導方式下，員工的工作投入最高，且顯著高於其他三種領導方式；而「低體恤、低體制」領導方式，員工的工作投入最低，且顯著低於其他三種領導方式。

（四）布雷格和莫頓的管理方格理論

布雷格（Robert R. Blake）和莫頓（Jane S. Mouton）依關心員工（Concern for People）和關心生產（Concern for Production），將領導分為 81 種型態的組合，其中以五種型態為最具代表性，如圖 7-3 所示。

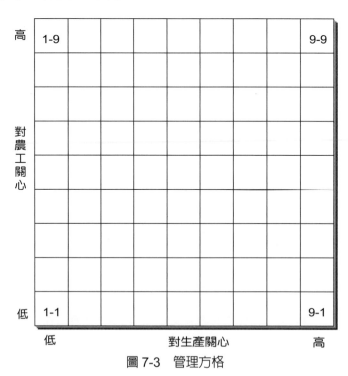

圖 7-3　管理方格

1. （1.1）型管理：表示對員工和生產關心都是最低的，這種領導者只是消極的旁觀者。

2. （1.9）型管理：表示對員工作最大的關懷，但對生產的關心最低。對人性最尊重，但忽略工作目標，可以說是「鄉村俱樂部」型的管理方式。

3. （9.1）型管理：表示對員工關心最低，對生產關心最高。忽略人性價值和尊嚴，一切以生產效率為最高目標，可以說是「機器運轉」型的管理方式。

4. （5.5）型管理：表示對員工和生產的關心，均取其中庸之道，對人員和生產都未盡最大的努力。

5. （9.9）型管理：表示對員工和生產都表現最高度的關心，認為組織目標和員工的需求可以兼顧。在管理方格中，以（9.9）型領導最理想。只有對員工與生產均作最高度的關心，才能使領導成功，此為領導者所應具備的基本觀點，也是領導者所應努力的方向。

（五）費德勒的權變理論

權變理論（Contingency Theory），或稱為情境理論（Situational Theory），乃是由費德勒（Fred Fiedler）於 1974 年所提出的。他認為影響有效領導的因素有 3：

1. 領導者與部屬的關係：這是指下屬對領導者信任和敬重的程度，領導者是否為公眾所接受，領導者和成員相處的情況如何。

2. 任務結構：任務結構愈明確，就愈能促使有效的領導。

3. 職務權力：指領導者在正式組織中所擁有的權位而言。

通常領導者在組織中的指揮權力，依他所扮演的角色為組織和部屬所同意接受的程度而定。

費德勒指出兩種可行的領導型，即「關係型（以人為中心的領導風格）」和「任務型（以任務為主的領導風格）」，這些類型可以用「最不滿意同事（Least Preferred Co-Worker, LPC）」值的大小來衡量。對最不滿意同事的最有利描述（高 LPC 值）說明這是一種關係型的領導，而相反的（低 LPC 值）就說明這是一種任務型的領導。

費德勒分析了每一情勢的 LPC 值和員工績效間的統計關係，如圖 7-4 所示。在情勢曲線的兩端出現了負的關係，而在中間部位的關係為正。就是說，當情勢既非很有利，又非很不利時（就是在曲線的中間部位），高 LPC 值的領導（關係型）有助於員工取得良好的績效。

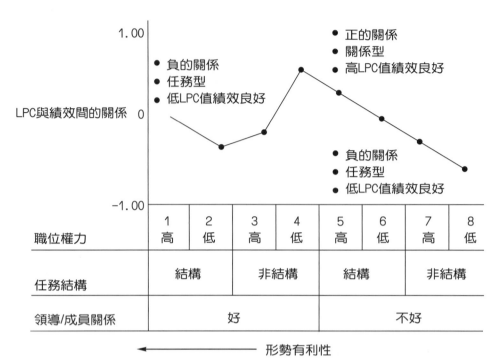

圖 7-4　費德勒權變理論的研究結果

另一方面，當情勢為非常有利或非常不利時（就是在曲線的兩頭），費德勒認為低 LPC 值的領導（任務型）更能有良好的績效。因為，如果情勢非常有利（員工都能和睦相處，任務明確，領導擁有權力），那麼只需要有人負責來發號施令即可（就是低 LPC 值的人）；如果情勢處於非常不利的情況下，則需要一個強而有力的領導（低 LPC 值）來整合組織內部的各種力量。

（六）豪斯和米契爾的路徑目標理論

1974 年，豪斯（Robert J. House）和米契爾（Terence Mitchell）提出路徑目標理論（Path-Goal Theory），該理論認為，領導對於下列三項部屬的行為具有影響作用：（1）工作動機；（2）工作滿足；（3）對於領導者的接受與否。領導行為乃是引導著部屬，為達成工作目標所應走的路徑，故謂之路徑目標理論。

此一理論非常強調部屬的工作動機及工作滿足，領導者需努力透過激勵的方式，以增加員工的績效及工作的滿足感；也唯有如此，領導者更容易為群體成員所樂於接受。

（七）雷定的三構面理論

1970 年，雷定（W.J. Reddin）提出三構面理論（Three Dimensional Theory, 3D Theory），此三個構面是：任務導向（Task-Oriented）、關係導向（Relationship-Oriented）與領導效能（Leadership Effectiveness）。雷定將領導型態分成四種類型的組合，如圖 7-5 所示。

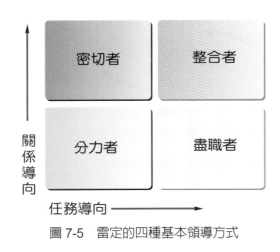

圖 7-5　雷定的四種基本領導方式

1. 密切者（Related）：這種領導者重視人際關係，但不重視工作和任務。
2. 分立者（Separated）：這種領導者，既不重視工作，也不重視人際關係，不喜歡創新，一切照規定行事，不考慮個別的因素。
3. 整合者（Integrated）：這種領導者兼顧員工的需求及任務的達成，能透過組織成員的合作以達成目標，故屬於整合性質。
4. 盡職者（Dedicated）：這種領導者一心要達成任務，不談私情，一切公事公辦。

上述四種領導方式均可能發生領導效能，也均可能缺乏領導效能，故領導效能乃是另一單獨構面。因此，雷定分別於每一領導方式另外給予兩個名稱，一個代表有效能的領導方式，另一個代表無效能的領導方式，如圖 7-6 所示。

雷定並認為，一種領導方式的有效能或無效能，乃是決定於使用的情境；能與情境配合，便是有效能的領導方式，不能與情境配合，便是無效能。

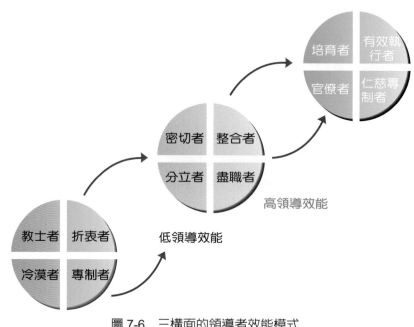

圖 7-6　三構面的領導者效能模式

（八）赫西和布蘭查德的情境領導理論

　　赫西（Paul Hersey）和布蘭查德（K. H. Blanchard）提出「情境領導理論（Situational Leadership Theory）」，又稱為「領導生命週期理論（Life-Cycle Leadership Theory）」，主張領導風格的決定，應視被領導者的「成熟度（Maturity）」而定，所謂成熟度，指的是人們為自己行為負責的能力與意願。

　　它的組成包括工作及心理兩方面，工作上的成熟度所強調的是個人的知識與技能，心理的成熟度則與做某事的動機有關。而部屬的成熟度可分為四個階段：

1. M1：代表低度成熟度，既無能力又不願對工作負責。
2. M2：代表低度至中度的成熟度，雖然能力不足，但願意對工作負責。
3. M3：代表中度到高度的成熟度，有能力但不願對工作負責。
4. M4：代表高度成熟度，有能力又願意對工作負責。

　　赫西和布蘭查德更進一步的結合兩者的高低程度，而發展出四種領導模式（圖 7-7）：告知（S_1, Telling）、推銷（S_2, Selling）、參與（S_3, Participating）、授權（S_4, Delegating）。分述如下：

1. S_1：告知（高度任務導向、低度關係導向）領導者定義角色並告訴部屬如何、何時、何地去做不同的任務，它所強調的是指示性的行為。

2. S_2：推銷（高度任務導向、高度關係導向）領導者提供指示及支援式行為。

3. S_3：參與（高度關係導向、低度任務導向）領導者與部屬分享決策，而領導者主要扮演的是溝通與聯繫的角色。

4. S_4：授權（低度關係導向、低度任務導向）領導者提供極少的指示及支援。

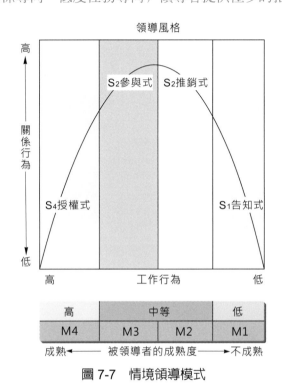

圖 7-7　情境領導模式

　　國內學者曾針對臺灣新興服務業，從事研究發現：領導型態對員工的「組織承諾（Organizational Commitment）」有顯著的影響力，且其員工在面對前述參與型（低任務、高關係、M3 成熟度）的領導型態時，在組織承諾的各構面上（價值承諾、努力承諾、留職承諾、整體承諾），均有最令人滿意的表現，新興觀光服務業正可以加以應用。

二、觀光領導人權力的型態

　　一般組織內領導者所擁有的權力，可細分為五種型態：

（一）合法權力

　　合法權力（Legitimate Power）是指基於組織中領導者的職位，組織所賦與領導者的權力。組織正式認可這種權力，而予以一定的頭銜，如總經理、副理、主任、領班等。

（二）報酬權力

報酬權力（Reward Power）是指由於領導者擁有控制與管理報酬（金錢、晉升、嘉勉等）部屬的權力，部屬因而遵從管理者的命令或要求。

（三）強制權力

強制權力（Coercive Power）由於領導者能以不同的方式（如申誡、解除職務），來處罰部屬，部屬因而服從命令。

（四）專家權力

專家權力（Expert Power）是指由於個人的特殊能力、技能、或某些專業知識而產生的權力。

（五）參考權力

參考權力（Referent Power）存在於組織之中，有兩種形式：

1. 領導者具有的某些吸引追隨者的特質，如孫中山、華盛頓等具有的領導氣質。
2. 領導者擁有和權威人物的密切關係，如總統的個人助理，具有可能和權力人物的關係所產生的影響力。

當一位觀光領導人，應該認識組織中所賦與的合法權力、報酬權力與強制權力，因為這些權力和控制重要的組織資源有關。而專家權力與參考權力是基於個人的特質，可能不是組織所賦與的。

在許多情況之下，觀光領導人可能發現缺少某種組織上的基本權力；例如，觀光領導人可能有合法的權力，因為他們有管理的職位，但是在某些決策上，如加薪或申誡方面，可能受到組織上規章或程序的限制；這樣，領導人影響他人的某些能力就喪失了。面臨這種情況的時候，許多領導者尋求增強個人的基本權力，以增進影響他人的能力；因此，通常以轉變為他們專責範圍的專家身分來達成此種影響力。

三、觀光人的領導方式

當觀光領導人有了領導權力之後，其所採用的領導方式，常影響到部屬的行為，從而決定了組織的成效與目標。因此，許多學者常致力於領導型態的研究，以求探討最佳的領導效果。一般領導的方式，不外乎：

（一）獨裁式領導

獨裁式領導（Autocratic Leadership）乃是依靠權力和威勢以強制的命令迫人服從。在監督和迫使下，獨裁領導者對一切決策，均獨自決斷，部屬僅能聽命行事。此種領導基礎完全以職權爲依歸，一切以生產爲中心，著重工作成果，忽視人性的價值與尊嚴。其命令是「一條鞭」式的，由上而下傳布。對工作成果的認定，單憑領導者一己的主觀評斷；且置於嚴密監督之下。領導者多著重權力而忽略其責任，與部屬保持相當的心理距離。

（二）民主式領導

民主式領導（Democratic Leadership）是在理性的指導和一定的規範下，使每個人均能自動自發的努力，施展其長才，各盡所能，以達成共同的使命與目標。此種領導者多以人格感召，相互尊重，遵循一定的程序，彼此呼應。因此，其領導型態是員工的共同參與，部屬對主管的向心力強，主管盡可能的參加各種員工活動，加強上下的交流，甚少有溝通上的障礙。對工作分配和成果評價，均有一定的客觀標準，而不以主管的好惡爲準。

民主式領導可說是一種培養人群關係的方法，其重要貢獻乃爲促進決策參與，注重人性尊嚴，鼓勵團體決策，提高決策的正確性。同時，也可激發員工士氣，使成員支持決策，滿足其自尊與需求，在基本上，乃是相當理想的領導方式。然而，其缺點爲決策緩慢，易推諉決策責任，有時爲討好個人，常做出妥協性方案。

（三）放任式領導

放任式領導（Laissez-Faire Leadership）是毫無規範與制度的，讓部屬各行其是，作自我的發展。領導者持事不關己的態度，既不把持權力，也很少負其責任。此種領導方式沒有規範的約束，一切由部屬自行摸索，對工作成果亦無評定標準，導致相互衝突，爭權奪利。領導者與部屬之間沒有交互行爲，則使工作鬆散，缺乏團體精神與工作目標。此種領導方式是最拙劣的，事實上可能也不存在。

不過，也有學者認爲，在大多數情況下，組織很難採用某種固定的領導方式，通常領導者都扮演著「仁慈獨裁者（Benevolent Autocrat）」的角色。所謂仁慈獨裁者，就是領導者具有權威地位，但有關工作仍徵詢部屬的意見，在掌握決策權力之餘，仍能顧及

部屬的情緒、態度和福利。換言之，此種領導方式會對員工施加一些壓力，採用獨裁手段，但卻是富有同情心的。此在大規模而複雜的組織中，乃是為了適應事實需要而存在的。它可作為一種實際的領導風格，而不是空有理想的主義方式。

學者曾針對在臺灣的美、日多國籍企業從事研究發現，對臺灣地主國而言，日系企業的領導型態是協議式的，而歐美地區企業的領導型態是獨裁式的。日系企業的中、高級主管以其一貫的領導方式，採協議式的領導，亦即有關的計畫均是由相關的主管與部屬共同討論而決定，對部屬的信賴度高，權限委讓程度也較廣。

歐美地區企業則是屬於另一種完全不同的領導型態，透過高度監督性的結構系統以控制員工並降低流動率，要求每位員工走向專業化的領域。

此外，由於歐美地區企業的管理者對臺灣當地的文化、語言、習慣並非很了解，因此領導方式不會過於授權，而採用母公司的獨裁領導方式，對部屬的信賴度不高，故其計畫均是由管理者自行決定，直接命令部屬執行。

四、觀光人有效的領導

在知名的美國財星雜誌（FORTUNE）對一般企業之領導進行一項調查中，提出了七種高效領導力的建議：

1. 信任下屬：如果下屬認為領導者對他們不信任時，他們就不會做出最大的努力。
2. 遠見卓識：人們希望追隨目標明確，有長遠計畫的人。
3. 鎮定自若：優秀的領導者要臨危不亂，鎮定自若。
4. 鼓勵冒險：沒有什麼比微小的失誤就會毀掉他們的一生更令下屬沮喪的，所以，要鼓勵下屬發揚「不入虎穴，焉得虎子」的精神。
5. 成為專家：要使下屬相信，領導者對屬下談論的事情瞭如指掌。
6. 歡迎異見：如果領導者真的希望得到下屬的建議，就一定要讓他們敢於講出來。
7. 簡潔明快：當與下屬交流時，要用簡要、明瞭而真誠的語句勾勒出整體輪廓，在全部行動過程達成一致後才披露細節。

學習晶華潘董的人力資源領導力，打造多項第一

位於臺北中山北路的晶華酒店已邁入 25 周年（1990～2015），是臺灣股市中的觀光股股王，也是臺北飯店業的營收王。這些年來，晶華的成長及進步，首居潘董在人力資源方面的領導力，潘董的創新做法與巧思下，創下許多觀光產業界的傳奇故事。如：1. 晶華的誕生就是一個創舉，是臺灣第一家以設定地上權方式執行的觀光酒店BOT案，開啟全新的經營模式；2.潘董以創新思維，領先業界提出「輕資產、重管理」品牌思維，將臺北晶華酒店當成「財務綜合體」來規劃；3. 打造臺北晶華飯店成為亞洲第一家大型國際精品購物空間的飯店；4. 晶華也是臺灣第一家在非虧損狀態下，進行現金減資的上市櫃公司，其做法可以有效提高股東權益，也引導了許多掛牌公司追隨；5. 晶華為擴大業績，也在 2010 年收購麗晶品牌，創下臺灣飯店業者收購國際酒店品牌的首例；6. 重視餐飲是晶華的強項，柏麗廳營收稱冠全臺館內自助廳，有天下第一廳的美譽，也是第一家開設館外餐廳的五星級飯店（圖 7-8）。

圖 7-8　臺北晶華飯店餐飲部設施一景

晶華飯店為何有能力打造多項第一？要歸功於潘董的領導力及企圖心，同時，也要稱讚晶華飯店在人力資源的發展與管理的重視，培養一批具有創造力的觀光人，天天在晶華打拚，把顧客服務品質，提升到最高，這種精神就是人力資源發展的核心課題。

（參閱：經濟日報，2015/1/9，A20 版產業，黃冠穎撰）

學者林欽榮教授也提出了幾點見解，可作為有效領導的運用：

（一）培養正確知覺

知覺在領導中常扮演了極重要的角色，領導者惟有正確的知覺才能做好正確的領導。主管若對員工有了錯誤的知覺，將可能喪失最佳的領導機會。例如主管視庸才為良才，乃是一種錯誤的知覺，可能延誤了事機，導致錯誤的決策；相反的，主管把良才視為庸才，必不能締造良好的行政效率。

（二）健全領導風格

觀光領導人的領導風格，對領導效能極具影響作用。而領導風格常與領導者的出身背景、人格特性和工作經驗有關。一位在關係導向成功過的領導者，可能仍會繼續使用此種領導風格；而一位不太信賴他人，且以任務導向為上的領導者，仍將使用專制式的領導風格。

（三）適應部屬需求

管理者所採用的領導風格是否成功，有時也會受到部屬需求的左右，蓋領導乃是一種相互分享的過程。一位只執著於自己領導風格的管理者，有時是很不容易成功的。惟有能適應部屬需求的領導者，才能取得部屬合作，且做好領導的工作。所謂適應部屬的需求，就是能斟酌部屬的才能、喜好、經驗等，而作適宜的領導。

（四）符合主管期望

有效的領導必須能符合主管的期望，才不致遭遇阻力。若上級主管偏好以工作為中心的領導，則管理者也只好採取相似的領導途徑。由於主管具有各種不同的權力基礎，故而遷就他的期望是相當重要的。

（五）滿足同僚期望

觀光領導人與其他領導者的相互關係，有時也會影響其領導效能。這些同僚關係可用交換管理理念、經驗和意見等，來達成相互支援的效果。由於同僚的支持和鼓勵，可以改善自己的領導方式。在選擇和修正領導風格上，同僚的意見正可提供比較的參考，同時也可視為領導風格資訊的重要來源。

（六）了解真正任務

領導工作必有一定的工作目標，為了達成此一目標，領導者可能隨時要修正其領導風格。因此，對工作任務的了解，有助於其善用領導風格。當工作任務可能是非常結構

化時，領導者就必須指示其工作程序、方法，此時就必須採用以工作爲中心的領導方式。至於，工作任務是非結構性時，其工作目標不容易界定，則領導者必須努力爲員工開闢路徑和目標。是故，了解眞正工作任務，才能正確的選擇適當的領導風格。

組織行爲學者史提斯（Richard M. Steers）更提出了「組織工程（Organizational Engineering）」說，爲有效的領導作進一步的詮釋：他認爲在某些情況下，採用結構（而非行爲）方式提高領導效率更爲合適。在此，人們嘗試透過調整領導者的工作、工作的分配方式（報告程序、職權路線和分權）和組織結構來促使任務的達成。換言之，正如費德勒所言，組織可能希望調整工作以適應領導者。當某個人（如一名觀光產業基層主管人）對組織來說相當重要，但他又不具有作爲領導者所具有的人際互動特質時，這種調整工作及分數的方式就非常適用。在這些情況下對他周遭的工作要進行合理的重新設計與定位，讓許多必須的領導任務，也可以在全部團隊中來實現並分工完成。

7-2 激勵在觀光人的應用

組織成員在達成組織目標的過程中，常常會出現「倦怠感」，覺得所謂「工作」，只是週而復始，日復一日例行性的應付。管理者在此時應設法提出可行而有效的激勵方式，來提高員工的士氣，改變他們的工作態度，增加員工的參與及創新。如此才能將企業的「組織氣候」予以矯正，來提升組織成員的工作效率，達成組織的目標。

依哈佛大學行爲科學教授詹姆士（William James）過去對員工激勵效果所做的研究，發現採取按時計酬的員工們，一般只要表現大約 20%～ 30%的能力，便可保住他們的工作而不致被解雇；在該研究中亦同時指出：假如員工能受到高度的激勵，則他們的能力就可發揮出 80%～ 90%，這正說明了激勵對人性潛能發揮的重要性，如圖 7-9 所示：

圖 7-9 激勵對績效的潛在影響

7-3

著名火鍋連鎖店「海底撈」激勵員工的方法

　　「海底撈」火鍋連鎖店已在中國大陸各地、美國、新加坡及韓國等地開店有百家，擁有上萬名員工，也幫助無數海底撈員工們改變了自己的命運。為何「海底撈」在張董事長領導下，有這麼吸引人的地方呢？就算有以百萬元以上年薪來挖角海底撈員工的公司，但他們員工還是認為「海底撈」是他們最好的家、最棒的工作地方。為何有這麼強的向心力？因該公司對員工的工資及獎金，非常重視，以他人的 1.8 倍工資來激勵員工；同時對員工買最舒服的鞋，怕他們腳累；又給員工的子女免上學；特別重視員工的宿舍，讓員工離工作地點不會超過 20 分鐘的車程，並配備空調、電腦、網路、專人清潔、洗衣；且對夫妻員工，還考慮給單獨房間；員工生病，住院押金不擔心，由海底撈出。海底撈的激勵措施特別多，因此能獲得這麼好的向心力，這就是最好的領導力與溝通力，讓一萬名員工，每年皆維持在 10%以下的異動率。海底撈的人工成本遠高於同業，張董事長以自己做典範，鼓勵這群農村來的員工要用「雙手改變命運」，真心的如家人般來激勵員工，自然獲得員工如同家人一樣的回報。

（參閱：經濟日報，2014/11/17，A17 版經營管理，孫淑瑜撰）

一、重要的激勵理論

（一）馬斯洛的需求層次理論

　　馬斯洛（Abraham H. Maslow）於 1943 年提出了「需求層次理論（The Hierarchy Theory of Needs）」，其主要目的並非在於處理工作的情況，但卻能將其應用於工作情況之中（圖 7-10）。員工隨著工作的發展，可被看成是從需求的這一級走向需求的更上一級，馬斯洛將人類的需求歸納為五種基本類別：

圖 7-10　心理學家馬斯洛
（Abraham H. Maslow）

1. 生理需求（Physiological Needs）：即人生存的基本需求。

2. 安全需求（Safety Needs）：即求避免遭受傷害或危險的需求。

3. 社會需求（Social Needs）：即對於愛和被愛，以及友誼、歸屬的需求。

4. 尊重需求（Esteem Needs）：即自尊和被他人尊重的需求。

5. 自我實現需求（Self-Actualization Needs）：這一需求至今未獲適當解說，大致來說，
   即冀望能成為自己所希望成為的人之需求。

　　當某層次中的需求在實質上得到滿足之後，另一個層次的需求才有支配力。如圖 7-11
所示，個人的需求是由下往上爬升。從激勵作用的觀點來說，理論上認為沒有哪一種要
求能得到完完全全的滿足，但是某個需求如果在實質上得到了滿足之後，就不再具有激
勵的作用。

　　馬斯洛將這五種需求區分為較高層次和較低層次。生理和安全需求是較低層次的需
求。層次高低決定於：較高層次的需求是由內在而感到滿足的，而較低層次的需求主要
由外在來滿足（如薪資、工作契約、私有權），解決生理需求是滿足馬斯洛需求層次理
論的第一個也是首要的需求。

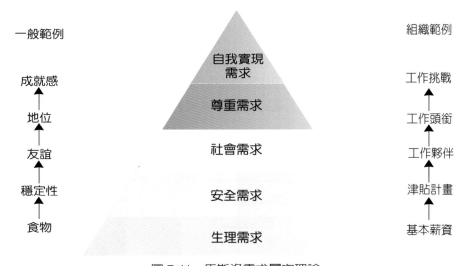

圖 7-11　馬斯洛需求層次理論

（二）赫茲伯的兩因素理論

　　赫茲伯（Frederick Herzberg）等人於 1968 年以大約 200 位會計師及工作人員作為對
象，研究他們的工作滿足（Job Satisfaction）與需求的關係。

　　最後，他們提出了著名的「兩因素理論（Two-Factor Theory）」。其大意謂：某些工作情況（Job Conditions），當其出現時，可以使人感到滿足；但若不存在，並不致造成不滿足，這種情況稱為「激勵因素（Motivators Factors）」。相反的，某些情況，當其消失時，將會造成不滿足，但若存在並不會導致滿足，這些情況稱為「保健因素（Hygiene Factors）」。這也就是說，激勵因素和保健因素在動機作用上各有自己的影響對象，故稱之為兩因素理論，如圖 7-12。

1. 保健因素包括有：（1）公司政策及行政；（2）技術監督；（3）與上司人際關係；（4）同事間人際關係；（5）與下屬人際關係；（6）薪資；（7）工作保障；（8）個人生活；（9）工作環境；（10）地位。

2. 而被稱為激勵因素的有：（1）成就；（2）器重；（3）升遷；（4）工作本身；（5）成長可能性；（6）責任。

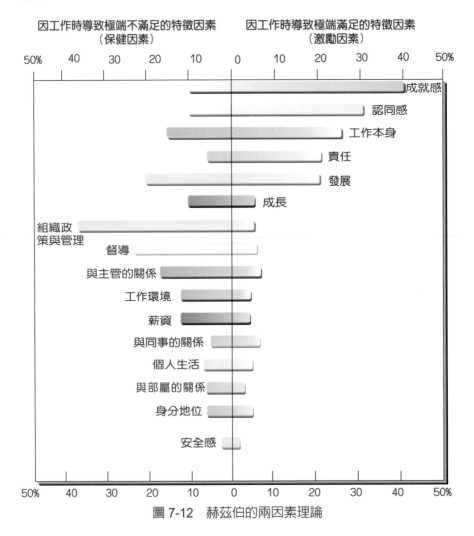

圖 7-12　赫茲伯的兩因素理論

（三）奧德佛的 ERG 理論

奧德佛（C. P. Alderfer）於 1972 年所提出的 ERG 理論是較新的人力資源管理理論，其理論是根據馬斯洛的需求層次理論而建立，將需求層次歸納為三類，即「生存需求（Existence Needs）」、「人際需求（Relatedness Needs）」和「成長需求（Growth Needs）」，如圖 7-13 所示。

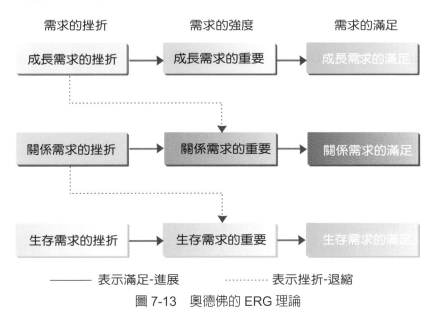

需求的挫折	需求的強度	需求的滿足
成長需求的挫折	成長需求的重要	成長需求的滿足
關係需求的挫折	關係需求的重要	關係需求的滿足
生存需求的挫折	生存需求的重要	生存需求的滿足

—— 表示滿足-進展　　………… 表示挫折-退縮

圖 7-13　奧德佛的 ERG 理論

1. 生存需求：生存的需求是指生理與物質的各種需求，如飲食、居住、薪資、福利、實質工作環境等，相當於馬斯洛的生理與某些安全的需求。
2. 人際需求：人際需求是指在工作環境中，與他人之間的人際關係，藉著分享與他人間的情感和相互關懷而得到滿足，相當於馬斯洛的安全、社會及某些尊重的需求。
3. 成長需求：成長需求是指個人努力創造或在工作中成長的需求，藉由個人充分發揮潛能及更佳的工作能力而得到滿足，相當於馬斯洛的自我實現及部分尊榮的需求。

ERG 理論較符合我們對於個別差異的認識。教育、家庭背景及文化環境等變數，會改變人們對不同需求的重視程度，如西班牙與日本人將社會需求排在生理需求的前面，這符合 ERG 理論的說法。若干研究也證實 ERG 理論的效度，但是也有證據指出 ERG 理論在一些組織中行不通。

學者曾對臺灣從事多層次的直銷商從事研究發現，其激勵因素為「心理安全及保障」、「人際及公平」和「自我實現及成長」，與 ERG 理論所提出的三個需求所代表的

意義相似。另外，學者亦曾對臺灣國營事業的員工從事研究發現，不同年齡、性別、職務、薪資的員工，對「生存」、「關係」和「成長」及整體需求強度，皆有顯著的差異，此研究結果亦符合 ERG 理論的說法。

（四）亞當斯的公平理論

公平理論（Equity Theory）為亞當斯（J. S. Adams）於 1963 年所提出，又稱為「社會比較理論（Social Comparison Theory）」或稱為「交換理論（Exchange Theory）」。包括投入（Input）、成果（Outcome）、比較人或參考人（Comparison Person or Referent Person）及公平和不公平（Equity-Inequity）等概念。

1. 投入：是指員工認為自己投入公司所具有的條件和對公司貢獻，如教育程度、技術能力、努力程度等。
2. 成果：是指員工感覺從公司或工作中所獲得的代價，如待遇、升遷、受賞識和成就等。
3. 比較人或參考人：是指員工用來作比較投入和成果關係的對象。此可能是同地位的人，也可能是同團體的人；可能是公司內的人，也可能是公司外的人。
4. 公平與不公平：是為個人和他人比較投入與成果關係的感覺。若員工在比較後，感覺到公平或尚公平，則仍受到激勵；否則很難有激勵的效果。

一般而言，員工不但會衡量自己的投入與成果，且會和別人作比較。他是否獲得激勵，不僅是依他對投入和報償關係的評量，且會將此種關係和他人比較。縱使他覺得本身報償很高，但如與他人比較後，發現所得報償不如他人時，仍可能降低其工作動機。因此，公平理論在激勵過程中乃扮演重要的角色。

（五）弗洛姆期望理論

弗洛姆（Victor Vroom）於 1964 年提出激勵的期望理論（Expectancy Theory of Motivation），認為一個人會努力工作，是基於對工作績效、報酬、及成功的期望。此一理論涵蓋三個變數，即期望（Expectancy）、方法或工具（Instruments）和期望價值（Valence）。

1. 期望：是指對其所投入努力的期許，通常期望有兩種：一為努力將導致某種績效成果的程度，即 E → P 期望；另一為績效成果將導致需求滿足的程度，稱為 P → N 期望。前者為對生產力的期望，後者為對報償的期望。
2. 方法或工具：指的是努力的結果（工作績效）和報酬結果之間的認知關係或成功的機率。

3. 期望價值：是指一個人對結果所體驗到的價值。如果員工對報償的期望很高，其期望價值就會很高；相反的，則其期望價值就會很低，甚至爲零。

綜合上述討論，則工作的激勵（M）乃是期望（E）乘以方法或工具（I）再乘以期望價值（V）的結果。其公式可表示如下：

$$M = E \times I \times V$$

所以，管理者必須密切注意員工的期望，工作績效及其期望價值等相關因素，才能達成有效的激勵。

（六）波特與勞勒動機作用模式

1968 年，波特（L. W. Porter）和勞勒（E. E. Lawler）2 位學者以「期望理論」爲基礎，並兼納各家之說，發展出一個比較完整的動機作用理論，其主要內容如圖 7-14 所示。

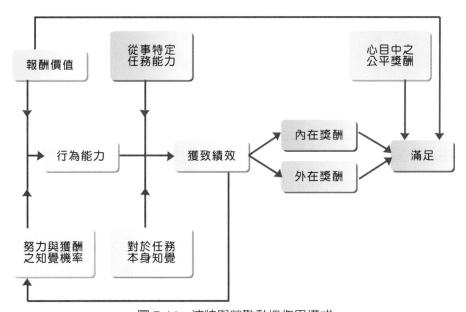

圖 7-14 波特與勞勒動機作用模式

依上圖，員工的行爲努力乃取決於所可能獲得的獎酬價值大小，以及完成任務的機率（期望理論）。但事實上員工的績效表現，除受其個人努力程度決定外，尙受他的工作技能與對工作的了解所影響。這種績效可能給他工作內的報酬，如成就感或自我實現需求的滿足；也可能給他工作外的報酬，如金錢、地位、工作環境（馬斯洛需求層次理論）。但是這些獎酬是否給他滿足，還受他本人所知覺到的公平與否的影響（公平理論）。

（七）洛克的目標設定理論

洛克（Edwin A. Locke）於 1968 年提出「目標設定理論（Goal-Setting Theory）」，如圖 7-15 所示。之後，與拉森姆（Gary P. Latham）等人自 70 年代至 90 年代，經歷了將近 20 年的時光，根據針對八個國家、88 種企業、4000 多位工作者進行研究分析的資料，數度加以修正與補充，使此一理論成為被廣泛應用且仍在繼續發展的「激勵」理論。此項理論的基本主張，在於強調一個組織的管理階層與員工，經由「參與的過程（Participative Process）」，共同設定明確的目標，並就達成目標的行動適時做出客觀的評估與回饋，該組織的士氣將得以強化，促使整體績效提升。

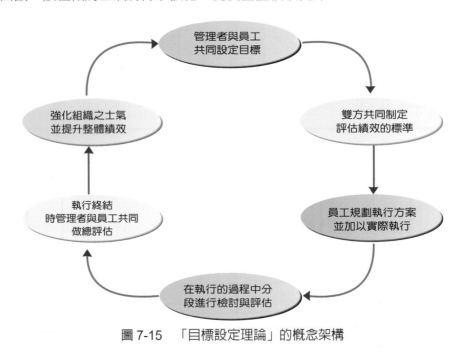

圖 7-15　「目標設定理論」的概念架構

從多位學者專家的研究中發現，一個組織採行目標設定會對組織績效發生四種激勵效果：

1. 由於所設定的目標基本上經過每個成員的參與研討，也就對個人甚具意義，自然易於導引其注意力。

2. 透過目標設定流程產生的目標、內容與時間明確，績效評估標準清晰，可有效規範組織成員的努力方向，避免一面做還要一面摸索。

3. 在於提高每個成員自主的範圍，從而分攤更多成敗的責任，使其敬業的精神更能發揮。

4. 組織成員因有高度的參與感，會將所設定的目標當成自己息息相關的事來看待，隨時念茲在茲，為目標的策略及執行方案作構思，強化目標的周延性。

此理論與管理學大師彼德‧杜拉克（Peter Drucker）在 30 年前便倡導的「目標管理（Management By Objective, MBO）」相呼應，但比「目標管理」更符合實際的管理情況。最重要的是，「目標設定理論」經過了相當多的實證性檢驗，確立了它的學術與應用方面的價值。

二、觀光人對員工問題的處理與激勵對策

激勵用於處理員工問題的對策有以下幾種要點：

（一）員工問題處理應求賞罰分明，積極主動

員工行為符合組織要求，理當獎勵，不符要求則理當懲戒，因此信賞必罰是最高原則，避免公私不分，獎懲不公。當然站在積極興利而非消極防弊立場，則「多賞少罰」也是可行原則。因為對表現良好員工獎勵，相對的對表現不符要求的員工，已有某種懲戒作用；但如僅對有問題的員工予以懲罰，則並不必然對優秀員工有鼓勵作用，因此「多罰少賞」是不宜施行的。

（二）員工問題處理須符合激勵原則

減少員工行為產生問題並適度處理，能夠對其行為本質率先了解及診斷，並予適當激勵是非常必要的。這方面可以由幾個角度來看：

1. 員工行為有理性因子，也有情緒傾向，應確實診斷：理性通常是基於獨立思考及成熟判斷之後，才決定行為方式，依據的是知識、科學及法制。情緒則出乎率性、直覺及情感，行為方式源自於「兒童自我」。依據佛洛依德的觀點，人格結構中本我、自我及超我均會出現，因此無法奢望員工行為全部以理性方式呈現，情緒因素終究難以完全排除。因此在問題診斷過程中，有時必須透過間接方式了解問題根源，或事先加以溝通。

2. 行為具有目標導向及個別差異，激勵須針對支配性需求：員工行為多受某特定目標的誘導而產生，亦即為滿足某種需求而反應。譬如為增加調薪幅度、為爭取晉升機會、希望獲得進修等。這種「刺激一反應」過程，在給予員工滿足時須注意何種需求最重要（即支配性需求），每個人的需求具有個別差異，針對這種需求給予滿足才有效。

因此給予現場工人改善通風設備、增強照明設備，對員工相當有激勵作用；但對高級主管，則提升其社會地位可能較具實惠。

3. 員工行為有追求「衡平」心理及「歸因」現象，激勵應注意採取「相對」觀點：任何企業組織內部員工均會將自己的努力及報酬，拿來與參考群體（譬如同事、朋友）比較，激勵是不宜以「絕對觀」為之（給錢給愈多不見得好），而應顧及其他人，採取「相對觀」，員工通常認定自己「報償對努力程度的比值」與他人相當時，才會繼續努力，否則必會調整其行為。同時，一般員工在比較自己行為與他人行為時，基於「貢獻歸己所有，錯誤他人承擔」的心態下，總會將努力程度拿來與努力最少的同事相比較，工作報償則與同級最高者比對，因此永遠覺得「自己吃虧」，此種投射心理，在激勵未能達到公開、公正的情況下，更有加劇之勢，不能不深思。

4. 個人行為受制於群體行為，團體獎勵方式具有引導作用：早在霍桑研究時，即已證實在長期狀態下，員工個人行為常以群體規範為依歸，亦即群體行為對個體行為有約束及節制作用。為激勵員工，尤其是表現不符合組織要求者，運用團體獎勵是極可參考的做法，例如聲寶公司的 TQC 活動、統一企業的 CWQC 活動及震旦企業的責任中心獎勵辦法均是可行途徑。

5. 行為改變是緩慢的過程，激勵不能操之過急：行為改變的歷程，根據 Letwin 的觀點，需經過解凍（Unfreezing）、改變（Changing）及復凍（Refreezing）的程序，其中包含了舊有觀念的破除，我們也經常可以看到刻意速成的組織文化，不但對員工沒有導引作用，反而不久即形同解體，引發更多的麻煩，最後員工陸續離職。

因此，配合上述行為本質及激勵基礎，在激勵員工減少問題的期待下，下列幾項原則可供參考：

1. 激勵之前，善訂規則並予以制度化，一切激勵根據事實。

2. 在達成組織要求的前提下，尊重員工，適度人性化。

3. 儘量積極鼓勵，多賞少罰，創造員工努力空間。

4. 開放溝通，雙向交流減少對立，建立雙贏（Win-Win）觀念。

5. 提供諮商機會，輔導員工培養平常心、同情心、感激心、自信心、及開放心的「五心」胸襟。

6. 激勵做法，厲行「熱爐（Hot-Stove）」原則。亦即對於激勵方式、標準及程序與同仁溝通，「公開」訂定（個別結果要守密則無妨）；其次是激勵方法及規則設定之後，則應確實執行，「一致」處理；而激勵給予方式應採「立即」回應，才有實效。

（三）激勵工具及員工問題處理，兼顧正負面做法

　　長期來說，員工問題的處理必須有全面性的激勵政策，公平合理的激勵方式，員工才能安於位，行於事。

　　實質而言，激勵工具可採取滿足員工「精神」層次需求的內在激勵方法，或「物質」層次之外在激勵方法，如圖 7-16 所示。最重要的是如前所提及者：

1. 配合個別差異，針對「支配性需求」激勵才有效果；
2. 應公開激勵標準及程序，減少員工猜疑，減少不當「比較」；
3. 注意員工預期激勵水準，酌量顧及外部公平性及內部合理性。

　　為堅守信賞必罰，對員工問題處理的做法，亦可進一步由正面（鼓勵性）及負面（懲戒性）雙管齊下，彈性處理。

1. 就鼓勵性做法方面有預先防範的作用，下列提供參考：

（1）提供教育訓練：目前國內企業對此方面已漸予重視，除提升員工知識技能外，對平衡身心亦有幫助。

（2）屬行自我管理：透過教導或團體運作，鼓勵員工學習自我肯定、自我激勵、自我成長的心態。例如 IBM 及中鋼採行的「自主工作小組」則為協助員工達成此目的。

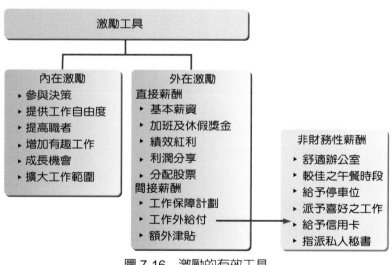

圖 7-16　激勵的有效工具

（3）採行輔導做法：除了工作輔導之外，對於員工事業、生活、及心理均可付出心力。震旦企業的員工前程懇談、來來飯店的員工生活輔導均是明智之舉。

（4）表揚工作楷模：創造角色模範對其他員工有積極導引的作用，震旦企業每季的工作楷模表揚，聲寶公司對於提案有功人員的獎勵，以公開方式進行，效果甚佳。

（5）調整工作負荷：對於某些因心理或生理因素，短期內無法承擔太重負荷者，可酌予減輕；但為避免單一工作項目過於單調，則可適度將工作擴大，配合相對獎勵，亦可進行。

（6）豐富工作內容：相對於工作量的改變，工作質的提升，對於成就動機強的員工，具有激勵作用。因此，准許員工參加高階會議、指派專案工作，是挑戰性的做法，聯華電子公司及惠普公司之強調授權亦是此種目的。

（7）暢通多元發展：晉升管道阻塞，常是引發員工不滿的原因，除了狹窄的工作系統內晉升以外，加強直線與幕僚之輪調交流（如松下公司）；專業與行政之雙軌交流（如工研院、IBM）；重視內部創業（如震旦企業、宏碁）及職務歷練等管道是極為必要的一環。調查發現，晉升管道阻塞已是員工不滿而跳槽的首要因素。

（8）提高工作生活品質：除了實質的金錢獎勵、職位晉升以外，運用彈性上班（如惠普、聲寶）調適工作方式，公忙之餘培養興趣，注重工作氣氛等，均是無形但具實效的改善方法。

2. 就懲戒性做法方面，具有亡羊補牢或消極防弊的效果（必要時亦得考慮）。一般公司的「工作規則」均有明訂，其做法包括：

（1）輕微口頭責罰或書面警告。

（2）調遷職位，尋求較為適當的工作單位。

（3）降調職位，但仍保留工作（震旦企業即有保障工作，但不保障職位的規定），給予再一次機會。

（4）減低薪資，亦是實質的懲戒。

（5）明升暗降或實質架空，間接逼退（部分企業經理人或人事主管喜好採用此種方式，但必須估算清楚，否則如員工賴著不走，劣幣驅逐良幣的機會很大，反而得不償失）。

（6）資遣並給予資遣費。

（7）嚴屬革職，永不再錄用，拒絕往來（通常對於犯行嚴重者才有此種做法）。

（8）送警法辦，對於嚴重違反公司規定且觸及法律者，則須依法究辦。

當然，鼓勵性措施如能發揮作用，懲戒性規定應是可備而不用。同時在處理員工問題時，心態上應避免將員工先以「壞人」相待，而應信任其行為動機，並在過程中善用「過程管理」，提供「申訴機會」，運用「團體動力」來改善員工的行為及態度。

7-3　觀光人的溝通

觀光業主管在帶領組織成員來達成組織目標的過程中，難免會出現一些「噪音」。此時，觀光業主管必須立即進行「消音」的工作，且要使員工心悅誠服，將整個組織團隊的信念達成一致，對組織產生認同感及充分的信心；而這個消音的動作就是「溝通」。

對一組織而言，溝通幾乎占人力資源管理的大部分，尤其是對目前組織的新世代年輕員工，管理者必須善用溝通的技巧，以求組織的和諧及工作的順利完成。

一、溝通的過程

一個簡單的過程是信息發送者編碼並發出信息，接收者解碼並做出反應（圖 7-17）。良好的溝通是主管領導部署重要的手段，也是企業正常運作過程中所不可或缺的。

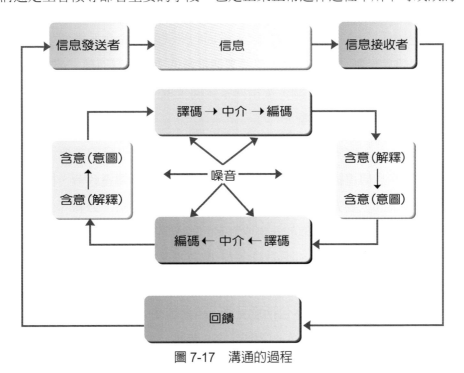

圖 7-17　溝通的過程

（一）編碼和解碼

編碼（Encoding）就是將活動過程簡化並將其含意翻譯成一種系統化的符號（語言），而譯碼是信息接收者接收信息並對其進行翻譯，解碼（Decoding）則為接收者接收信息並試圖發現其中的內涵。

（二）回饋

預期的信息傳遞可以導致幾種類型的回饋（Feedback），回饋被視為信息溝通過程的最後步驟，其存在形式可能是口頭答覆、點頭示意、提出問題或無動於衷。如同最初的信息傳遞過程一樣，回饋過程可分為編碼、中介和譯碼。

（三）噪音

最後，存在各種因素對預期的信息會產生扭曲，這些因素被稱為噪音（Noise）。噪音可能在溝通過程的各個階段產生。

二、組織的內部溝通

組織內部的溝通形式，大致上可分為正式溝通（Formal Communication）與非正式溝通（Informal Communication）兩種。前者是依組織的正式結構和層級體系而進行的，後者則為正式系統以外的途徑。

（一）正式溝通

正式溝通是附隨於正式組織結構而來，溝通的形式乃依命令系統而生，依循層級節制（Hierarchy）體系而運作。換言之，正式溝通是指依法令規章而建立起來的溝通體系。此種溝通網乃決定於組織的系統圖，按指揮系統向上或向下傳達。組織依此而作有計畫的訊息傳達。它又可分為三大類型。

1. 向下溝通（Downward Communication）：向下溝通是傳統組織的主要溝通流向，它是由上級人員將訊息傳達給下級人員的一種方式，一般用以傳達政令、提供訊息或給予指示。向下溝通的主要方式，包括口頭的指示、文書的命令、公報、公告、手冊、說明書、公司刊物等均屬之。其他如計畫或方案的頒布、政令宣示，也是向下溝通的方式。

2. 向上溝通（Upward Communication）：向上溝通就是下級人員將其建議或意見，向上級報告的方式；亦即下屬將有關事項或己身問題，向上級作書面或口頭報告、定期或特別報告、普通或專案報告，其包括意見箱、建議制度、各種會議場合的申訴均屬之。意見溝通實不應僅限於向下溝通，還需有向上溝通，才能達到下情上達的功用。

3. 平行溝通（Lateral Communication）：平行溝通或稱為水平式溝通，就是組織同階層人員的溝通；由於它跨越不同的單位，故又稱為跨越溝通（Cross Communication）。其方法有面對面溝通、集體演講、會報或會議、研討會或通報制度等。水平式溝通可減少層層輾轉，節省時間和成本，提高工作效率，且員工有較自由溝通的機會，可提升溝通的效果。

（二）非正式溝通

非正式溝通是建立在團體成員的社會關係上，沒有一定的形式。它是一種正常而自然的人類活動，有時可協助組織的功能，有時則損害組織的目標。其方式包括人員間的非正式接觸與交往，非正式的郊遊、聚餐、閒談，以及謠言耳語的傳播。由於非正式溝通起自於員工愛好閒談的習性，有時稱之為「傳聞」；在美國，則稱為「葡萄藤（Grapevine）」，取其枝葉蔓生、廣為蔓延之意。

非正式溝通既是存在的，它對組織具有以下功能：

1. 可彌補正式溝通的不足，傳達正式溝通所不願或不能傳遞的資料或訊息。
2. 可藉以了解員工的真正態度，並發洩其不滿情緒。
3. 可將正式用語轉化為通俗易懂語詞，易為員工所接受，進而消除錯誤的知覺與誤解。
4. 可藉著非正式接觸，減少阻力，培養共識。

三、有效溝通的達成

觀光人有效的溝通對一觀光企業的成功與否，具有關鍵性的影響。如何促使有效溝通的達成，陳海鳴教授提出了以下的建議：

1. 使用適當的言語：語詞、手勢應適切，以使收訊者了解。
2. 深入溝通（Empathy）：發訊者應了解收訊者的假設與態度。
3. 鼓勵回饋：雙向溝通可改善溝通程序，透過回饋，發訊者可知訊息是否被正確的接收。
4. 發展信賴的氣氛：若參與者彼此信賴，則溝通會被提升，而欲獲得或維持他人的信賴需持續的保持誠實坦白的對話。
5. 使用適當的媒介：並非所有的組織溝通形式對所有狀況皆適宜，溝通的形式應配合狀況。口頭溝通對討論員工問題最佳；書面溝通對需有未來行動的事件最佳，然就須快速行動的事件而言則太慢，且對討論員工問題而言亦太不顧及隱私權。書面後緊隨著口頭溝通，對於須迅速行動、工作特定緊急方向及程序的改變等而言，則為最佳的傳遞訊息方法。

6. 鼓勵有效的傾聽（Active Listening）：傾聽時須注意避免加入價值判斷，要聽取發訊者的完整意思，且提供回應性回饋。

7. 確認正式溝通的努力與整體公司策略的一致性：由高階管理者及溝通專家組成的溝通委員會，以定期聚會方式來以檢視溝通成果，亦檢視涉及員工的內部溝通方案，以確定被送出的訊息與公司整體策略一致。

　　國內研究顯示，若要改善「向下溝通」的成效，觀光經理人必須加強本身的「清晰程度」；至於在「傾聽技巧」上表現良好的觀光經理人，其在部屬的「向上溝通」上則有較佳的呈現。若是能改善觀光經理人「向下溝通」的成效，則其員工部屬的「共識問題」、「訓練問題」、「適任問題」、「期望問題」、「激勵問題」等的爭議就可減少。

7-4

晶華主管重視溝通力，帶來營收的提升

　　臺北晶華飯店在 2015 年邁入第 25 周年，這些年來，晶華飯店創造了很多特色及創新焦點，這些特色及創新焦點皆透過優越的溝通力與顧客大眾共享，並以顧客關係管理手法及媒體功能，進行多元化的溝通。在 25 周年的活動中，特別推出精緻餐飲，如規劃集結各餐廳精華、客座名廚的技術展現，並彙集許多菜單和技法，晶華非常重視促銷及溝通，給予納入「食藝廊」的寶庫中，已成為晶華餐飲秘密武器。晶華主管表示：晶華「食藝廊」的菜色為每年每位大廚的靈感特色，皆是在很多名廚充分溝通及討論之下啓發出來的。

圖 7-18　觀光飯店主管與同仁充分溝通，提高飯店餐廳品質

　　晶華主管們強調，在餐飲的婚宴活動是非常競爭的，而要展現特別好的競爭力，是要讓顧客有「整體體驗」來進行最貼心的溝通力：如從客人第一次走進飯店，透過單一窗口確認日期、婚宴顧問一一溝通其細節，以及流程、需求性和特別資源的應用等，經過溝通後，飯店要讓客人有更多了解，有更安心的感覺。晶華主管們建議若要提升營收，得先有特別優良的溝通力，才能達到營運目標（圖 7-18）。

（參閱：經濟日報 2015-01-09，A20 版，黃冠穎撰）

1. 觀光人領導的功能乃在於引導觀光企業成員為組織的目標而努力，一方面來完成組織目標，另一方面為滿足成員需求。

2. 學者巴納德認為職權接受論，有四項要件：（1）部屬必須能了解溝通的內容；（2）在做決定時，部屬必須深信對於他的要求和組織的宗旨要一致性；（3）在決定時，部屬必須深信對於他的要求與整體的個人興趣有一致性，如果是不道德或不合乎人性的要求，也許他不會服從；（4）部屬的體力和精神上須配合要求，因此，超越部屬能力和服從範圍的要求都是不可能的。

3. 俄亥俄州立大學的兩個層面領導為：（1）體恤乃是領導者對部屬給予尊重、信任及相互了解；（2）體制就是領導者對部屬的地位、角色和工作方式等，訂定一些規章和程序。

4. 學者費德勒對權變理論提出：影響有效領導的因素有三：（1）領導者與部屬的關係；（2）任務結構；（3）職務權力。

5. 觀光領導人的權力型態有：合法權力、報酬權力、強制權力、專家權力及參考權力等。

6. 觀光人的領導方式有：獨裁式領導、民主式領導及放任式領導等。

7. 觀光人要有高效的領導力宜有下列作為：信任下屬、遠見卓識、鎮定自若、鼓勵冒險、成為專家、歡迎異見、簡潔明快等。

8. 馬斯洛心理學家認為人類的需求有五種基本類別：生理需求、安全需求、社會需求、尊重需求及自我實現需求等。

9. 赫茲伯的兩因素理論為：激勵因素及保健因素。

10. 奧德佛的 ERG 理論，將需求層次歸納為三類，即「生存需求」、「人際需求」及「成長需求」等。

11. 觀光人對員工在激勵問題上的對策有：（1）員工問題處理應求賞罰分明，積極主動；（2）員工問題處理須符合激勵原則；（3）激勵工具及員工問題處理，兼顧正負面做法。

12. 正式溝通分有：向下溝通、向上溝通及平行溝通；非上式溝通是建立在團體成員的社會關係上，沒有一定的形式。

13. 有效溝通是否成功有下列關鍵：（1）使用適當言語；（2）深入溝通；（3）鼓勵回饋；（4）發展信賴的氣氛；（5）使用適當的媒介；（6）鼓勵有效的傾訴；（7）確認正式溝通的努力與整體公司策略的一致性。

個案教學設計

1. 請同學應用手邊電腦或智慧型手機,查閱北京海底撈火鍋店及臺北晶華飯店的官網資料,了解這兩家公司的現況。(約 10 分鐘)

2. 請同學一起再閱讀本章的人力資源故事集,包括海底撈及晶華飯店的小個案內涵。(約 8 分鐘)

3. 請兩位同學根據官網內容,介紹海底撈火鍋店的特色。(約 6 分鐘)

4. 請兩位同學根據官網內容,介紹晶華飯店的特色。(約 6 分鐘)

5. 請三位同學,分別針對海底撈火鍋店及晶華飯店的「領導」、「激勵」及「溝通」三大議題,比較兩家著名觀光企業的做法與特色。(約 15 分鐘)

6. 教師講評與分享心得。(約 5 分鐘)

建議:以上個案活動設計,總共需應用一節課(50 分鐘)來實施。

問題討論

1. 討論「海底撈」火鍋店如何來對待員工?

2. 何謂領導?列舉三位企業名人的領導方式。

3. 介紹兩種領導理論的特性。

4. 說明合法權力及強制權力的不同處。

5. 介紹民主式領導及放任式領導的不同處。

6. 觀光人要有效率的領導力,宜注意哪些原則?

7. 說明晶華飯店人力資源在領導與溝通上,有何特色?

8. 介紹馬斯洛的需求理論。

9. 說明赫茲伯在激勵方面提出的兩因素理論。

10. 介紹奧德佛在激勵方面提出的 ERG 理論。

11. 說明觀光人對員工問題的處理與激勵對策,有哪些方法?

12. 介紹正式溝通與非正式溝通的內容。

13. 介紹觀光人有效溝通的做法為何?

第 **8** 章

觀光人力資源的
教育訓練與發展

學習重點 ////

1. 分析並討論觀光人教育訓練與發展的一
　般程序

2. 探討觀光人力資源教育訓練的方式與其
　內容

3. 探討觀光人力資源發展的方式與內容

4. 進行教育訓練與發展的評估

5. 探討觀光人力資源的生涯發展

從米堤飯店及晶華飯店教育訓練故事談起

「即使當義工也好，一定要讓自己有機會做事，因為當你有做事時，就是創造別人對你的認知跟口碑。當人家看到你連義務幫忙都做得那麼盡心時，還會不請你嗎？」亞都麗緻大飯店前總裁嚴長壽曾對媒體說出他對工作的看法，就像是對現在的大學應屆畢業生，敲出一記警鐘。

目前社會普遍存在「結構性失業」，臺灣的失業率雖不到 4%，但大學應屆畢業生的失業率，幾乎到達這個數值的三倍。畢業生找不到工作，企業也找不到適合的畢業生。許多失業狀況不是沒工作，而是「不願做」。「我們最怕畢業生一進來就想做管理職。」晶華酒店人力資源部協理李靖文說道。

學歷浮濫、眼高手低、職業前景曖昧不明，今年的大學畢業生多達 20 幾萬人，不過企業端的人力缺口依舊需才孔急，這一點，旅館業感觸最深。雖然進入門檻不高，但旅館產業工作辛苦，折損率高，用傳統的實習制度解決人才荒，早已不敷需求。

媒合人才，政府單位努力縮短學用落差

就以南投鹿谷鄉溪頭米堤大飯店談起，「來，我幫你們按快門！」笑容可掬的陳盈萱，見到樓梯口的老爺爺、老奶奶，想藉飯店的法式古董當拍照背景，主動上前幫忙。

陳盈萱是米堤大飯店與勞動部合作訓練職場新鮮人的成功例子，她透過勞動部勞動力發展署的「青年職涯啟動計畫」進入飯店實習，後來順利結業成為正式員工。

「一般能夠通過訓練的學生，都具備肯吃苦、珍惜機會的特質，」陳盈萱的直屬主管，客務部副理林書音表示，「這些人不但目標明確，而且有備而來，一踏入飯店產業，就已具備明日之星的架式。」這是她從旁觀察的感受。

「飯店業是實習制度最『慘烈』的產業。」米堤大飯店人力資源部經理謝加奇表示，尤其對偏遠地區的休閒型飯店來說，平假日人力需求落差大，而服務地區又偏遠，如果沒有好的制度與學生做媒合，基礎人員很容易造成斷層（圖 8-1）。

（續下頁）

（承上頁）

圖 8-1　南投米堤飯店外景

教育新人除了 SOP，更重要是心態

　　為了穩定培養新血，米堤飯店與勞動部泰山訓練所合作，進行「青年職涯啓動計畫」，這個計畫和一般實習最不同的地方，就是實戰課程多於教室課程，一週下來，往往在飯店的時間比學校長。

　　「餐廳領檯、接待、點餐、桌邊服務，要五星等級的精髓，當然得在現場學，」謝加奇指出，工作者的個性與態度是從事飯店業最大的問題，讓學生待在飯店就像上戰場，往往最前面兩週就見真章，有的人幾天就不來了，更激烈的，甚至回學校後就休學。

　　一般的實習可以教導學生有關飯店服務流程的 SOP，但是要學會更細膩的服務精髓，則必須長時間實際融入這個產業。「飯店業常常自詡『給客人留下美好的回憶』，問題是，學生懂不懂這句話背後要付出多大的努力？」米堤人資部經理謝加奇認為跟學生談理論，不如用實際的訓練來輔導他們。

　　「除了 SOP 之外，更重要的是，有沒有辦法讓學生感受到『這是我的飯店』？」謝經理舉個簡單的例子，像客人在看錶，服務人員心裡就要想，客人是不是在趕時間，要不要加快速度讓他享受到服務，「這是一個貼心的動作，但絕對不是 SOP ！」

（續下頁）

（承上頁）

臺德計畫，進行雙軌制教育訓練新法

除了基礎人員的訓練，為了更近一步培訓契合職場的人才，許多飯店業者也參與由勞動部與教育部、德國經濟辦事處引進德國雙軌制（Dual System）訓練模式的「臺德菁英計畫」。

參與計畫的實習生，在飯店與接受學校教育的時間比重約為 3：2。培訓期間，勞動人發展署將同時針對飯店及實習生提供補助，結訓後並可獲得科技大學二專學歷及德國工商總會的國際級認證。

「企業缺才，正好政府又推這個計畫，飯店業當然樂於配合，如今受訓學員中，公司至少會留下 1/4，成為正式職員。」自從 2003 年勞動部推出第一屆臺德計畫時，晶華酒店一口氣就留了 45 個員額給實習生。

晶華人力資源部協理李靖文本身就留學德國多年，親眼目睹成功實行 100 餘年的教育訓練人才雙軌制實習為企業帶來的成效，2004 年她還自費與勞動部一起到德國進行觀摩。

她指出，對飯店業者而言，高學歷或高能力也不見得就貼近需求，臺德精英計畫的特色是，企業界可以用兩、三年的時間來觀察實習生的人格特質，並且按實際需求來開課。以晶華酒店為例，實習生經過嚴格挑選，又「操」了三年，一進入企業，不但能直接成為核心人員，連忠誠度也比一般招募人員高了許多（圖 8-2）。

圖 8-2　晶華飯店外景

（參閱：丁永祥，管理雜誌 407 期，2008 年 5 月）

　　觀光人力資源的教育訓練與發展（Training and Development）乃為增加員工的工作能力，以改善現在或未來的績效。各觀光企業會有教育訓練和發展的需求，分析有幾個理由：

1. 雇用的初次工作者能力不一定足夠。
2. 社會與科技改變必須要有新的技能。
3. 組織需要新的科技重新設計工作或發展新產品。

　　教育訓練與發展可以幫助觀光企業達成以下目的：

1. 改善績效偏差。
2. 增加生產力。
3. 增強工作力量及彈性。
4. 增加員工對組織的認同感。
5. 降低員工的缺席及流動。
6. 對社會產生貢獻。
7. 幫助執行企業策略。

　　雖然教育訓練與發展所使用的方法類似，但兩者的時間架構（Time Frame）卻是不同的（採 De Cenzo & Robbins 的見解）。「教育訓練」較傾向於現時取向，其重點在個人目前的工作，並希望增進個人特定的技術和能力，以便於能立即應用至目前的工作上。

　　「員工發展」則具有未來取向、較著重教育而非員工訓練的特質；經由教育，我們可以了解員工發展的主要目的在灌輸員工正確的推理過程，增進個人理解與詮釋知識的能力，而不只是特定技術的學習。

8-1　教育訓練與發展的一般程序

觀光企業教育訓練與發展的一般程序包括：決定教育訓練發展需求、設定教育訓練發展目標、執行教育訓練發展計畫、實施教育訓練發展評估等。

一、決定教育訓練發展需求

教育訓練發展的相關成本龐大，觀光企業組織為有效辦理教育訓練與發展，首重決定教育訓練發展需求。決定教育訓練發展需求可從組織分析、工作分析及個人分析三方面來著手，如圖 8-3 所示。

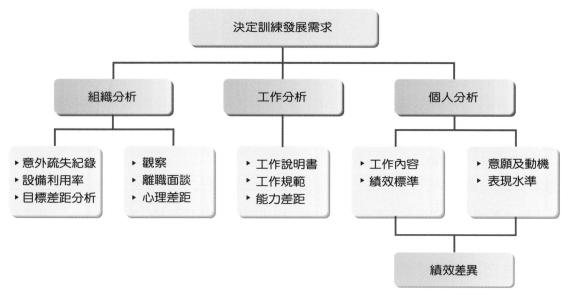

圖 8-3　教育訓練或發展需求

（一）組織分析

組織分析（Organizational Analysis）是以系統性觀點來分析組織，其方法是將組織視為一個系統，並將人力資源策略視為觀光企業組織策略的一部分，而教育訓練發展便是為了使員工及組織具備應付未來變革的能力。組織分析的內容包括組織目標、組織結構、組織未來發展、人力資源組成、企業文化、人事政策與績效評估等；分析的重點則在了解組織文化、確定績效差距、分析成因、辨別訓練或發展的問題等。

（二）工作分析

工作分析（Job Analysis）是以系統化的方法，蒐集特定工作的資料，包括工作項目、為符合績效標準所需的行為表現，及從事此工作所必備的知識、技術與能力。通常可用

兩種方式來進行：一為工作內容分析，此時工作說明書及工作規範便成為分析者的主要工具，因為此兩種工具記載了員工完成工作所需的職責及技巧，而以此為標準作為決定訓練發展需求的目標。分析過程首先由分析者以工作內容決定員工所需的技能，其次決定該工作應有的績效標準，最後和員工現有的技能及表現作比較，如此便可發現差距，稱為「績效落差」。若該差距超過公司可忍受的範圍，該員工便需接受訓練或發展。

另外一種方式是從員工平常執行的業務內容來看，並將其所有工作內容依重要性排列，然後依據此重要性排列來檢視是否應對員工加強訓練或發展，使工作績效能夠提升。這種方法可使得最重要但從績效評比來看不緊急的項目，受到重視而排定訓練發展，而且此法常可找出訓練發展的關鍵項目為何。

（三）個人分析

個人分析（Personal Analysis）又稱為績效分析（Performance Analysis），此法主要用於發覺個人績效有顯著差異時，而此差異可經由訓練或發展來加以解決者，便設定訓練發展目標及方式來修正此一差異。透過個人分析決定訓練發展需求，可由回答下列幾個問題來進行：

1. 先決定組織績效的差異是否顯著？

    組織的績效落差可利用同業指標來決定，例如一般銀行的延滯率為 6% 到 7%，而本銀行為 9%；所有超商的商品周轉率為 57%，又本商店僅有 42%。

2. 檢視組織績效落差是否為造成員工績效落差擴大的主因，以及解決這些落差是否划算？

    換言之，即考慮效益／成本的比率為何？例如發現顧客忠誠度低，是因為服務人員態度不佳，而顧客忠誠度低將對利潤造成負面影響，又改善服務態度，僅需占利潤的微小比率，故組織可由此資訊決定訓練發展需求。

3. 此組織或員工落差是否可經由訓練或發展而加以改善？

    有些績效不彰是因為外部環境的因素，如經濟不景氣，導致商店績效較低，即使訓練發展也無法改善或改善成效不顯著。

4. 是否有比訓練發展更好的方式，可用來解決績效不彰的問題？

    是原先的獎酬制度有問題？抑或是標準設定有誤？此時對症下藥，往往比訓練發展更有效。

綜言之,「組織分析」適用於企業內部整體面需求的確立;「工作分析」與「個人分析」則適用於單位與員工個人訓練發展需求的決定;三者雖環環相扣,然唯有經此三種角度的分析,才能有效評估訓練發展需求的工作。

二、設定教育訓練發展目標

教育訓練發展需求的分析不僅可決定是否有此需求,也可經由分析發現教育訓練發展所欲達成的目標。通常決定教育訓練發展需求後,須考量企業的政策、成本、時間及人員接受訓練或發展的動機,而後設定教育訓練發展目標。教育訓練發展目標的設定要考慮 SMART 原則,即目標要有特定性(Specific)、可衡量性(Measurable)、可達成性(Attainable)、實際性(Realistic)及時效性(Timing)。

企業要達成營業目標或在惡劣的競爭環境中生存,必須擬訂、執行一套完整可行的教育訓練計畫。

三、執行教育訓練發展計畫

有了教育訓練發展目標、受訓對象、及訓練發展政策後,接下來便需擬訂教育訓練發展計畫,用以決定訓練發展方式、種類,進而規劃訓練發展課程。大多數的教育訓練或發展計畫都包含課程設計、講師、講義,甚至後續服務如評估及諮詢等。教育訓練或發展計畫除了要符合訓練發展目標及訓練發展需求外,尚須考慮下列因素:

(一)成本

此項考慮需要與教育訓練或發展後達成的效益一起考量。有些企業將教育訓練發展視為投資,對教育訓練發展成本有較大的彈性;而有些企業受限於預算及高階主管對教育訓練發展的態度,則對成本要求較嚴。對於教育訓練發展計畫來說,應先了解教育訓練發展預算的上限及高階主管的態度,將教育訓練發展計畫的所有子項目費用列出,以免因預算的問題使得整個計畫停擺。

(二)課程及教材

此一評估要件在於課程是否有效度,即衡量課程內容可否達成教育訓練或發展目標?課程是否有理論根據?內容是否符合邏輯?是否與時俱進,能讓學員輕易吸收?而講義也要考慮學員的閱讀習慣及印製的清晰。

（三）講師

講師可分為內部及外部講師。內部講師的缺點在於素質及教學效果比較參差不齊，且可能欠缺理論基礎，其優點在於了解企業的情形，對於實務工作熟悉度高；外部講師的優點則是熟悉理論與教學技巧，但常有課程內容不能符合企業實務需求的現象。

（四）對組織的相容性

教育訓練或發展課程要與組織文化及氣候相容。教育訓練發展課程若和既有組織文化相衝突，容易引起員工的不信任並降低學習效果。可以參考以前的教育訓練發展課程或對教育訓練發展對象進行問卷調查，以決定課程是否適合該組織文化。

（五）學以致用

員工上過教育訓練或發展課程後，是否能將所學到的知識或技巧用於其工作實務上，是所謂的學習移轉效果，也是教育訓練發展過程中最重要的考量（圖 8-4）。

圖 8-4　員工可以透過教育訓練活動的課程，將所學的知識應用在工作上

（六）學習原則

由於企業的教育訓練發展是針對已成年的員工，故視為成人教育的一種。成人教育所需注意的學習原則和一般學生的學習原則略有差異，企業教育訓練或發展須把握以下的學習原則：

1. 課程設計應採理解大於記憶的原則。
2. 須切實可用的實務案例，以引發受訓者的興趣。
3. 必須和以往的經驗相連結。
4. 雙向溝通，尊重受訓者的意見。

四、實施教育訓練發展評估

一個良好的教育訓練或發展計畫，必須考慮到評估教育訓練發展成效，而評估的方法是依據教育訓練發展需求分析及教育訓練發展目標來決定。一般而言，多元評估準則較切實際，對每個準則給予不同的權數，而且最好請課程設計者，及具有實務經驗的主管檢視過這些準則較為恰當。

8-1

如何進行有效的教育訓練？＜系列報導之 1 ＞

方法 1：釐清訓練是否有效益

人力資源管理過程中，有四大重點，如選才、育才、用才及留才四大目標，其中育才是四大重點之一，本個案系列將介紹「育才」的做法供讀者參考。大家都知道教育訓練員工是公司經營過程中，不可忽略的重要人才培育工作，人力資源部門的主管及管理師，應常常思考「到底哪一種教育訓練才有效益？」。在各種不同的觀光產業中，很多部屬可能認為教育訓練不見得需要，甚至當事人對教育訓練採取「消極被動應對」的態度，當接受教育訓練之後，表面上看起來很樂於接受訓練，行為上卻什麼都沒有改變，更有的人直接挑明部屬不需要協助。當人力資源部管理師在規劃教育訓練時，要時時記住史丹佛商學院教育訓練專家巴帝斯塔特別提到的：「好的教育訓練是一個動態的過程」，教育訓練中必需要不斷地針對員工的狀態和反應去調整，若一心一意進行你自己認為有效益的訓練方式，不一定適合對方」（圖 8-5）。以上建議，很值得人力資源部工作夥伴，大家一起來思考並重視。

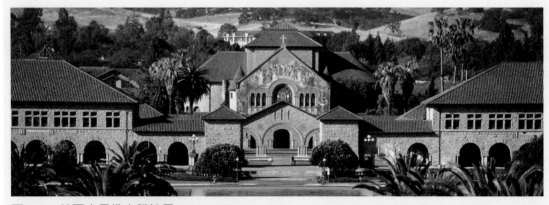

圖 8-5　美國史丹佛大學校景

（參閱：陳婷詒，2014/10/1，天下雜誌（557 期），110 頁）

8-2　觀光人力資源教育訓練的方式

　　人力資源（員工）教育訓練的方式很多，大致上可歸納為在職教育訓練與職外教育訓練兩大類。

一、在職教育訓練

　　在職教育訓練是最常被使用的訓練方法，因為其具有簡單方便及成本較低的優點。在職教育訓練使員工可以在實際的工作情境中邊學邊做，對於那些無法模擬或事先觀摩的工作而言，在職教育訓練是很重要的。代表性的方式有：工作指導教育訓練及學徒制教育訓練。

（一）工作指導教育訓練

　　工作指導教育訓練（Job Instruction Training）早在 1940 年代就已出現，為了使監督者易於教育訓練技工而發展的系統性在職教育訓練途徑。此法被證實相當有效且被廣為應用，其含有四個基本的步驟：

1. 告知受訓者與工作有關的資訊並解決他們所面臨的不確定性，以使受訓者對完成工作有所準備。
2. 提出指導，將相關的基本資料以清楚的方式呈現。
3. 令受訓者嘗試工作的執行以評估其對工作的了解。
4. 由受訓者自行執行工作，並告知可給予協助的人選。

（二）學徒制教育訓練

　　採學徒制教育訓練（Apprenticeship Training）方案的主要理由在於，假定受訓者若欲成為某一領域的專家，則其所需的知識和技術是非常複雜且非短期可以學會，所以需要長時間的教育訓練。除了此一理由外，學徒制教育訓練也因其長時性而具有阻礙新手進入就業市場，以及保持專業人員高薪資的功能。

二、職外教育訓練

　　職外訓練代表性的方式有：研討或會議、電視影片、模擬練習及程式化教育等。

（一）研討或會議

　　研討或會議（Discussion or Conferences）主要是用來傳遞特定的資訊，如規則、程序或方法，藉著聲光圖片的輔助可以使研討或會議較為有效，且可釐清爭議點並提高效果（圖 8-6）。

圖 8-6　利用研討會提升人員在職教育的訓練

（二）電視影片

不管是由管理顧問公司製作或由企業組織自行錄製，錄影帶均可呈現出其他訓練技術所無法傳遞的資訊。在一般情況下，研討或會議會可與電視影片（Television and Films）配合來使用。

（三）模擬練習

任何將員工置於與實際工作場所類似的人為環境中所實施的訓練，均可視為是「模擬練習（Simulation Practicing）」；模擬包含有個案研究（Case Study）、體驗性練習（Experiential Exercise）、以電腦為基礎的訓練（Complex Computer Based Training, CBT）以及走廊訓練（Aisle Training）。

個案研究（Case Study）可以對員工於工作中所可能面臨的特定問題呈現深度的描述，於個案研討中，員工嘗試去發現問題、分析原因、評估行動的可能結果，並決定所應採取的最佳行動。

體驗性練習是屬於邊做邊學、為時甚短且結構化的學習經驗；以衝突處理的學習為例，體驗性練習可能會創造一個衝突的情境使員工置身其中，並由員工自行尋找解決方案，於練習結束之後，訓練者會就練習中所發生的問題加以討論，並介紹理論概念以使員工有更清楚的了解。

CBT 藉著將工作實際情況（Reality of Job）程式化以模擬工作環境，其最常被使用於飛航訓練。電腦模擬重要的工作面向，並允許受訓者於一個沒有風險但高成本的場域

學習，以避免於真實情境中受訓所可能引起的危險。CBT 模擬訓練的成本是相當昂貴的，唯有當方案能被模式化且參訓者為數眾多，再加以從工作中學習的成本可能非常高昂時，CBT 的價值才會突顯出來。

　　走廊訓練是指員工於非實際的工作場所學習工作所需使用之器具操作。通常在複雜、多流程的作業線較可能採用此訓練方法，此訓練方法所需的成本並不低，但因為可以允許員工於沒有壓力的情形下熟稔工作，並且將訓練移轉所可能產生的問題降至最低，因此，仍為相當受到重視的訓練方式。

（四）程式化教育（或稱數位化教育）

　　程式化教育（Programmed Instruction）可以程式測驗、目錄或錄影帶播放等方式進行，所有的程式教育途徑均會將所需學習的素材濃縮成高度結構化、有邏輯順序的形式，並且要求受訓者對其有所回應。典型的程式教育會提供立即的反饋資訊，告知受訓者其行為的對錯，例如：電腦輔助教學（Computer-Assisted Instruction, CAI）及線上學習（E-Learning）等軟體所附的教學程式，即為教育程式的一種。

　　隨著科技的進步，我們可以預期程式教育將逐漸成為訓練方法的主流，「互動式影碟（Interactive Video Disks, IVD）」與「擬真（Virtual Reality）」即為其中最引人注目的兩種趨勢。IVD 正如其名稱所意指的，允許使用者與個人電腦進行互動，此種設計可促使受訓者即時感受到決策後的結果。在美國有很多大企業如 IBM 等，均已開始使用IVD。事實上，全美大約有 60％的公司採用 IVD 訓練員工，而其中應用最多的則為數學、人際關係以及行銷等領域。

擬真於企業的教育訓練方法中算是相當新的技術；擬真系統藉著將不同的訊息傳遞至受訓者的腦中以模擬真正的情境，此種精密的模擬允許受訓者與其環境互動並產生身歷其境的感受。雖然擬真系統的發展潛力是可預期的，但就現階段的發展來看，其成本仍是非常的高，因此除了少數非常大的組織或極端複雜的工作之外，全面採用模擬真教育訓練的企業仍為少數。網路及雲端、物聯網（互聯網）進步，觀光企業的教育訓練方式亦會慢慢改變（圖 8-7）。

圖 8-7　科技的進步，讓許多員工可藉由數位學習增進職場技能

如何進行有效的教育訓練？＜系列報導之 2 ＞

方法 2：了解員工為什麼拒絕訓練

　　若教育訓練是必要的，而員工卻沒有願意接受這些的成長教育訓練計畫，身為一位觀光人的人力資源管理師，要如何處理呢？依據史丹佛學院講師巴帝斯塔的建議：「找出員工抗拒的原因，可以邀請員工一起思考，提供方向，避免封閉式規劃教育訓練的內涵。」一般員工會認為，員工可以自行調教，不用大費周章來安排教育訓練課，還是照樣往上晉升或達到業績的要求，這些員工的初淺意見，其實是值得人力資源部管理師深思為何要拒絕訓練的地方。人力資源部同仁不妨可以嘗試問員工：「人力資源部注意到你幾次延遲了我們的教育訓練活動，我很喜歡跟你一起工作；所以，人資部可以做什麼來幫助你呢？或是讓你更舒服地解決工作上的問題？」若人力資源部管理師採用非批評的口吻及互動方式，去理解員工背後的真正原因，相信會更有機會來進行有效教育訓練的活動，盼人資部管理師能多用心來幫助員工吧！

（參閱：陳婷誼，2014/10/1，天下雜誌（557 期），110 頁）

8-3　觀光人力資源發展的方式

一、在職發展

　　一般運用於企業在職發展的方式有：教練制、候補指派、工作輪調、委員會等。

（一）教練制

　　當一位資深員工扮演積極指導其他員工角色以助其發展時，我們稱此為「教練制（Coaching）」。正如同棒球教練觀察、分析與企圖增進其隊員的績效一般，工作上的「教練」亦從事類似的活動。有效率的教練不管是在棒球場或在企業中均能透過指導、建議、批評、以及勸告等過程來幫助員工成長。

　　教練制具有邊做邊學的優點，尤其是具有與高層互動與立即反饋的功能，但是，其亦有以下兩項嚴重的問題：

1. 傾向於維持組織的現狀；
2. 高度依賴教練的指導能力，問題在於並非每一個優秀的員工均能成爲好的教練。

（二）候補指派

假期通常是組織大量起用候補人員以代替正式人員的旺季。經由「候補指派（Understudy Assignment）」可以賦予那些具有潛力的員工體驗代理其上司或協助上司完成工作的經驗，並藉機學習。然而，並非每一個組織或職位均會採行候補指派制，因爲有時候正式人員可能會感受到威脅，除非這些資深的員工能夠認知己身的升調有賴於存在合適的接班人。雖然被指派爲工作候補者有機會可以了解整個工作，但是在代理工作期間有可能會產生嚴重的缺失，因此，常經由延遲決策（等待正式員工返回）或向同層級的人員諮詢等方法解決。

（三）工作輪調

工作輪調（Job Rotation）可使員工儘量的接觸與擔任組織中的不同工作以增加其技術、知識和能力。工作輪調可以區分成「水平輪調」與「垂直輪調」，垂直輪調即爲職位的升調，在此所探討的是以水平輪調爲主。工作輪調有助於增進員工對公司運作的了解，並使專才變成通才；除了增加員工個人的經驗、汲取新知之外，工作輪調亦能降低員工重複同一工作的枯燥感並刺激其創意的產生，同時也可提供上司對員工廣泛評估的機會。

大致來說，水平工作輪調可從以下兩個方面著手：

1. 以計畫爲基礎，藉著兩至三個月的方案發展員工的某一項活動之後，再轉換至其他工作上。
2. 以情境爲基礎，藉著使員工於不同的活動中輪調，直至其熟悉該項工作或能符合工作需求爲止。

在大型組織中，接受管理才能發展方案的員工通常會於業務工作與幕僚工作之間持續輪調，且通常與候補指派制一起採用。雖然工作輪調具有許多優點，但是其亦有限制性；此可區分成三點來看：

1. 當員工輪調至新職位時，可能會有因對新工作不熟悉而產生效率低落，與其於原有工作所能創造之效率不復存在而雙重損失。
2. 大規模的工作輪調可能因爲員工於新職位上所需的知識不足而產生嚴重的錯誤。
3. 工作輪調對於某些意欲成爲某一職位之專家的員工而言，可能會有反激勵的效果。

（四）委員會

　　將員工指派至不同委員會（Committee）的發展方式可以提供員工分享決策機會，此主要是透過觀察及調查組織的問題而達成的；當委員會是特別成立或具臨時性質時，其通常是為了解決特定問題、確定備選方案、推薦執行方案而設立的，這些臨時性的指派和活動將促成員工的成長。

二、職外發展

　　常用於觀光企業職外發展的方式有：敏感性訓練、心理互動分析、模擬練習（個案研究、決策賽局、角色扮演）及評價中心（籃中練習、群體討論會、企業競賽）等。

（一）敏感性訓練

　　敏感性訓練（Sensitivity Training）於 1950 年代是非常受歡迎的發展方法，其主要是透過團隊過程來改變個人行為。團體成員被聚集在自由、開放、非結構性的環境中討論自己以及與其他人互動的過程，並藉由行為科學專家來促進成員間的互動過程，專家的主要功能在於創造使參與者表達想法、關懷、信念、以及態度的機會。敏感性訓練的目的在提供管理者對其自身行為有所知覺，及了解他人對其行為的看法，以及增加對他人行為的敏感度及互動過程的深入了解，培養「感同身受」的能力、傾聽的技巧、更多的開放性、及對他人差異性的容忍與解決問題的能力。

（二）心理互動分析

　　心理互動分析（Transactional Analysis，TA）是一種兼具界定和分析人際關係與人格特質理論的溝通互動途徑；其理論基礎在於個人特質的三種原我（Ego）狀態：

1. 父母（Parent）狀態：是由那些與外在來源一致的個人態度和行為所組成的；它是處於一種權威和監督的原我狀態，通常會表現出支配、責備、及其他權威性的行為。

2. 孩童（Child）狀態：包含了嬰兒所具有的天性，時而可愛時而令人生氣，是憑感覺行事的。

3. 成人（Adult）狀態：為客觀、理性的；其可以客觀的蒐集資訊，分析問題，經過邏輯思考判斷之後再做決定。因此，在大部分的情況下，理想的互動應該是依循著成人式的原我狀態行事較為適當。

　　TA 的課程被許多組織採行，例如美國航空公司（American Airlines）、美國銀行（Bank of America）、西屋電器（Westing House）、紐約銀行（Bank of New York）等。雖然無

具體的研究成果可以支持 TA 的效果，但其仍受到一般大眾的喜愛，而 TA 的經驗或許真的有助於管理者了解他人並改變對他人行為的反應以產生更有效的結果。

正式的演講課程提供個人獲取知識、發展概念、培養分析能力的機會；在較大的組織中，這些演講課程或許是由組織內部自行提供的，或者由外面的大學所提供。較小的組織則通常會利用大專院校中的發展方案，或透過諮詢組織的課程。此外，大專院校也會針對組織的特定需求開設特別的課程。

（三）模擬練習

模擬練習（Simulation Practicing）在員工發展的應用上是非常普遍的，其中最受歡迎的技術有個案研究（Case Study）、將個人置於解決管理問題角色的決策賽局（Decision Game）以及角色扮演（Role Playing）。

1. 個案研究：取材自實際的組織經驗，詳細的描述管理者所面臨的問題，受訓者則經由研究個案找出問題癥結、分析原因、發展可能的備選方案，並選擇最佳的方案據以執行。藉著個案研究可以刺激參與者的討論並促進員工分析、判斷與論證的能力，對於增進員工於有限資訊下做決策的能力培養是很有效的方法。

2. 模擬的決策賽局：賽局，通常以電腦程式的方式呈現，並提供個人決策及思考決策後果的機會。

3. 角色扮演：允許參與者解決問題並與實際的人互動，參與者被指定扮演特定的角色，且被要求做出其所扮演角色應有的行為。

模擬練習的優點在於提供與實際場所類似的練習環境，而可以免除於真實情境下所可能有的風險。但其最大的限制亦在此，於模擬的環境中，壓力與決策風險是無法複製的，因此，模擬練習與實際決策環境仍有相當差距。

（四）評價中心

評價中心（Assessment Center）使用許多技巧，例如「籃中練習（In-Basket Exercise）」，設計一些與工作行為相似的狀況或問題，寫在紙上並置於籃中，然後由申請者在有限時間內決定其重要順序，有時申請者需寫出可能採取的行動反應。

另一項是「無領導者群體討論會（Leaderless Group Discussion, LGD）」及「企業競賽（Business Games）」，在 IBM 的評價中心，參加者首先對晉升的資格做 5 分鐘的口頭報告，然後參加群體討論，每一個人必須和其他參與者討論以保護自己的論點，由評

估者評定每一位參與者的推銷能力、口頭溝通技巧、自信、努力程度、人際能力、進取心等。這種方法可成為管理績效的有用指標，為企業廣泛使用。「企業競賽」或稱「管理競賽（Management Games）」比籃中練習做更多的事，在一個「生活」的情況，個人必須遵守競賽規則並做決策。

籃中練習、群體討論和企業競賽常被一起使用，在受評者結束這些方案後，評價中心的評估者共同討論受評者所表現的組織、規劃、分析、決策、溝通、人際關係、引導等能力，以評估其未來晉升的潛能。從這些方案中協助決定組織的發展需求，同時也決定目前的甄選及配置。

8-3

如何進行有效的教育訓練？＜系列報導之 3 ＞

方法 3：清楚說明教育訓練的目標，不要拐彎抹角

當人力資源部管理師在擬定教育訓練時，要有清楚的目標，並誠實說明為什麼要提供這樣的訓練，明確表達公司的教育訓練目標。史丹佛學院人力資源師巴帝斯塔建議：「人資部管理師需要明白指出，為什麼公司要員工有某方面的能力？且要員工有創新改變的時機時，公司的目標與意圖是什麼？若有含糊不清，員工只會把焦點放在僅精進既有行為之上，卻不知為何而做。如果有此現象，會製造員工不必要的焦慮」。就下列案例說明如下：有人力資源部管理師，可以對員工很坦白地說：「我很看重你，希望幫助你達成今年的業績目標」，或是「我想訓練你主持會議能力，成為有效率的管理者」。從上述案例，一位人資部管理師，是可以透過方法來提高教育訓練效益的，要說明清楚教育訓練的目標，讓員工更有意識地訂出一起努力的目的，不只是被動地接受人資部管理師的想法，而是真正可以貫徹公司的使命與願景，達到真正有效的教育訓練。

（參閱：陳諍諂，2014/10/1，天下雜誌（557 期），111 頁）

8-4　教育訓練與發展的評估

實施人力資源（員工）教育訓練發展評估，可以協助企業決策單位了解教育訓練發展的效果，作為人力資源管理的重要依據及下次實施員工訓練發展的參考。

一、教育訓練發展效果的實驗設計

要評估學習效果就必須比較學習前後學習者的改變情形。其中包括衡量標準的選定、衡量方法及衡量的時間。

（一）衡量的標準

事實上，在訓練發展方案決定時，訓練或發展的目標就已經設定。只是在這個評估階段，這些目標應比較具體切實，如員工的單位產量、意外事件的次數等。

（二）衡量的方法

筆試可以測驗知識是否獲得；態度量表可以檢驗態度的改變；工作樣本（Work Sample Test）可以檢定技術的高低；行為改變可透過績效評估來確定；企業整體目標的達成也可用生產力、生產報告、單位成本、離職率來衡量。

（三）衡量的時間

訓練發展即在改變學習者，要衡量改變就要有時間先後之分，也就是訓練或發展前後的不同。在知識和技術取得上，衡量時間的差距小，學習者在學習前和學習結束後立刻有測驗檢定。但行為、態度的改變或是企業整體目標的完成，在前後的衡量時間差距就比較長。不管時間長短，比較訓練發展前後的衡量結果，是唯一檢定訓練發展效果的方法。

二、訓練發展的效果衡量

有了衡量標準和方法，並在不同時間衡量學習者的改變，我們應進一步詢問，這個改變是不是訓練或發展的結果還是其他因素所引起的。圖 8-8 說明了教育訓練發展控制衡量差異的重要性及其方法。

實驗方法	需要組數		實驗過程		
1.訓練發展前後衡量	1		X_1	T	X_2
2.時間序列	1		X_1X_2	T	X_3X_4
3.訓練發展前後控制	2	(R)	X_1	T	X_3
		(R)	X_2		X_4
4.時間序列控制	2	(R)	X_1X_2	T	X_5X_6
		(R)	X_3X_4		X_7X_8
5.訓練發展後控制	2	(R)		T	X_1
		(R)			X_2
6.所羅門四組	4	(R)	X_1	T	X_3
		(R)	X_2		X_4
		(R)		T	X_5
		(R)			X_6

T：訓練　　1,2,3,..6：時間順序
X：衡量　　R：隨機抽樣

圖 8-8　教育訓練發展效果衡量的實驗設計

（一）教育訓練發展前後衡量

這是最普通的做法，只要 X_1 和 X_2 之間有顯著不同，就證明教育訓練發展有效。

（二）時間序列

這種設計將時間因素列入考慮，學習者本身可能就在改變，不管其是否接受教育訓練或發展，所以在教育訓練發展前後多做幾次衡量，只要發現教育訓練發展前的變化和教育訓練發展後的變化兩者差異顯著，這項教育訓練或發展就有效。在這個例子中，X_1 和 X_2 之間的差異是教育訓練發展前的，X_3 和 X_4 之間的差異是教育訓練發展後的，這兩個差異之間應有不同，才能證明教育訓練或發展有效。

（三）教育訓練發展前後控制

有時候改變是全面性的，接受教育訓練發展的在改變，沒有接受教育訓練發展的也在改變。所以在方案設計上分成兩組，都是隨機抽樣選出來的，證明這兩組原先並無特定差異。一組是控制組（對照組），另一組是實驗組，在教育訓練發展過程中，只有實驗組接受教育訓練發展，控制組則無。所以當只有實驗組改變時，而控制組仍和以往一樣沒有改變，受訓者的改變顯然是訓練或發展所造成的。

（四）時間序列控制

這是時間因素和控制因素的綜合設計。由於有控制因素，所以有兩組，一組為控制組（對照組），一組為實驗組。兩組的產生照樣是以隨機抽樣方式進行，只有實驗組接受教育訓練發展，控制組則沒有。當實驗組在教育訓練發展前後有明顯差異，而控制組仍然沒有差異時，教育訓練或發展的效果就可以證明了。換句話說，X_1 和 X_2 之間的差異和 X_5 和 X_6 之間的差異相比時，若兩個差異有區別，就表示實驗組有教育訓練發展前後的差異；若 X_3 和 X_4 之間的差異與 X_7 和 X_8 之間的差異不顯著時，就表示控制組沒有變化，也只有在這兩個組的條件都成立時，這個教育訓練或發展才算真正有效。

（五）教育訓練發展後控制

有時候測驗衡量本身有瑕疵，使接受測驗的人員在接受第一次測驗後更能應付相類似的測驗，這就像模擬考試一般，有增進應付測驗的能力。為了避免這種不良效果，測驗衡量並不在訓練發展前進行，而只是在教育訓練發展後才加以測驗。為了要證明教育訓練或發展有效，必須有兩組加以比較，所以若接受教育訓練發展的實驗組比沒有接受教育訓練發展的控制組要好，那就表示教育訓練或發展有效。

（六）所羅門四組

所羅門（Solomon）四組是綜合教育訓練發展前後的衡量控制方法，是第三種和第五種的混合設計，其主要目的仍然在提高一項教育訓練或發展有效性的衡量精確程度。

首先在所羅門四個組別中，每個都是經由隨機抽樣決定的，所以，每組都有代表性，也可以相互比較。其中兩組為實驗組，在教育訓練發展前後均接受衡量；另外兩組為控制組（對照組），只有在實驗組接受訓練發展後，與實驗組同時接受衡量。如果實驗組的成績比控制組好，這證明教育訓練或發展很有可能是有效的；如果實驗兩組之間成績相當，而控制兩組之間的成績也是不分上下，那麼證明測驗衡量並沒有瑕疵，測驗本身並沒有影響測驗的成績。所以，所羅門四組的目的不止在檢定教育訓練或發展的效果，也在預防測驗的瑕疵。

三、教育訓練發展的具體績效評估

對於教育訓練發展的績效評估，其直接效果和間接效果的測定方法，依柯克派屈克（D. L.Kirkpatrick）四階段基準大致可分為，簡單而主觀的感想調查方式，及客觀而可計量的測定方式。其評估程序與其間的相互關係如圖 8-9 所示。

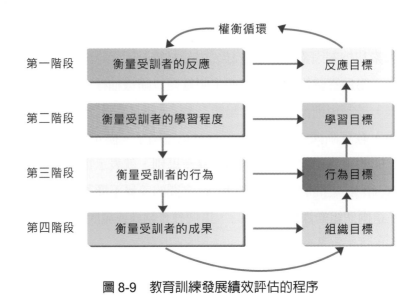

圖 8-9　教育訓練發展績效評估的程序

　　在上述四階段的測定與評估，經常被使用的方法有問卷法、測試法、績效考核法、現場成果測定法與經營綜合評估法。如表 8-1，第一階段的反應測定常利用問卷法；第二階段的學習測定有測試法；第三階段的行為測定有績效考核法；第四階段的成果測定則利用現場成果測定法及經營綜合評估法。

表 8-1　教育訓練發展的評估方法

階段	評估基準	評估方法
第一階段	反應	問卷法
第二階段	學習	測試法
第三階段	行為	績效考核法
第四階段	成果	現場成果測定法、經營綜合評估法

（一）對反應的問卷法

　　本方法是純粹就詢問受訓者的意見加以分析，普通是先擬訂意見調查問卷的項目，以無記名方式掌握受訓者的反應。本方法的好處在於所費不多而容易獲得所需的資料，但若僅使用本項方法則難以了解受訓者對課程喜好程度意見的正確性，而且也容易產生偏見。

因此，為期有效的進行成果評估，對於調查的反應要有系統的加以分析；也就是在調查問卷內的問題以外之意見，儘量包含能夠圖表化或定量化的形式；同時，為期補充受訓者之反應意見，應該由其上司、訓練負責人及專家共同組成各項活動的評估會議，以使評估工作更為客觀而有效。

另外，為了能夠量化的問卷設計，在其製作過程中，應考慮以下的原則及步驟：

1. 確定自己所需要蒐集的資料是什麼？
2. 將前項所需要的資料開列清單。
3. 設計表格，使學員的「反應」能夠量化。
4. 表格不記名，以便獲得誠實的反應。
5. 鼓勵學員除表格所列項目外，儘量提供其他意見。

（二）對學習的測試法

教育訓練發展效果的學習測試較反應測試為困難，因此對於評估方法的設計、所獲資料的分析、結果的解釋及測試等許多問題均應特別注意。學習成果測試包括在教室乃至現場的面談法、成績測試法以及筆試測試法等方式。

成績測試法主要是為了掌握受訓者對所教授的技能及技術的學習程度，而在教室或工作現場實地演練的一種方法。筆試主要是為了解受訓者對所教授的原則及事實等理論和知識的學習程度，而舉行的一種筆試測驗法。另外，為了解受訓者的態度及思考方式，則可利用直接面談方式。

要測試學員所學習的效果，有幾個原則性的問題須加以注意：

1. 測試的內容應在學習範圍內，廣泛的分布，不要只集中在某部分。
2. 比較訓練或發展前後的狀況，以便決定有多少的學習與該訓練發展活動有關。
3. 如果辦得到，可以利用如前所述的控制組（或稱對照組，未接受訓練或發展者）與實驗組相比較。
4. 評估的結果應利用統計的方法加以分析，才能達到客觀的衡量，並提高信度與效度。

（三）對行為的績效考核法

本項方法主要是評估個人在執行職務上的行為變化，是一種比較長期觀點的測定方式。訓練或發展活動結束後，若要評估受訓者在其執行職務上的行為變化，由負責教育訓練發展的人員整天在工作場所觀察其行為並不可行，事實上也是不可能的。一般是掌

握該人或其上司、部屬、同事以及組織上的績效考核法，對受訓者在職務執行上行為變化的評估值，加以研究、分析。

教育訓練或發展之後的績效考核應該在教育訓練發展結束後三個月以內實施，以了解教育訓練或發展所學到的原理技術，是否用在實際工作上。評估的方式可運用控制組（對照組）與實驗組，將受訓者與未受訓者加以衡量，以確知其教育訓練發展後在工作態度上的改變，並了解其潛力之發揮及對事情的看法。

（四）對結果的現場測定法和經營綜合評估法

透過教育訓練發展，對經營成果具體而直接的貢獻可從離職率降低、成本的遞減、效率的改進、產品品質與產量的提高，及士氣的提升等來測定。其常被使用的方法大體上可以列出下列四種：

1. 前後比較法：訓練或發展前後的變化或工作績效，在同一基準上加以比較，以評估成功與否。惟比較這些成果時，必須注意所謂的「變數的分離」，也就是必須確定造成成果改善的資料，有多少是由於教育訓練或發展而得，有多少應歸於其他因素。

2. 實驗比較法：同性質的兩個組中，其中一組施以教育訓練發展；另一組不加以訓練發展，最後比較兩者的成果，以觀察兩組間的差異。

3. 預測與實際比較法：將預測的成果與實際成果加以比較，然後再分析其差異以測定成果的方法。

4. 平均比較法：相同的內容，反覆施教於不同的對象，將評估對象的成果與平均水準加以比較，便可知道其效果的差異。

評估方法如上所述有許多種，但為期能提高評估的信賴度及可靠性，若能同時使用多種方法進行評估，效果會更好。

四、提出教育訓練發展評估報告

對於教育訓練或發展計畫評估報告的撰寫，必須注意以下幾點：

1. 提出合理的解釋及論點來支持評估者的觀點，並儘量以客觀數據表示。

2. 指出結論資料的來源及評估方法，使被評估的員工能心服口服，並作為其日後改進的依據。

3. 提供一些決策工具，使核可評估結果的主管可以對評估所做的建議予以裁決。

4. 對於成本效益評估報告，應儘量以平易近人的方式使人理解。

8-4

如何進行有效的教育訓練？＜系列報導之 4 ＞

方法 4：肯定員工的表現，建立信任

　　員工接受公司的教育訓練或調教時，人資部的管理員應趁這個機會來肯定員工的表現及學習成果。一般而言，實施教育訓練或調教員工，有些員工會有一種想法：由於教育訓練或調教，是讓員工暴露自己的弱項和不足，因此，管理師需要獲得員工的信任，才能讓整個教育訓練活動能成功與順利，而建立員工與人資部的互信與情誼。教育訓練有時會增加公司帶人的挑戰，例如懲罰，尤其對於平日表現平穩的員工，像是額外的要求和變革等都是。在進行教育訓練時要特別注意「肯定員工的表現」，表揚員工的配合與貢獻，時時培養大家的互信程度。另一細節是，人資部教育訓練與調教活動，必須注意員工評量成績的保密工作，若在某些場合發現有員工互相談論員工自己的表現成績，可能會對彼此的調教工作（或教育訓練工作）有所質疑，而產生一絲絲員工對公司（或管理師）的信任度變動。

　　另一個建立信任的方式，建議公司訓練部門有寬容的做法，畢竟訓練成效不太可能達到預期成果的 100％，鼓勵員工與寬容，應成為教育訓練的重點。因此，史丹佛學院人力資源講師巴帝斯塔建議：「教育訓練活動是引導員工以理性的方式分析挫折和失敗成因，讓員工有機會從『做中學習』成長。」。

（參閱：陳靖諮，2014/10/1，天下雜誌（557 期），111 頁）

8-5　觀光人力資源的生涯發展

　　人力資源的（職業）生涯發展，如同教育訓練與發展一般，都是人力資源發展（Human Resource Development, HRD）的要素（見本書第 1 章），也是人力資源管理的重要項目。其目的在於謀求員工長期的生涯效能及發展，進而達成企業組織人力資源的永續管理。本節就人力資源的職業生涯發展，做一概念性的探討。

一、職業生涯發展階段

職業生涯發展一般可分為四個階段：（1）探索階段；（2）確立階段；（3）維護階段；（4）衰落階段。如圖 8-10 所示，分別敘述如下：

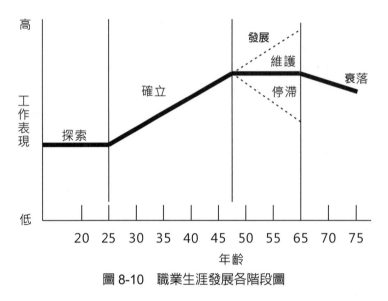

圖 8-10　職業生涯發展各階段圖

（一）探索階段

探索階段（Exploration）包括從完成學業到尋找工作的這一個時期。在此期間，員工力圖平衡其個人的需要、能力以及特長和組織要求之間的關係。這個探索時期通常還包括工作初期的數個月，員工才能判斷出自己的工作選擇是否正確。

（二）確立階段

在確立階段（Establishment），員工已熟悉基本工作環境和組織要求，也努力在工作中實現自身的價值。同時，這也是組織評價員工長期價值的階段。

（三）維護階段

到了維護階段（Maintenance），員工已學會如何來保護自己，他們常想有所作為，但往往困難重重。如果確實難以施展抱負，他們就會另找工作。在此期間，員工的表現各不相同，有的繼續奮發上進，也有的消沉退卻。然而，這階段最嚴重的問題是忽視員工的時間和精力，從而產生資源浪費。

（四）衰落階段

最後的衰落階段（Decline），員工已準備退休。然而，生理上的年齡常常並不完全影響員工的精神狀況。因此，員工所作的努力也有可能遠超過企業所期望的。

整個過程中，員工會不時的為自己提出有關他現有職業階段的一些問題，而問題的性質和範圍大小，通常取決於職業的不同階段，如表 8-2 所列。

表 8-2　各職業階段的主要特徵

年齡組	職業階段	評估方法
15-22	探索	尋求合適的職業、接受適當的教育
22-30	初期職業：嘗試	找到一份工作，按管理要求和日常工作規範來調整自己。
30-38	初期職業：確立	選擇專業工作並擔起責任、工作的調動和提升，為企業和自己的前途努力。
38-45	中期職業：發展	把自己前途與企業命運緊緊結合在一起，選擇職業軌道（如技術類或管理類工作）。
45-55	中期職業：維護	成為企業有用之才，不再多負責任。
55-62	後期職業：停滯	培養下級人員，協助決定企業的未來發展方向，對付下屬對職位的挑戰。
62-70	後期職業：衰落	計畫退休，開創新的生活，因工作負擔小和權力變小而調整自己。

二、職業生涯規劃和發展

人力資源職業生涯規劃和發展的內容包括：職業生涯諮商、職業發展途徑、職業信息體系、人力資源規劃及人力培訓等。

（一）職業生涯諮商

通過集體或個人的商議，員工們將得到關於組織中的所有就業機會指導，以及任何可利用這些機會的一些獨特技巧。

（二）職業發展途徑

一些組織為使其員工有更好的發展前途，把富有經驗的員工提升至更高的職位。通過這種提拔方式，員工可以充分發揮現有的工作技巧及學習新的工作技巧，這樣做無論對員工或是企業的長期發展都是極有利的。

（三）職業信息體系

組織毫不保留的公布新工作機會以便員工提出申請，在某種程度上，可以用電腦規劃組織整體工作機會，使員工比較容易獲得職業信息。

（四）人力資源規劃

許多企業應用電腦索引技術來發展每個員工的特長。如此一來，一旦有了工作機會就能迅速找到具有一定特長的員工（例如：誰會講法語？誰具備 MBA 學位？）在某些系統中甚至規定，要提升一個經理人員必須證明他在培訓其下屬方面具有特殊的成績。

（五）人力培訓

高層次的人力培訓有利於員工的職業發展，培訓可於組織內部或外部進行，培訓內容可由企業決策單位開會討論或委託管理顧問公司制定。無論如何，企業花費巨大的投資來進行職業發展活動，是為了使企業能夠獲得長期性的最大收益（圖 8-11）。

圖 8-11　各企業公司到附近學校辦理徵才活動

1. 觀光企業應辦理人力教育訓練與發展的理由有：（1）雇用的初次工作者能力不一定足夠；（2）社會與科技改變必須要有新的技能；（3）組織需要新的科技重新設計工作或發展新產品。

2. 觀光企業教育訓練與發展的一般程序包括：決定教育訓練發展需求、設定教育訓練發展目標、執行教育訓練發展計畫及實施教育訓練發展評估。

3. 教育訓練發展需求可從組織分析、工作分析及個人分析等三方面來著手。

4. 執行觀光企業的教育訓練發展計畫，要考慮下列因素：成本、課程及教材、講師、對觀光組織的相容性，學以致用及學習原則等。

5. 在職教育訓練主要有：工作指導教育訓練及學徒制教育訓練；職外教育訓練包括：研討或會議、電視影片、模擬練習及程式化教育等。

6. 觀光人力資源發展分有：在職發展及職外發展；在職發展的方式包括：教練制、候補指派、工作輪調及委員會方式；又觀光企業的職外發展方式有：敏感性訓練、心理互動分析、模擬練習（個案研究、決策賽局、角色扮演）及評價中心（籃中練習、群體討論及企業競賽）等。

7. 教育訓練與發展的評估，應有下列方式：教育訓練發展效果的實驗設計、教育訓練發展的效果衡量、教育訓練發展的具體績效評估及提出教育訓練發展評估報告。

8. 職業生涯發展一般可分為四個階段：（1）探索階段；（2）確立階段；（3）維護階段；（4）衰落階段。

個案教學設計

1. 請同學應用手邊電腦（含平板電腦）或智慧型手機，來查閱南投鹿谷鄉溪頭米堤大飯店及行政院勞動部勞動人發展署的官網資料，了解官網的現況資訊。（約 10 分鐘）

2. 請同學再一起閱讀本章的四則人力資源故事集。了解「如何進行有效的教育訓練？」的小個案內涵。（約 8 分鐘）

3. 請兩位同學依據官網資料，介紹米堤大飯店有關人力資源教育訓練方面的特色。（約 6 分鐘）

4. 請兩位同學依據官網資料，介紹行政院勞動部勞動力發展署有關人力資源教育訓練方面的特色。（約 6 分鐘）

5. 請四位同學依據「如何進行有效的教育訓練？」四則小個案，來介紹其重點。（約 12 分鐘）

6. 教師講評與分享心得。（約 8 分鐘）

建議：以上個案活動設計，總共需應用一節課（50 分鐘）來實施。

問題討論

1. 介紹米堤飯店與晶華飯店有關人力資源教育訓練的故事。

2. 說明教育訓練與發展的一般程序。

3. 你認為一家觀光企業應如何進行有效的教育訓練？

4. 討論觀光人力資源教育訓練的方式。

5. 介紹觀光企業員工職外教育訓練。

6. 介紹觀光企業可以進行的員工在職及職外發展方式。

7. 說明模擬練習的方法有哪些？

8. 觀光企業可用的教育訓練與發展評估方法有哪些？

9. 觀光人力資源的生涯發展有哪些階段？

第 9 章

觀光人力資源的績效管理

學習重點

1. 了解觀光人力資源績效評估的程序

2. 探討觀光人力資源績效評估的方法

3. 分析實施觀光人力資源績效評估所面臨
的問題

人力資源
停看聽

雄獅旅遊打造具有企劃能力的人力資源，讓營收績效提升

　　臺灣旅遊界標竿公司—雄獅旅遊，自 1977 年成立至今，已有 38 年歷史，員工約 2,800 人，是「臺灣最大的上市旅行社」（圖 9-1）。王總經理自 2009 年決定：公司一定要善用人力資源管理，來強化營運績效，並開始進行組織改造，建構標準化、企劃、營運的三大組織架構，讓雄獅設立企劃本部，串聯三大事業群（旅行社、欣傳媒及雄獅運通），努力建立企劃人員的參謀制度四力：第一力為資訊掌管、第二力為知識管理、第三力為人力資源管理、第四力是財務控管。在每一事業群設立經營企劃處，讓每位高階主管都配有企劃的四個參謀力，由專職人員負責該部門的各項策略分析，大大提高主管的決策品質。雄獅旅遊建立企劃人力資源，經過五年來的努力，不僅找到對的人力來執行，更讓制度動起來，這些工作皆由企劃本部陳副總負責，應用參謀四力，讓雄獅總部建立起一支龐大的企劃幕僚團隊，全公司愈來愈多主管運用參謀制度的四力功能，來進行各項決策工作，也讓公司在營收上五年翻倍：這證明了建立參謀制度的人力資源企劃人才功能之展現，也是人力資源管理的創新與突破。

圖 9-1　雄獅旅遊實體店逐年擴增，提升營收績效

（參閱：天下雜誌 559 期，2014/10/29，江逸之撰）

　　績效管理源自 19 世紀初，為 Scotland 的紡織工廠主人 Robert Owen 所創，他以記事簿（Character Book）來記錄員工每日的勤務狀況，並以顏色來表示其工作成績。1917 年由史考特（Walter Dill Scott）導入於美國陸軍，到 1919 年才開始應用於民間企業，對計時性的工作，應用績效評估制度以核算工人的工資，並於 1923 年在美國公務機關實施，至 1950 年代大為盛行，被列入企業員工管理發展方案的一部分。

　　績效管理為人力資源管理的主要環節，其與甄選、任用、薪給、獎懲及異動等相互為用，如果績效評估制度不健全，其他人力資源管理工作亦難奏效。故欲健全人力資源管理制度，則須求績效評估制度的完善及合理化，建立客觀而公平的評估標準。

　　組織的生產力表現在管理技術、資本和人力資源的結果上，而觀光人力資源對組織生產力的影響，是以衡量員工工作進行所得的結果來表示。透過這種對員工工作結果的評估，可以獎勵對組織生產力有貢獻的員工，同時也可以激勵員工，或者作為員工訓練發展的憑據。因此，績效評估分為兩個層次：（1）觀光員工的績效評估；（2）觀光界組織的績效評估。前者在建立對員工的回饋系統，使員工了解自己過去的工作結果，並設定未來績效目標；後者是評估觀光界組織的整體績效，透過建立組織的管理資訊系統，設定組織中、長程目標，據此協助設定員工個人的績效目標，而經由員工個人績效目標的達成，可提高組織生產力，並達成整體目標。故員工的績效評估正是組織績效評估的基礎，兩者關係密切。本書僅就員工的績效評估，來加以討論。

9-1　績效評估的程序

　　評估的程序一般而言分為三個步驟：界定工作、評估績效及提供回饋。「界定工作」亦即上司與部屬確認工作內容及評估標準；「評估績效」意指將實際績效與評估標準作一比較；「提供回饋」則是指績效評估通常需要多次的回饋會議，討論部屬的績效進步情形，並擬訂應採行的修正措施，如圖 9-2 所示。

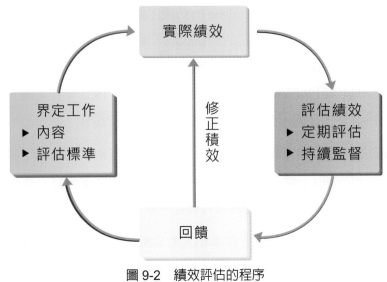

圖 9-2　績效評估的程序

　　為使績效評估做到公平，並提高員工工作效率及士氣，除了採取有效的評估方式外，也可參酌以下的程序來進行：

一、成立考績評審委員會

　　考績評審委員會視企業組織員工人數的多寡，設置委員若干人，委員應就企業內部主管與資深績優的工作管理人員，以及員工代表來組成委員會。其任務為：

（一）訂定評估標準

　　考績評審委員會首先應訂定評估項目及記分標準。其項目以品德、才能、學識及體格為對人的評估標準，以工作表現為對事的評估標準，再綜合人與事的評估項目。

　　例如財團法人臺中世界貿易中心員工考績的項目有：

1.工作效率。
2.工作品質。
3.工作數量。
4.主動合作。
5.協調聯繫。
6.勤勉負責。
7.忠誠廉正。

8.學識技能。
9.研究創新。
10.成本效益。
11.表達能力。
12.性情。
13.體能耐力。

（二）各單位員工考績的覆核

員工考績經各單位主管初步審核後，應送考績評審委員會覆核，考績評審委員會的決議可以變更各單位主管的初步審核結果，但爲了考績的公平、公正起見，考績評審委員會於會前，應作深入的了解，以便發掘是否有欠妥之處。

（三）考績複審案件的受理

考績經事業首長核定後，應通知當事人。當事人若對於評估結果不服時，得以書面提出複審，考績評審委員會應予受理，複審爲有理由者，應予更正評估結果。複審無理由者則予以駁回，維持原議。

（四）改進評估辦法的建議

企業組織所採行的評估辦法，如果有改進的必要時，評審委員會可以提出具體的意見，簽請事業首長核定後，予以改進原訂的辦法。

二、進行評估工作

（一）填寫考績表

由人事單位填寫員工考績表（績效評估表）的基本資料，送各部門主管或評估人員評分。

（二）逐級評估

考績應由直屬主管（評估人員）逐級評估，或由各級主管研商決定，因爲愈基層的主管，愈能了解員工的工作情況，所以除非基層主管（評估人員）的評估有欠公平、公正，否則應尊重基層主管（評估人員）的績效評估成績。

三、考績委員會的評審

由各單位主管初步審核後的員工考績，應送請評審委員會一一複核評審，經過考績委員會過濾後，將使員工的考績更趨於公平、公正。

四、首長的核定

員工的考績，由單位主管一一評審後，最後的核定權則由事業首長來核定，例如總經理由董事長核定，副總經理以下員工，則由總經理核定；也有些工廠的最後核定權操之在廠長。首長對評審委員會的決議，應予尊重，如有異議，可交還考績評審委員會覆議，以昭愼重，但最後核定權操之在首長。

五、公布評估結果

評估結果經首長核定後即為定案，並應以書面通知當事人；當事人如有異議時，應於規定的時間內提起複審。評估人員在考績表內應註明列舉優劣事實，以示客觀、公正。

六、考績的複審

員工接到評估結果通知後，如有異議，可以書面說明理由，並列舉事實，向考績評審委員會提出複審。評審委員會應指定委員詳加分析研判，再提交委員會討論，如認為申覆無理由，簽請事首長核可後維持原議；如有理由，則簽請首長核可後，變更原決議，以還給員工公道。

七、評估結果的執行

員工的考績經核定後，應即依評估結果，予以如下回饋，以激勵員工：

（一）作為晉級、加薪依據

員工的薪酬並非每人的數目相同，表現優者，繼續晉級加薪，表現劣者不予晉級加薪，甚或降級減薪。因此，表現優者薪酬將高於表現劣者，也唯有如此才能激勵優秀員工工作情緒。

（二）作為升遷調職的依據

員工的升遷，考績應作為重要參考，優良者才予以晉升；另外，員工遷調也須參考考績，例如某單位欲遴選一位現職優秀人員來承辦某項業務，就必須參考擬任人員過去的績效評估（考核）成績。

（三）發給獎金的依據

考績優良者，發給考績獎金，予以激勵並慰其辛勤。例如考績甲等發 1 個月獎金，考績乙等發給半個月獎金，又如年終發放紅利或其他獎金，有時也依據考績等次，決定發放數目的多寡。

（四）接受表揚的依據

公司定期舉辦資深績優人員表揚，或選拔模範員工，必須依據考績。例如規定接受服務滿 25 年的資深績優人員，必須最近五年考績，有三年以上為甲等，兩年為乙等，或者四年為甲等，一年為乙等，由公司依實際的狀況來訂定（圖 9-3）。

圖 9-3 員工接受公開表揚以激勵員工

9-1

讓產學合作方式培育觀光人才，是最有績效的觀光人資管理

新竹仰德高中與新竹國賓飯店攜手合作，培育飯店人才，特別用心。2015年仰德高中特別建設「國賓大飯店實習旅館」，特別國賓副品牌 amba 兩家新的飯店培育至少 500 人以上的人才。

依據國賓的許董事長育瑞指出，發展觀光餐旅服務業為臺灣未來的職場主流（圖 9-4）。仰德高中董事長林興國特

圖 9-4 新竹仰德高中實習旅館

別介紹仰德高中新建設實習旅館，具有完全模擬五星級國賓飯店格局，內部配置包含大廳、櫃台、服務中心、行李房、客房、中西式餐廳等。櫃檯作業系統與國賓飯店完全相同，實習旅館內另設有教學平臺與空間，可進行實務教學，同時引進國賓師資與課程，讓產學無縫接軌，培育學生職場就業高度競爭力。仰德高中也相當重視觀光人的人文素養教育，特別重視校園創意設計，在設計中以「人格、知識、技藝」為學校教育核心，建構有實際績效的產學合作方式來培育觀光人才。同時擴大與大學觀光餐旅系合作，包括：明新科大、中華大學、臺北城市科大及中國科大等學校策略聯盟；創造學生、學校及產業界三贏的機會，達成「升學接力、就業接軌」的目標。

（參閱黃冠穎，經濟日報，2014/8/22，B7 版）

9-2　績效評估的方法

　　觀光企業人力資源部門或單位可考慮組織的人力資源狀況，建立一套完整可行的「人力資源績效評估標準」來進行評估工作，常用的員工績效評估方法有：

一、依據過去導向的績效評估

　　以過去導向為基礎的績效評估方法，有分類法、分階法、圖表評估尺度、查核清單評估法、重要事件法及行為定位比例量表等。

（一）分類法

　　分類法（Classification Method）是最簡單且最容易執行的績效評估方法，其形式如表 9-1。

表 9-1　分類法

項目	特殊	優越	優良	尚可	不可
（1）工作數量法					
（2）工作品質					
（3）合作性					
（4）一般執行工作概況					

　　分類法評估僅能將員工考績分作幾類，如高或低、殊異、優越、優良、尚可、不可等。

（二）分階法

　　分階法（Ranking Method）是將一群員工以等次的順序排列。分階法有三種：直線分階、選擇分階及配對比較。

1. 直線分階法（Straight Ranking）：乃評估者將所要評估的一群員工，依序列出名次。所列出的名次即為員工對公司的貢獻程度，其不同的考績依序，能成為激勵員工上進的工具。

2. 選擇分階法（Alternative Ranking）：即從員工名冊中，挑出最優的幾個及最劣的幾個後；這群員工就成為三組依序的成績群：最好的、普通的、最差的。這種方法非常簡單，但對激勵員工上進，卻不如直線分階法有效。

3. 配對比較法（Paired Comparison Method）：如圖 9-5，將所要接受評估的員工，每次僅比對兩個，到所有員工都配對比較後，選出最優及最劣的依序。假如評估者僅評估 1、20 個員工時，是很簡單的；但是員工人數增加到 5、60 人時，則配對比較的工作較為麻煩。配對比較的次數公式為：N（N-1）／ 2；若員工 30 人，其配對比較次數為：30‧（29）／ 2 ＝ 435 次。

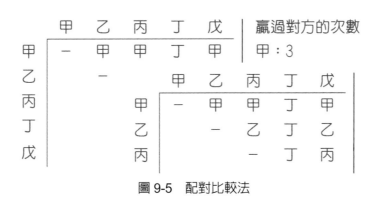

圖 9-5　配對比較法

（三）圖表評估尺度

圖表評估尺度（Graphic Rating Scales）較上述各種方法突出，原因是這種尺度一方面能量度與工作有關的人格因素；另一方面量度與工作執行有關的行為因素。其尺度模式如表 9-2 所示。

圖表評估尺度在衡量基層員工方面，以工作數量、工作品質、合作程度、工作知識、可靠性、創造性及一般執行工作概況為主。而在衡量管理人員方面，以領導、溝通、計畫、授權、關心員工、創新能力、心智能力、工作知識等為主。不論對員工或管理人員的考評，再加上儀表、智力、統配、侵略性、成就慾、態度、守時及清潔等人格因素。所以圖表評估尺度的內涵，相當能涵蓋與企業組織有直接關係的工作因素和人格因素。

圖表核評估尺度的優點乃容易使用，容易建立尺度，容易計算積分。缺點在於各評估項目能否代表組織績效，且在組織績效中所占比重不易識別。

表 9-2　圖表評估尺度

評估項目	5	4	3	2	1
（1）工作數量					
（2）工作品質					
（3）工作可靠性					
（4）工作判斷力					
（5）工作態度					
（6）工作了解					
（7）合作程度					
（8）未來成長與抱負					
（9）工作完成情況					

*5：殊異占 5%、4：優越占 10%、3：標準占 70%、2：低於標準占 10%、1：最低占 5%

（四）查核清單評估法

　　在查核清單評估法（Checklist Appraisal）中，評估者使用行為描述的清單，並查核那些發生於員工身上的行為，如表 9-3 所示，評估者填答這些表列，對每一個問題選擇是或否。

　　通常查核清單是由人力資源部門人員負責完成而非管理階層的人員。評分者並沒有實際評估員工的績效，而僅是記錄而已。人力資源部門的分析人員對查核表上的每一項，按其重要性與情節輕重，分別給予不同的配分比重。最後將評估的結果，提供給管理者作為與屬下討論，或對屬下回饋之用。

　　查核清單的結果亦可能有某些偏差，因為評分者可能加入了自己的偏見。而從成本的觀點看來，這個評估法可能因要適用組織中各種不同種類的工作而難以發揮其有效性；因為要為不同工作而分別發展不同的查核清單，實在耗費成本。

表 9-3 查核清單評估表

姓名		職等		職稱		到職日期	年　月　日	服務單位	
評估時間	自　　年　　月　　日至　　年　　月　　日								

評估項目	是	否
（1）他對自己的工作效率感到滿足嗎？		
（2）他對自己的工作品質意識了解嗎？		
（3）他對自己的工作數量滿意嗎？		
（4）他會與同事主動合作嗎？		
（5）他會積極與同事做協調聯繫工作嗎？		
（6）他對工作能勤勉負責嗎？		
（7）他對公司及上司是否忠誠？		
（8）他具備足夠的工作學識與技術能力嗎？		
（9）他具備研究創新的知識嗎？		
（10）他對成本效益是否有觀念？		
（11）他對工作的意見表達能力受到別人肯定嗎？		
（12）他的性情溫和、理性受到別人尊敬嗎？		
（13）他的工作體能耐力足以勝任工作嗎？		
評　語	總　分	
評估者	評估日期	

（五）重要事件法

重要事件法（Critical Incident Method）的工作績效評估方式，是由主管將每位下屬在某些工作方面不尋常的成功或失敗事件與例子記錄下來。這些事件以日記或週記的形式，記錄在一個預先選定的類目表上（計畫、決定、人際關係、報告的書寫）。最後的成績評估，則由一系列關於員工各方面表現的描述性短評或紀錄所組成，如表 9-4。

表 9-4 重要事件評估

姓名		職等		職稱		到職日期	年 月 日		服務單位	
評估時間		自 年 月 日至 年 月 日								
評估項目									是	否
優良事蹟				不當事件						
日期	項目			日期	項目					
7/1	規劃商情服務獲得良好評價。 改善工作法促進管理電腦化之進益。			7/8 7/15	下班後未將電腦關機。 工作協調不佳，造成工作失誤。					
7/6	颱風來襲，勤勉負責，減少公司受損，精神可嘉。				: : :					
7/31	: : :									
評 語				總 分						
評估者				評估日期						

　　重要事件法提供了有效而直接的信息，使主管和下屬可以討論某一特殊事件，這樣就產生了高品質的信息。然而因為數據有限，很難用這種方法來決定職務的升降和工資的水準。由於這種方法能產生一些高品質的信息，一些公司已經將這種方法與定量方法結合起來使用，如評估指標，以便為員工提供各種不同的回饋信息。

（六）行為定位比例量表

　　行為定位比例量表（Behaviorally-Anchored Rating Scales, BARS）為學界認為較能達到詳細評估的方法，如圖 9-6 所示。評估者是根據員工工作上實際表現的行為，在量表的連續性項目上勾選或評分。BARS 評估法的信念，是來自於每個工作的實際行為，而使測量免於誤差並增加可信賴度，但這種期望卻由於偏離方法論上的小心謹慎（非觀念上的不足）與太耗時而難以達到。

　　BARS 評估法兼具明確的、可觀察與可測量的工作行為之特點，要求參與者針對工作上每一績效面向，提供特定的有效與無效之工作行為的案例；這些行為的例子將轉換為適當的績效面向，作為評估參考變項。而這些緣於例外行為觀察的變項具有對某項行

為高度認同性，且係由統計上的高或然率而構成，具有績效層面指標作用，因此有「定位」的功能。這些評估過程兼具了行為的描述，如參與、計畫、執行、解決立即問題、實現交付任務與掌握立即情境等。

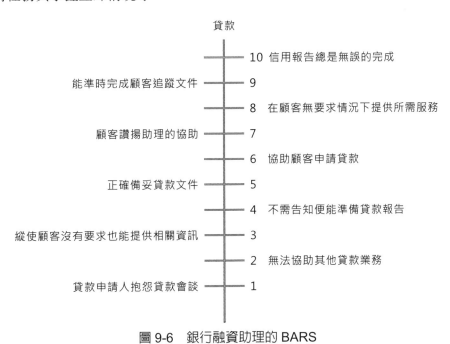

圖 9-6　銀行融資助理的 BARS

二、未來導向的績效評估方法

未來導向評估法乃是將評估的重點放在未來員工潛力的發揮，或是設定未來的績效目標。未來導向的評估法，主要有目標管理法、評價中心法及 360 度回饋。

（一）目標管理法

目標管理法（Management By Objective，MBO）是評估（評價）那些從事明確數量、產值工作員工的一種常用方法，為彼得‧杜拉克（Peter Drucker）於 1954 年所提出。其強調目標的重要，藉由配合組織系統將公司整體目標逐次轉變為各階層單位的目標，建立 一個目標體系，最後導成具體化的行動。

在目標管理中，每個員工和他們的管理者一起建立將在下一年度中負責完成的目標。這些目標用清晰的語言來說明，並且與包含在員工所完成工作中的任務有密切聯繫。表 9-5 中所列舉的例子是一位銷售代表的各項目標，在一段特定的時間內，員工的工作成績與已經制定的目標相比較來評估其實現的程度。

表 9-5　關於銷售代理的 MBO 評估（評價）報告例

目標	計畫	實際工作表現	實際與計畫的比值
（1）銷售訂單數量	40	38	95%
（2）新接觸的顧客數量	10	10	100%
（3）顧客抱怨次數	5	10	50%
（4）產品＃1 的數量	10,000 單位	11,000 單位	110%
（5）產品＃2 的數量	15,000 單位	14,000 單位	93%
（6）產品＃3 的數量	25,000 單位	30,000 單位	120%

　　目標管理的幾個優點是顯而易見的。這包括制定較優良計畫的能力；由於能夠預見結果而得以改進激勵措施；基於工作效果而非個性所做出的更合理的評估方法，透過員工的參與，而改進了評估的工作；並且提高了如聆聽、勸告和評估等方面的管理技巧。然而，目標管理由於在要求品質目標的時候過分強調數量性目標，並且經常造成過多的書面報告，而受到了批評。它也很難比較員工之間的工作成績水平，因為大多數人要完成的目標是不同的。

（二）評價中心法

　　評價中心法（Assessment Center）是一種比較新的績效評估方法，這種方法是上述幾種評估方法中比較獨特的一種。因為這種方法更注重員工未來對組織的潛在貢獻，而不只是過去一年中的工作成績，它之所以獨特是因為這種方法幾乎可以被全部管理人員所使用。

　　評價中心法是由一系列評價複合行為投入的標準化方法所組成。在二到三天中，訓練有素的觀察者，對參加發展訓練員工的管理模擬行為做出判斷。這些訓練由「籃中練習（In-Basket Exercise）」、「角色扮演（Role Playing）」和案例分析，及個人觀點和心理測驗等組成。表 9-6 是一個關於評價中心法的例子。

表 9-6　二日評價中心法時間表

	第一天	第二天	
08：00—09：00A.M.	訓練說明	08：00—10：30A.M.	
09：00—10：30A.M.	心理測驗	10：30—10：45A.M.	
10：30—10：45A.M.	咖啡時間	10：45—12：30A.M.	
10：45—12：30A.M.	管理模擬活動	12：30—13：30A.M.	
12：30—13：30A.M.	午餐	13：30—15：15A.M.	
13：30—15：15A.M.	個人決策練習時間	15：15—15：30A.M.	
15：15—15：30A.M.	咖啡時間	15：30—16：30A.M.	
15：30—16：30A.M.	會見評估者		

9

　　在這些練習的基礎上，有經驗的觀察家們對員工在組織中的未來管理潛力作評判。具體的說，能得到有關員工的如下信息：同事間關係、交際能力、創造力、解決問題的技巧、對壓力和模糊狀態的忍受力及計畫能力等。這項技術在美國的一些大公司中已成功的應用，包括 AT&T 公司、IBM 公司、通用電器公司等。

（三）360 度回饋

　　另一項新趨勢是 360 度回饋（360-Degree Feedback）評估法，即公司各階層的員工由其上司、自己本身、部屬、同事以及客戶來做績效評估。傳統組織績效評估的進行都是由主管對其部屬做評估（上對下），但是這種績效評估的結果卻無法使人滿意。由主管所進行的績效評估，往往不重視行為過程而只重視行為的結果，而且經常是主觀的憑印象判斷與評價。近年來，有一些企業運用了同事及部屬評比介入技術（Intervention）以改進此一傳統制度的缺點，其中「360 度回饋工具（360-Degree Feedback Instrument）」最為人力資源管理學者所注意。此種工具強調回饋的重要性，它的價值是在其所提供的資訊是多重來源的：上司、同事、部屬、客戶及他們自己。主張提供多重資訊回饋來源的學者強調回饋的內容須與工作相關，員工對績效評估才會有正面的反應。

克萊斯勒汽車公司的反向（下對上）績效評估制度便是 360 度回饋的一種方式，其他如杜邦公司與迪士尼公司也都採用 360 度回饋。這樣的做法，可以使員工因為獲得更多資訊而更了解自己的行為，並針對自己的能力設定未來的目標，自我要求、自我發展。所以 360 度回饋，雖參酌過去工作的軌跡，然而其主要目的卻是針對未來的績效做一比較性的評估。

9-3　績效評估實施面臨的問題

績效評估因係對組織成員的工作成果，做一考核評鑑，並作為人力資源管理決策的依據，例如加減薪、發放紅利、升遷、調職、訓練發展，甚至於裁員的重要依據；也是企業控制員工行為的一個重要手段。雖然有多種績效評估的方法可供企業來做選擇，然而問題的徵結在於人力資源是否可以完全予以客觀的「量化」；也正因如此，在績效評估的實施上面臨了以下的一些問題：

一、暈輪錯誤和退縮錯誤

「暈輪錯誤（Halo Error）」是指評估者原應評估所有的績效構面，但是有時候被評估者在某一績效構面有特別傑出的表現時，常會影響評估者對其他績效構面產生了較佳的評估結果。暈輪錯誤的相反現象是「退縮錯誤（Horn Error）」，即某一構面表現不佳，影響其他績效的正面評價。

例如某位員工的人際關係奇佳，給予評估者非常良好的印象，則該名員工的工作態度、工作成效等相關的績效評估項目，分數（或等第）也會相對提高。

二、二極化和集中傾向

「二極化傾向（Max-Min Tendency）」指評估者對被評估者的某些項目，給予極高或極低的評價。如此一來，績效評估的結果將造成很大的誤差與不公平的現象。而有「集中傾向（Centralization Tendency）」的評估者，則完全秉持「中庸」的態度，通常不願做出極端的評價，而給予不高不低的評分，使每個員工的差距不太顯著，導致失去了績效評估的意義。

三、接近錯誤和推理錯誤

「接近錯誤（Proximity Error）」指評估者在評估員工的績效時，易受被評估者最近表現中，印象最深刻的某一工作表現的影響；也就是說，評估者常以員工最近的工作表現作為評定的基礎，而忽略過去的表現。

「推理錯誤（Logical Error）」指評估者誤認評估要素的特質有其相關性，而高估了其間的實質關係。例如認為具有良好工作知識者，就一定也具有一般常識、警覺性和記憶力等心理條件。

除了上述的幾種問題之外，在評估的過程中，評估者應將自己的主觀因素（喜好或偏見）予以排除；儘量使整個績效評估的過程透明化，以求公平、公正。

9

喬山為全球健康休閒器材相關，也為人資績效管理用心

臺灣喬山健康科技近幾年快速崛起，成為亞洲最大的健身器材集團，董事長羅崑泉獨創的「開紅單」制度，結合立即獎勵的「海豚理論」，棒子、胡蘿蔔雙管齊下，讓目標管理變得活潑又有效率，成為喬山的核心競爭優勢（圖9-7）。

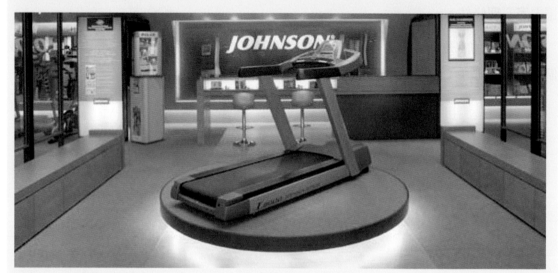

圖9-7　臺灣喬山公司的產品

臺灣喬山健康科技集團每年創造更好的營收，全球排名前四名，在近年來屢次達標，挑戰營收10億元以上，與世界第一名的ICON公司互相媲美。

喬山近幾年積極推動國際化，目前擁有3家美國行銷公司，遍及全球近百國的經銷商與服務網；四個國際化自有品牌Johnson、Vision、Horizon及Matrix，使得產品銷售涵蓋四個不同市場領域，大小通吃。

1. 喬山提升人資績效，進行兩岸分工，更有競爭力

羅董事長崑泉表示，喬山擁有兩岸分工的製造優勢，臺灣製造少量多樣的高單價產品，大陸製造大量經濟型產品，並配合全球倉儲配銷系統，使得喬山較全球前10大公司同級產品，成本平均低20%，產品更有競爭力。

（續下頁）

（承上頁）

活潑有效率的目標管理，更是喬山的核心競爭優勢。羅崑泉認為，企業要永續經營的首要策略，就是訂定明確的經營理念與紮實的企業文化，公司上下有了依循的標竿後，再要求 100% 落實實行，就能達成預訂的目標。羅董事長回憶英國教育家杜威說過的一句話：「給我一打健壯的孩子，我可以教育他們成為律師、醫生、企業家；也可以訓練他們成為小偷、強盜、甚至殺人犯」。羅董事長相信「每個人都是可以被塑造的」。他想到，孫子兵法將兵分兩種，一種是正兵，必須經過正規訓練；另一種是奇兵，必須先建立紀律，策略才能獲得有效發揮。

這樣的軍隊管理理論，被運用到喬山的企業經營策略上。羅董事長強調效率來自紀律，紀律則是來自於管理，不論學生學習、軍隊打仗或是企業經營，都是如此。

2. 舉辦員工考試，錯了要補考

在喬山，絕對講求紀律，公司的經營理念與企業文化均有明文規定，每個條文各有說明。羅董事長要求基層員工背標題，班長以上幹部、包括各行銷公司總經理，則是全部背下來，每半年定期考試，一個字都不能錯，錯了要補考，直到全對為止。

實際參訪喬山的辦公室或工廠生產線，每個環節都訂有標準作業流程，物品擺放也有定位，甚至以相片作為憑證，一切按圖作業，嚴格要求，使得行政作業或生產線出錯的機會大幅減少。

喬山還訂有一套獨創的「開紅單」制度，就跟警察開交通違規罰單一樣，每天各部門都實施自主點檢與查核，只要有違規或異常事項，立刻開「紅單」，扣除績效獎金 1,500 元，並連坐三級，作業員被開紅單，班長、組長跟著受罰。

3. 特別重視績效評估，讓績效獎金，比月薪還高

有棒子，當然也要有胡蘿蔔。喬山採行立即獎勵制度，製造工廠稅後盈餘 20% 提列為員工績效獎金，行銷公司則是 15%，每月結算、次月發放。以美國 Vision 行銷公司為例，上月盈餘 30.7 萬美元，50 幾名員工最高分到 8.3 萬美元，最低也有 1,500 美元獎金。

羅董事長說，這套立即獎勵的「海豚理論」，主要因為有一回羅董事長帶孫女到基隆看海豚表演，發現每當海豚做出完美動作後，馬上就有魚吃，這點給他很大的啟發。在喬山，常有員工拿到的績效獎金，比月薪還高。

（續下頁）

（承上頁）

　　喬山的目標管理，執行相當透徹。總管理處平時扮演統計、分析、拍手、鼓勵與給獎金的角色；集團並推動「看板競賽」，每年、每季、每月、每週、每天都有報表在看板上公布，隨時檢討目標達成情形。

　　喬山現在全球有近 3,000 名員工，羅崑泉始終堅持，透過明確的經營理念與企業文化，可以成功塑造員工的人格特質，立下前進的目標，公司才有可能長治久安。所以難怪，喬山近幾年可以在競爭激烈的全球市場中，迅速嶄露頭角。

（參閱：宋健生，經濟日報，2004/12/15）

1. 績效管理為人力資源管理的主要環節，其與甄選、任用、薪給、獎懲及異動等相互為用，如果績效評估制度不健全，其他人力資源管理工作亦難奏效。故欲健全人力資源管理制度，則須求績效評估制度的完善及合理化，建立客觀而公平的評估標準。

2. 評估的程序一般而言分為三個步驟：界定工作、評估績效及提供回饋。

3. 為使績效評估做到公平，且提高員工工作效率及士氣，除了採取有效的評估方式外，可參酌以下的程序來進行：成立考績評審委員會、進行評估工作、考績委員會的評審、首長的核定、公布評估結果、考績的複審、評估結果的執行。

4. 以過去導向為基礎的績效評估方法，有分類法、分階法、圖表評估尺度、查核清單評估法、重要事件法及行為定位比例量表等。

5. 未來導向的評估法，主要有目標管理法、評價中心法及 360 度回饋。

6. 「目標管理」為彼得・杜拉克（Peter Drucker）於 1954 年所提出。其強調目標的重要，藉由配合組織系統將公司整體目標逐次轉變為各階層單位的目標，建立一個目標體系，最後導成具體化的行動。

7. 在績效評估的實施上面臨了以下問題：暈輪錯誤和退縮錯誤、二極化和集中傾向、接近錯誤和推理錯誤。

本章練習 LEARNING PRACTICE

個案教學設計

1. 請同學應用手邊的電腦或智慧型手機,整理其查閱雄獅旅遊及喬山健康科技(Johnson)的官網,匯整其特色及資料,並給予重點式筆記,特別在公司經營特色及人力資源管理方式。(約 12 分鐘)

2. 請同學再次閱讀本章的人力資源停看聽,談人資的內容(雄獅旅遊的故事)及喬山健康科技的個案內容,並以銜接重點式筆記。(約 8 分鐘)

3. 請兩位同學針對雄獅旅遊的經營特色加以介紹,尤其在人力資源的應用;在近五年的企劃人力策略為何?(約 10 分鐘)

4. 請兩位同學針對喬山健康科技公司創辦人羅董事長,在人力資源績效管理用心的做法及公司成功經營的秘訣做說明。(約 10 分鐘)

5. 教師針對同學報告的內容給予講評,並分析雄獅旅遊及喬山公司在人力資源管理提升績效的做法。(約 10 分鐘)

建議:以上個案活動設計,總共需應用一節課(50 分鐘)來實施。

問題討論

1. 簡要說明績效評估的程序。
2. 說明績效評估的方法有哪些?
3. 簡要說明績效評估實施可能面臨的問題。

10章

觀光人力資源的維持管理

本章大綱 ///

10-1 薪資管理
10-2 福利與獎懲制度
10-3 勞資關係

學習重點 ///

1. 了解觀光企業薪資管理的原則與獎懲制度的內容。
2. 探討觀光企業之福利與獎懲制度內涵
3. 有關觀光企業勞資關係的分析

極高獎賞方式是最佳維持管理嗎？

有一個短片故事，在描述一位英明的領導人在世時經營公司的做法，經過在場的貴賓看過，有不少貴賓不約而同的認為：「只有這種英明的創辦人，敢大方地用極高的獎賞吸引頂尖人才加入團隊，不但創造了世界級的公司，更在這些菁英團隊的帶領下，把產品持續推到世界的舞台上大放光明。」其次，影片也提到：「因為這些頂尖人才的掌權，員工的代價是必須受主管無理的要求及情緒性的謾罵，並承擔績效不佳就得走人的壓力，以及會因團隊間相互競爭的衝突和長時間缺乏休息，所產生的身心疲勞及過勞現象」。

從上述創辦人的短片故事，我們認為極高獎賞的方式是維持管理的一種方式，但不一定是最好的方法（圖 10-1）。在一種管理制度，一定會「有捨有得」；故事中用極高獎賞範圍內的人或行為。這些皆值得觀光企業的創辦人及高階主管來思考：「到底哪一種獎勵方式才是最佳的維持管理呢？」

圖 10-1　主管頒發獎金給優秀員工

（參閱：經濟日報，2015/1/21，A22 版，刑憲生撰）

一般觀光企業組織爲了留住人才、激發員工士氣，非常重視人力資源的維持管理。其內涵包括：薪資管理、福利與獎懲制度及勞資關係等三大部分。

10-1　薪資管理

　　一般的觀光企業員工工作的主要目的，除了滿足其成就感之外，就是獲得報酬，也就是「薪資」。員工在獲得薪資時，會以其本身的學歷、能力、技術、經驗等，與同儕（公司內部或外部相似行業）做一個比較，比較的結果一旦令其認為不合理，往往就會降低其在組織中的工作意願與士氣，因而降低其工作績效，甚至於俟機「跳槽」。薪資管理的目標就是在設計一個具有吸引力、激勵性、公平性與符合成本效益的薪資結構。

一、薪資管理的原則

　　企業在規劃及執行薪資管理時，必須要注意下列幾項原則：

（一）相對比較原則

　　如前所述，企業員工會針對本身的條件（學歷、能力、技術、經驗等）來與企業內部的其他同儕，以及企業外部類似行業的同級員工的薪資，作一個相對性的比較，如圖 10-2 所示。

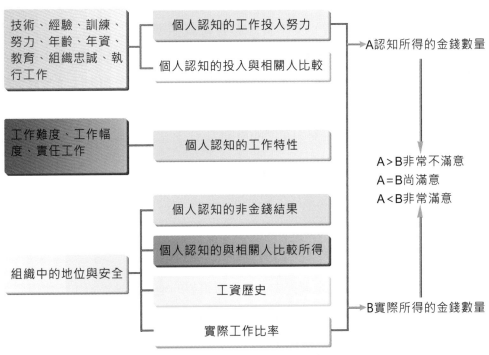

圖 10-2　薪資滿意或不滿意的決定因素圖

比較的結果，如果令其感到滿意，會增進其工作意願及工作士氣，並可增加其工作績效及創造力；如果令其感到不滿意，人力資源管理決策單位應設法加以處理，尋求解決之道，否則將產生嚴重的後果，對企業的人力資源管理影響甚鉅（圖 10-3）。

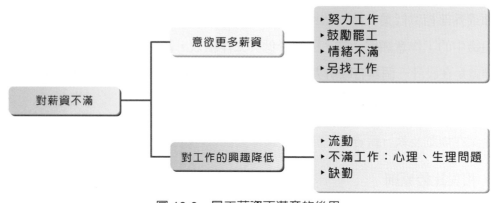

圖 10-3　員工薪資不滿意的後果

（二）職薪相當原則

員工在企業中的職位（務）及年資是影響薪資標準的重大因素，薪資會隨著職位層級的不同而有所差異，這也是韋伯（Max Weber）的「官僚體系（Bureaucratic System）」中的正常現象。例如經理級的高階主管可能月入數 10 萬元，且配有高級進口的座車，地位崇高；而基層員工可能僅月入兩、三萬元，地位卑微。然而，此種「職薪相當」的原則與現象，卻是員工努力奮鬥的原動力。

（三）勞資互惠原則

良好的薪資管理不但可以促進員工與管理當局的和諧，而且也可以增進勞資雙方的相互合作，共謀企業的成功。因此，一個公平而合理的薪資制度必須能夠使勞資雙方皆蒙其利，即提高薪資與增加生產應該齊頭並進。

1. 勞方方面：應認清資本在生產過程中占有相當重要的地位，缺乏資本不能僅憑勞力而無中生有。企業成功，才能增加盈餘及提高待遇；否則，徒增企業負擔，將導致基礎動搖，甚至於虧損倒閉，對雙方均不利。

2. 資方方面：應了解勞資雙方在整個生產過程中是一種相互依存的夥伴關係，絕不可以降低成本來剝削員工，對其生產的貢獻應予相當的報酬。因此，訂定一個公平而合理的報酬標準及制度，以減少勞資糾紛，促進勞資合作，實為薪資管理的重要課題。

（四）有效激勵原則

一個具備「有效激勵」的薪資制度，對員工工作績效而言，有很大的正面作用。所以，有效激勵是企業在實施薪資管理的過程中所必須注意的原則。例如企業對其業務員，隨著其招攬客戶的數量或金額的多寡，訂定一套強而有力的獎勵制度（包括獎金及職位的升遷），會快速增加企業的業務成長（圖 10-4）。

圖 10-4　具備有效激勵的薪資制度，對員工工作績效會有很大的正面作用

二、獎工制度

獎工制度（Incentive Wage System）又稱為「獎金制度」，係依照一般員工對於工作品質或數量方面所表現的程度，分別給予報酬。它包括兩個基本要素，即標準和獎金（獎勵）。所謂標準，是指在指定時間內所完成的產量，若產量超過所定標準，或每單位所花時間較標準為少，則對員工給予獎金。

至於「獎金」的數額，則與在標準產量所給予的薪資率成比例，所以獎工制度實為一種激勵性的薪資管理制度。各種獎工制度均以公式計算，一般公式中所使用的變項代號如下：

1. E= 薪資
2. N= 產量
3. R= 每小時的薪資率
4. S= 標準工作時間
5. T= 實際工作時間
6. P= 獎金百分比

獎工制度種類繁多，代表性的有下列幾種：

（一）泰勒差別計件制

「泰勒差別計件制（Taylor Differential Piece Rate Plan）」為泰勒（F.W. Taylor）於 1895 年所創，係按件計酬，訂定兩種不同的薪資率。

1. 制度的要點：依工作的難易簡繁，以動作和時間研究設定工作之標準時間；同一性質的工作設定兩種不同的薪資率，凡達到或超過標準給予高薪資，以示獎勵；反之，則給予低薪資。

2. 計算公式：

$$E = NR1 （工作在標準以下）$$
$$E = NR2 （工作在標準以上）$$
$$R1 = 未達標準的薪資率$$
$$R2 = 已達標準的薪資率$$

（二）甘特獎工制

甘特（Gantt）有感於泰勒的制度過於嚴格，不能保證員工的最低薪資，故加以修正，以標準時間為基礎。「甘特獎工制（Gantt Task & Bonus Plan）」目的在獎勵員工於限期內完成工作，使機器充分運用，以減低成本。

1. 制度的要點：設定一定時間內的作業標準，未達作業標準者，仍可獲得計時薪資；達到或超過標準者，可多得 20% ～ 50% 的獎金；各領班於所屬員工獲得獎金達某種程度時，亦可獲得獎金。

2. 計算公式：

$$E = TR （工作在標準以下）$$
$$E = SR + PSR$$
$$E = SR （1 + P） （工作在標準以上）$$

（三）海爾賽獎工制

「海爾賽獎工制（Halsey Premium Plan）」為加拿大人海爾賽（Fredeick A. Halsey）所創，以節省時間為計算基礎，並有保障員工的最低薪資，另給節省工作時間的 50% 薪資率作為獎金。

1. 制度的要點：依過去的紀錄，訂定工作的標準時間，員工能在標準時間內超過標準完成工作，按其所節餘時間的多少給予獎金，否則仍按其實際工作時間的長短給予薪資；獎金的數額，依節省時間的計算；獎金的給予，對不同的工作分別計算。

2. 計算公式：

$$E = TR （工作在標準以下）$$
$$E = TR + P（S - T）R （工作在標準以上）$$

（四）100% 獎工制

「100% 獎工制（100 Percent Premium Plan）」又稱爲「直線計件制（Straight Piece Work System）」，它與海爾賽制及下述的羅文制相類似，不同處在於員工所得的獎金以節省時間價值的全部來計算。

1. 制度的要點：根據時間研究來決定每小時的作業標準，而薪資係依時間來決定；員工所得的獎金係以節省時間價值的全部來計算。

2. 計算公式：

$$E = TR（工作在標準以下）$$
$$E = TR +（S － T）R（工作在標準以上）$$

（五）羅文獎工制

「羅文獎工制（Rowan Premium Plan）」爲蘇格蘭人羅文（James Rowan）所創，爲海爾賽獎工制的修正，其獎金是以節省時間占標準工作時間的百分比來計算，故有獎金自行控制的特點。

1. 制度的要點：其標準時間爲過去工作時間的平均數，員工無法於標準時間內完成工作者，仍保障其計時薪資；獎金多寡，隨其所節省時間與標準工作時間的比例增加；無論標準時間如何，員工不能獲得兩倍於其計時制的薪資。

2. 計算公式：

$$E = TR + RR \left(\frac{T}{S}\right)（工作在標準以下）$$
$$E = TR + RR \left(\frac{S － T}{S}\right)（工作在標準以上）$$

（六）艾默生效率獎工制

「艾默生效率獎工制（Emerson Efficiency Plan）」爲美國人艾默生（Harrington Emerson）於 1908 年所創，係按員工的工作效率分別予以不同的獎勵。其工作效率是以一定期間內所做各項工作的標準時數之和除以實際工作時數之和。

1. 制度的要點：設定一定期間的工作標準，未達標準者仍可獲得基本計時薪資；通常效率以 66% 爲基準，以上者給予獎金，獎金的百分率隨效率增加；獎金以每週或每月結算一次。

2. 計算公式：

$E = TR$（工作效率在 66% 以下）

$E = TR + P（TR）$（工作效率在 66% ～ 100% 之間）

$E = e（TR）+ 0.20TR$（工作效率超過 100% 以上）

$P =$ 獎金率

$e =$ 工作效率

三、國內企業薪資管理概況

國內學者洪榮昭教授曾針對國內企業薪資管理的狀況進行調查，其調查的項目包括：薪資給付內容、起薪依據、加薪依據及獎金發放類型等各項排序（圖 10-5），詳細說明如下：

圖 10-5　人資部人員正在講解薪資作業方式

（一）員工薪資給付內容排序

1. 基層人員：（1）基本工資；（2）加班費；（3）獎金；（4）輪班津貼；（5）生活費用津貼；（6）年薪加給；（7）特別加給；（8）其他。

2. 基層主管：（1）基本工資；（2）獎金；（3）加班費；（4）特別加給；（5）年薪加給；（6）生活費用津貼；（7）輪班津貼；（8）其他。

3. 中層主管：（1）基本工資；（2）獎金；（3）特別加給；（4）生活費用津貼；（5）年薪加給；（6）加班費；（7）輪班津貼；（8）其他。

4. 高層主管：（1）基本工資；（2）獎金；（3）特別加給；（4）生活費用津貼；（5）年薪加給；（6）加班費；（7）輪班津貼；（8）其他。

（二）新進員工起薪依據排序

1. 基層人員：（1）一般市場狀況；（2）學歷；（3）經歷；（4）應徵者要求；（5）其他。

2. 基層主管：（1）經歷；（2）學歷；（3）一般市場狀況；（4）應徵者要求；（5）其他。

3. 中層主管：（1）經歷；（2）學歷；（3）應徵者要求；（4）一般市場狀況；（5）其他。

4. 高層主管：（1）經歷；（2）學歷；（3）應徵者要求；（4）一般市場狀況；（5）其他。

（三）加薪依據排序

1. 基層人員：（1）定期調整；（2）考績；（3）公司經營狀況；（4）市場景氣；（5）員工要求；（6）其他。

2. 基層主管：（1）考績；（2）公司經營狀況；（3）定期調整；（4）市場景氣；（5）員工要求；（6）其他。

3. 中層主管：（1）公司經營狀況；（2）考績；（3）定期調整；（4）市場景氣；（5）員工要求；（6）其他。

4. 高層主管：（1）公司經營狀況；（2）考績；（3）定期調整；（4）市場景氣；（5）員工要求；（6）其他。

（四）獎金發放類型排序

1. 基層人員：（1）年終獎金；（2）全勤獎金；（3）個人工作獎金；（4）不休假獎金；（5）部門工作獎金；（6）全公司工作獎金；（7）其他獎金。

2. 基層主管：（1）年終獎金；（2）全勤獎金；（3）不休假獎金；（4）部門工作獎金；（5）個人工作獎金；（6）全公司工作獎金；（7）其他獎金。

3. 中層主管：（1）年終獎金；（2）不休假獎金；（3）部門工作獎金；（4）全勤獎金；（5）個人工作獎金；（6）全公司工作獎金；（7）其他獎金。

4. 高層主管：（1）年終獎金；（2）不休假獎金；（3）部門工作獎金；（4）個人工作獎金；（5）全勤獎金；（6）全公司工作獎金；（7）其他獎金。

10

訂定獎賞方式應該要配合企業的組織文化嗎?

國內有一家公司,其母公司是歷史悠久的跨國企業,特別注重人力資源發展及營運的長期發展。經過多年的安逸經營,缺乏創新做法,又沒有明確的個人績效目標,加上老員工眾多,彼此相敬如賓,養成吃大鍋飯的心態,時間一久,在瞬息萬變的網路時代中,這一家公司逐漸喪失了競爭優勢。有一天,董事長為了重振公司營運績效,重心聘請一位新的總經理來重塑組織的營運及管理制度,而新的總經理也重新組織了一批具有原公司專業方面的人士,並用獎賞來鼓勵個人績效及相互競爭的組織氛圍。公司一時改變太大,由原來的長期訓練員工,改為強調短期績效務必達成的指示,導致人才(原有幹部)紛紛離開,公司的組織文化逐漸向急功好利靠近,雖然短期內有起色,呆帳、塞貨、退貨的事件卻層出不窮。但時光不長,在一起最重的財務不當事件中,總經理及相關人員被迫離開,而公司還是無重振當年營運績效,最後走到被競爭對手購併的命運。在此,我們可以思考:到底哪一種獎賞制度才適合組織文化?其實這是沒有標準答案的。

(參閱:刑憲生,經濟日報,2015/1/21,A22 版)

10-2　福利與獎懲制度

觀光人員工福利泛指企業內所有的間接報酬,包括:有薪休假、人壽保險、醫療保險、退休撫恤及貸款補助等。員工福利與其他直接報酬(薪金、獎金等)不同,員工福利的程度通常是由職位和年資來決定,與員工績效的關聯性較小(但並非毫無關係)。完善的福利制度可以增加企業的向心力和競爭力,並藉此降低員工的流失率。

「無規矩,難以成方圓」一個企業組織的正常運作,必須要依賴完整周詳的「組織規則」來維持。所以,獎懲制度的建立就是要來解決企業內人力資源行為上的問題,包括遲到、過度缺席、與同事衝突、工作上的不當措施、工作態度不積極、拒絕服從指示、違反安全規定、干預他人的工作、散布謠言、洩露機密等。

一、福利制度的設計

企業的福利制度，必須在符合勞動市場所提供的標準、政府法規和工會的要求等條件下，按企業的競爭策略、組織文化和員工需要等構面來設計與制定（圖 10-6）。

圖 10-6　企業福利制度需依各種狀況來設計與制定

（一）企業競爭策略

當一個企業正在成長初期，資金不足、風險較大，福利制度應儘量降低其固定成本的員工福利（如退休金），而以一些與企業利潤有較直接關係的方法代替（如股票認購計畫、員工股權分配方法等），以增加員工的創業精神，減輕小型企業的財務負擔。相反的，當一個企業已相當穩健而且在不斷成長中，固定成本的福利便是需要的，以增加企業在勞動市場的競爭能力。

（二）文化的影響

企業如果較強調對員工的關懷和照顧，把員工當作家庭一分子，於是所有員工都享有優厚的福利照顧，福利制度變成一種權利，而不是與員工對企業的貢獻多寡有關。相反的，企業如果較強調生產力和業績，所有薪酬制度，包括福利制度，也隨著員工的工作績效而變化。因此，兩種福利制度的觀念，皆受到企業不同的文化所影響。大多數的企業是採取中庸之道，混合兩種不同的觀念。

（三）員工的需要

雖然員工福利不用課稅，但研究顯示，並不是所有員工都喜歡福利勝過於現金收入。例如收入低的員工，由於日常生活的需要，一般較喜歡直接薪金多於福利；但收入高的員工，通常較喜歡有薪休假（如假期或年假）；年紀大的員工，則喜歡退休金和保險制度。因此，福利制度的設計，應考慮企業員工的需要彈性變更，以使員工得到更大的滿足感。

二、國內企業的福利制度

國內企業的福利制度，主要是為配合政府政策和法令，以及企業本身的經營行業、經營理念、組織文化、成本利潤結構等因素的考慮，來達成吸引優良人力的目的。雖有個別性的差異，一般的主要內容有：

（一）勞工保險

勞工保險是國內目前最重要的一種社會保險制度，基於互助原則，採用危險分擔方式，集合多數人及配合政府的經濟力量，以保障勞工生活，促進社會安全。根據勞工保險條例第二條規定：勞工保險分為兩種，普通事故保險與職業災害保險。「普通事故保險」包括：生育、傷病、醫療、殘廢、失業、老年及死亡等七種給付，「職業災害保險」包括：傷病、醫療、殘廢及死亡等四種給付。

（二）退休與撫恤

員工將其一生最精華的歲月在企業中努力奉獻，到退休時已年老力衰。企業依規定同意其退休，並給予退休金，以酬謝其辛勞並得以安享餘年。另一方面，為了保障員工的工作權，勞動基準法第五十四條規定，未滿 65 歲者，未有精神喪失或身體殘廢不堪勝任工作者，雇主不得強制其退休。

鑒於人類有高齡化傾向，不少人雖然年紀已大，但體力仍就可以勝任工作。日本有部分企業彈性延長員工的退休年齡，例如黑川建設公司首創以高齡員工的體能狀況，決定是否延長退休的依據。該公司實施員工體能測驗，測驗項目包括手掌握力、垂直跳高、背部筋力等，測驗結果分為上上級、上級、中級、下級。凡員工已屆滿 60 歲，體能測驗結果為上上級或上級者可再延長工作三年，中級者延長兩年，下級者不得延長。只要通過此項體能測驗，可以繼續延長服務，而無年齡限制。但國內企業則無此實例，主要的原因在於，企業對員工的「社會責任」認知態度、考慮人事成本及經濟不景氣的衝擊等。

至於退休金的來源,則依照政府的最新規定,每月自員工薪資中提撥,類似歐美先進國家政府機關及民間早已施行的「退休金提撥計畫」。

撫恤乃在職員工死亡以後,由企業給付其家屬的一種救濟,以協助其家屬的生活。我國勞動基準法中雖未有勞工撫恤的規定,但於第七章列有「職業災害補償」項目,規定勞工遭遇職業災害而致死亡、傷害等時,雇主應予補償,另外,勞工保險條例中亦列有「死亡給付」的規定,此亦為保障勞工福利的一項措施。

勞動基準法第五十九條第四項亦規定,勞工因職業傷病而死亡時,雇主應給同等勞工保險條例所規定之撫恤金。勞工保險條例第六十三條規定,被保險人死亡時,按其平均月投保薪資,給予喪葬津貼五個月。遺有配偶、子女及父母、祖父母或專受其扶養之孫子女及兄弟姊妹者,並給與遺屬津貼。

(三)分配股票

企業為留住員工的心,比較經濟實惠的作法就是分配股票。尤其是國內近年來蓬勃發展的資訊電子業,因為具有獲利性高、競爭力強、產品生命週期短、員工高專業性及人才流動性大等特性;所以,該產業皆把分配股票視為員工福利的重要項目,如宏碁、台積電、聯電、華碩等,每年皆對員工分配相當數量的股票。

(四)在職進修

企業為不斷的提升其員工的素質,大都有訓練發展的計畫(本書已於第八章敘述)。在此所論及的在職進修,主要為國內大學、研究所在職進修及出國進修兩項。

國內在教育制度的改革開放之下,各大學及研究所在職進修的名額大幅增加,為企業員工提供了一個獲得知識及學位的良好機會;企業若能予以支持配合,這不啻為員工的重大福利。

一些高科技的產業或國際企業型(多國籍)公司,則可提供員工出國進修的機會,回國後再予以升職重用。如此一來,則可兼顧員工及組織的發展(圖10-7)。

圖 10-7　員工參加在職進修,也能提升自己的工作效率與能力

（五）休假

　　除了國定假日之外，國內自民國 87 年起實施「隔週休二日」制度以來，普遍受到企業員工的歡迎。除了工作士氣提高與壓力得到適度的舒解外，並未影響生產力及工作績效，民國 90 年起大部分的企業更進一步的實施「週休二日」制度。政府並努力達到全面「週休二日」的制度，正在努力修法後實施。

三、獎懲制度

　　訓練發展、薪資、及福利可謂是企業員工的「權利」，而規定則為其「義務」。在人力資源管理的過程中更針對此義務，制定了一套獎懲制度，作為員工的「組織生活公約」。

　　獎懲制度的精神，不在於處罰員工，而在於獎勵鞭策員工。企業若無一套完整而富有彈性的獎懲制度作為員工的規範，易使員工有「因循苟且」的情況及「有魚大家摸」的心態，更造成了生產力與工作績效降低，以及人力資源管理上的困擾。

　　表現良好的員工應予以獎勵，表現不好的員工則予以懲處；獎懲制度更可與薪資管理及福利制度作配套實施。獎懲制度既然是用來規範員工的工作行為，主要的內容不外乎為下列各項：

（一）出勤狀況

　　出勤狀況包括遲到、早退、請假及曠職等事項的考核，作成電腦文書記錄。出勤狀況，也是評斷員工是否敬業的重要參考依據。

（二）行為態度

　　指員工於工作時，其行為態度的表現。例如精神是否集中、工作態度是否嚴謹積極、工作品質是否合乎要求、對上司的指示是否服從及是否有不良的行為，例如偷竊、酗酒、賭博、散布謠言是非、性騷擾等。員工行為態度不佳者，人力資源管理部門應立即向上反應予以適當的懲處，以維綱紀。

（三）組織忠誠度

　　員工對組織忠誠度的高低，常常是企業成敗的重要關鍵。如何凝聚群體向心力，提高員工的忠誠度，甚至於防微杜漸；都是管理當局應密切注意的問題。高科技產業（如資訊電子業）、化工業、製藥業及食品業等，尤其必須注意其研發部門人員（經理、副理、研究員、分析師、工程師等）是否竊取公司機密或為對手公司搜集情報。先進國家的商業法律，對此等行為均有所規範。

　　獎懲制度在執行方面，獎勵的方式有：公開表揚、加薪、增加休假、旅遊補助及升職等；懲處的方式則有：口頭或書面警告、減薪、停職、降級、及解僱等，懲處員工時應遵循「熱爐法則」，以得到良好的效果。在企業強調人性化管理的今天，以實務上來說，可以是較重獎勵而輕懲處。

10-3　勞資關係

　　一個企業組織集合了不同的人，如何使這些性質不同的人集合運作，邁向共同理念，完成組織目標，是經營管理者最困難的工作。從企業內部而言，必須要滿足每一工作者個人的基本需求，勞資之間要有溝通協商的管道和組織，工作規則要明訂工作場所中的有關事項，利潤分享的方式與內容也要制度化，諸如此類的條件如果不具備，勞資合作共謀發展的可行性將大打折扣。從企業外部而言，國際貿易對於有關勞工權益的公平標準要求，我國行政院成立勞動部，社會對於企業所施加的責任要求，以及普遍的民主意識和環保要求的高漲，在在使得企業經營與勞資關係帶來新的課題（圖 10-8）。

圖 10-8　互動良好的勞資關係，有助於工作的完成進度

一、工會組織

　　企業員工為了保障本身的工作權益，但又鑑於一己力量的薄弱，需要藉著群體的力量，才能與資方進行溝通、協商訂定合理的工作契約，甚至於進一步的爭取在經濟、政治與社會上的利益，而組成了工會的組織。

　　工會可以說是勞方與資方互動的橋梁，我國工會法第一條即開宗明義的說：工會以保障勞工權益、增進勞工知能、發展生產事業、改善勞工生活為宗旨。凡先進國家無不鼓勵勞工組織工會，透過團體力量來協助資方發展生產事業，協調資方來保障勞工權益，舉辦勞工教育以增進勞工知能，並調整工資及增進勞工福利，以改善勞工生活。因此，工會的組成，實有利於勞資雙方。管理階層宜重視，並善加運用。

在經濟不景氣時，企業普遍獲利不如往昔，甚至於產生了虧損。企業經營者首先想到的就是以裁員節省其人事成本，工會此時應協調全體員工自發性的減薪與企業共度難關，並呼籲資方善盡對員工的社會責任，否則一昧的抗爭非但無濟於事，反而弄得兩敗俱傷。國內資訊電子業龍頭宏碁企業的高級員工就曾數度減薪，以為公司節省營運成本，這也是勞資合作的良好典範。

二、集體協約與員工申訴

集體協約是隨著工會同時興起的一種制度，兩者的發展是平行的。蓋工會的使命是在保障勞工權益，改善勞工生活。為了達成此項目標，工會必須運用政治和經濟的活動來運作。所謂「政治活動」，就是工會運用群眾和組織的力量，依法以選舉或投票的方式，求取勞動立法的改善。至於「經濟活動」，就是工會運用群眾及組織的力量，和雇主以協商的方式，要求改善勞動條件。此種以集體的力量來辦交涉的方式，稱為「集體協商（Collective Bargaining）」；而交涉結果訂在書面契約上的，即稱為「集體協約（Collective Agreement）」。

確切的說，「集體協約」就是雇主或有法人資格的雇主團體，與有法人資格的工人團體之間，以規定勞動關係為目的，所締結的書面契約。由於集體協約在締結之前，經過集體交涉而簽定，雙方應當相互遵守和履行。它是勞資正常關係的規範，也是勞資雙方權利義務的標的。

「申訴制度」是使員工循正常管道，宣洩其不滿情緒的制度。當員工對企業感到不平，或有所不滿時，將其不滿情緒作適當的表達，這就是一種申訴。它可使管理人員了解員工心中的問題，從而尋求改善之道。當然，申訴制度也可預防問題的發生。其次，它可修正管理措施，防止專橫濫權的作用。在正面意義上，申訴制度可發展良好的溝通系統和管道。簡言之，申訴制度可以改善上下關係和勞資關係，管理者應加以重視，並以誠意來解決問題。

三、國內企業的勞資關係概況

國內企業面臨了政治的多元發展、產業結構的轉型、社會價值觀的改變及經濟不景氣的衝擊，已使勞資關係趨向於複雜化。我們可以從政治、經濟、社會等方面，來分析目前勞資關係的狀況：

（一）政治方面

在政治方面，政府已加速推展政治民主化，解除戒嚴，開放組黨。民國 89 年（2000 年）總統大選，民進黨取得政權執政。長期執政的國民黨淪為在野黨，另有親民黨、台聯黨、建國黨、新黨、工黨、綠黨等在野政黨，使反對黨的活動空間突然增廣了不少。以後數年間發展成以國民黨與民進黨為主的兩黨政治，民國 97 年（2008 年）總統大選，國民黨重新取得執政權。工會現在不但被允許行使合法爭議權，甚至不當勞動爭議行為亦屢見不鮮。顯然政治的開放，使國內企業的勞資關係已趨向於變化多端的形態。

（二）經濟方面

在經濟方面，我國產業結構已朝向高科技和服務業發展，與傳統製造業的勞資關係內涵不同。而經濟的國際化、自由化，使國家加速步入國際經濟的舞台，勞動條件的標準與勞工團結權、交涉權與爭議權，必須達到國際公認的標準。再加上東南亞國家經濟狀況普遍不佳，外籍勞工紛紛來臺灣尋求就業機會，多國籍企業的日漸增加，及經濟不景氣企業倒閉或裁員造成的勞資糾紛等，都使國內企業的勞資關係面臨了空前的挑戰（圖 10-9）。

10

圖 10-9　東南亞國家經濟狀況普遍不佳，外籍勞工紛紛來臺灣尋求就業機會

（三）社會方面

在社會方面，中年非自願性失業人口增加，勞動力的結構也和以前不同，女性人口大量投入勞動市場，這不只影響勞資關係，對社會形態也有相當影響。還有中高級的受雇人員也比以前多，再加上中產階級的興起，激盪了勞工運動未來的走向和脈動。他們

對權力意識的高漲和工作與生活的觀念改變,對民主參與的要求具有強烈的期望,促使社會不斷的改革與進步。此外勞工組織日益發揮出功能,但發揮功能時能否理性運作,對社會安定與和諧有很大的關係。

「勞資和諧,共存共榮」是國內企業與員工所共同期盼的。如何降低經濟不景氣的衝擊,以及避免企業因多元化經營不慎造成的虧損、跳票與社會不安,是政府與民間企業急需努力解決的課題。

10-2

人力資源的維持管理 —— 重視組織文化及合理化

國內正值發展觀光產業及管理品質之際,觀光界人力資源的維持管理該如何進行呢?依據刑憲生教授的建議及分析:一個高度重視內部競爭,只重視「贏」的公司文化,可以吸引到最頂尖的人才來公司賣命,也可以在變動快速的市場,隨時調整組織氣氛,但是這種組織文化會導致公司趨向於內部急功好利,只求速效、相互排擠的行為。若一個觀光企業重視員工合作,有以團隊績效為典範的文化,比較會建立起一個長期且穩定的工作環境,所有活動都以整體利益的考量;但也比較容易有暮氣沈沈、績效下降的吃大鍋飯心態。

從上述資料可以得知,我們在探討人力資源維持管理時,要知道維持管理的制訂,與組織文化建立有密不分的關係,獎賞會促進工作的績效,而組織文化是員工在組織內的行為準則,公司獎賞制度及領導者的做法,會指引員工往某一方向前進(圖10-10)。因此,公司要建立怎麼樣的獎賞制度來深化公司永續經營的機會,實在有待領導者與公司文化之間以合理化的方式,來訂定適合公司且可行的獎賞制度。

圖 10-10　標竿企業表揚績優員工,慰勞得獎者也鼓勵其他同仁

(參閱:刑憲生,經濟日報,2015/1/21,A22 版)

重點整理 SUMMARY REVIEW

1. 觀光企業組織為了留住人才、激發員工士氣，必須重視觀光人力資源的維持管理。其內涵包括：薪資管理、福利與獎懲制度及勞資關係等。

2. 薪資管理的目標就是在設計一個具有吸引力、激勵性、公平性與符合成本效益的薪資結構。

3. 觀光企業在規劃及執行薪資管理時，必須注意下列幾項原則：相對比較原則、職薪相當原則、勞資互惠原則、有效激勵原則。

4. 獎工制度又稱為「獎金制度」，係依照一般員工對於工作品質或數量方面所表現的程度，分別給予報酬。它包括兩個基本要素，即標準和獎金（獎勵）。

5. 觀光員工福利泛指企業內所有的間接報酬，包括：有薪休假、人壽保險、醫療保險、退休撫恤及貸款補助等。

6. 獎懲制度的建立就是要來解決觀光企業內人力資源行為上的問題，包括遲到、過度缺席、與同事衝突、工作上的不當措施、工作態度不積極、拒絕服從指示、違反安全規定、干預他人的工作、散布謠言、洩露機密等。

7. 觀光企業的福利制度，必須在符合勞動市場所提供的標準、政府法規和工會的要求等條件下，按企業的競爭策略、組織文化和員工需要等構面來設計與制定。

8. 工會可以說是勞方與資方互動的橋梁，我國工會法第一條即開宗明義表示：工會以保障勞工權益，增進勞工知能，發展生產事業，改善勞工生活為宗旨。

9. 國內觀光企業面臨大力發展觀光產業，觀光品質提升的挑戰、政黨政治多元發展、產業結構的轉型、社會價值觀的改變及經濟多元化的衝擊，已使勞資關係趨向於複雜化。我們可以從全球化政治多元化、經濟發展、社會繁榮等方面，來分析目前勞資關係的狀況。

10. 「勞資和諧，共存共榮」是國內企業與員工所共同期盼的。如何降低經濟不景氣的衝擊，避免企業因多元化經營不慎造成的虧損、跳票與社會不安，是政府與民間企業急需努力解決的課題。

個案教學設計

1. 請同學利用手邊電腦（含平板電腦）或智慧型手機來查閱一家觀光界公司（如東南旅行社、長榮航空、長榮桂冠酒店）的營運現況及獎賞方式。（約 10 分鐘）

2. 請同學一起閱讀本章三則個案內涵，詳細記錄獎賞方式與組織文化之間的關係。（約 8 分鐘）

3. 請兩位同學介紹查到的觀光界公司營運現況及人力資源特色，並加以說明。（約 10 分鐘）

4. 請兩位同學針對三則個案內涵，其所陳述人力資源維持管理之獎賞方式與組織文化的相關性，加以分析說明。（約 10 分鐘）

5. 教師一一針對同學報告內容給予講評，並分析獎賞方式、組織文化及有效且適中的人力資源維持管理的重要性。（約 12 分鐘）

建議：以上個案活動設計，總共需應用一節課（50 分鐘）來實施。

問題討論

1. 簡要說明薪資管理有哪些原則？
2. 簡要說明獎工制度（激勵性薪資制度）的種類有哪些？
3. 簡要說明企業福利制度的一般內容。
4. 簡要說明企業獎懲制度的一般內容。
5. 說明國內企業勞資關係的概況。
6. 討論觀光企業組織文化與人力資源維持管理的相關性。

第 **11** 章

觀光企業組織變革與
永續經營

學習重點

1. 了解觀光企業組織文化的種類與功能

2. 探討組織變革的成因與實施

3. 探討觀光企業永續經營的內涵

介紹行銷臺灣，讓觀光業永續經營的小故事

　　國內熱心基金會很多，就以溫世仁先生創立的「看見臺灣」基金會陳執行長表示：未來該基金會將配合大型展覽推出系列「說故事給你聽」的深度展覽活動，持續推動具有人文特色的臺灣觀光產業永續經營行銷計畫，並強化產學合作挖掘在地創意人才，讓國際旅客在有限的停留時間內，「看見臺灣」最精彩的一面。為讓全球來臺的旅客能深度地認識臺灣，發掘臺灣之美；在「看見臺灣」基金會努力下，2014 年繳出了亮麗的成績單。尤在五月中配合高雄國際遊艇展首度推出「創藝展演」，結合戲劇、歌唱、武術、沙畫、鼓樂等知名本土藝術團體推出大型戲碼，吸引來自全球的遊艇買家及觀光人士久久不願離場，成功地以「說故事」的創意型式，彰顯臺灣觀光界具有深厚文化的內涵。「看見臺灣」基金會又與觀光局合作「中區國際光點計畫」，2014 年串連臺中、南投、雲林、彰化、嘉義等五縣市，輔導 150 個店家升級，並規劃 50 項深度旅遊行程，大幅強化中部的國際觀光競爭力。「看見臺灣」基金會為行銷臺灣觀光的企業及優點，將繼續複製到臺灣其他地區。培育在地觀光人才是國內觀光界永續經營的重要工作，誠盼「看見臺灣」基金會繼續來引領臺灣的觀光界朋友，大家一起努力，邁向永續經營（圖 11-1）。

圖 11-1　看見臺灣基金會與觀光局合作「中區國際光點計畫」，大幅強化中部的國際觀光競爭力

（參閱：經濟日報，2015/1/20，A18 版，高行撰）

　　永續經營是每一個觀光企業所追求的理想與目標，在發展的過程中，必須接受環境的考驗與挑戰；所以，不斷的求進步，才是觀光企業的生存之道。

　　觀光企業可說是一個成長的有機體，在其既有的組織文化中，不停融入新的觀念，而產生了一些新的作為，這些作為就是組織變革，也是觀光企業永續經營的重要程序。

11-1　組織文化

　　組織文化（Organization Culture）或稱爲企業文化（Business Culture），可以說是觀光企業組織的經營哲學，它包含了經營者的理念、組織的規範與標準、員工的價值觀、員工的信念，以及對未來的憧憬等。組織文化是一種長期由組織氣候孕育而成的企業特質，就如同人類的個性及涵養一般。每個觀光企業都有不同的組織文化，近年來，各觀光企業特別強調組織文化的重要性，因爲有很多研究顯示，組織文化與觀光企業的營運績效有直接關聯。臺灣這幾年全力發展觀光產業，觀光各企業體倍數增加，各類型觀光企業都非常重視組織文化的塑造，期望邁向優質企業行列中。

一、組織文化的種類

　　依據管理學者昆恩（Robert E. Quinn）的研究，組織文化可以兩軸分成四大類，兩軸分別爲：企業的內向性（Internal）或外向性（External），和企業的靈活性（Flexibility）或穩定性（Stability）。四大類的文化爲發展式文化、市場式文化、家族式文化及官僚式文化（如圖 11-2）。

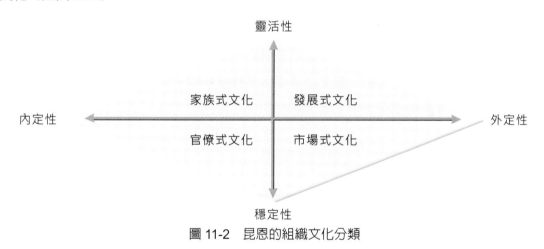

圖 11-2　昆恩的組織文化分類

　　四種文化的特徵分別簡述如下：

1. 發展式文化（Developmental Culture）：強調創新與變化，企業組織比較鬆弛與非規條化，企業強調不斷成長和創新。

2. 市場式文化（Market Culture）：強調工作導向及目標的完成，企業重視準時將產品推出和完成各類生產目標。

3. 家族式文化（Clan Culture）：強調人際關係，企業就像一個大家庭，員工彼此幫忙，忠心與傳統皆為重要價值觀。

4. 官僚式文化（Bureaucratic Culture）：其特點為規章至上，員工凡事皆有規章可循，企業重視結構和正規化，穩定性和恆久性乃重要觀念。

　　管理學者昆恩的四類組織文化，乃從理論上把組織文化歸類，在實際例子中，觀光企業多為不同文化的混合體，只是每一類觀光企業通常都有一文化類型為主。

二、組織文化的功能

　　一般而言，組織文化具有下列幾項功能：

1. 界定組織的角色，以使該組織有別於其他組織。

2. 對組織成員傳達認同感（Sense of Identity）。

3. 組織文化能使組織個體放棄一己之私，以對組織做更多的承諾。

4. 加強社會體系的穩定性。文化是種社會黏著劑，它藉著社會規範（告訴員工該做什麼，該說什麼）來增加組織的凝聚力。

5. 能控制或塑造員工的態度和行為。

　　除了上述的功能之外，組織變革必須要借助組織文化的力量來推波助瀾，才能順利推展，達成變革的目標。例如，觀光企業要做某種變革時，會先透露風聲而形成組織氣候，再逐漸融入於組織文化之中，當大部分的員工都已認定時，即是組織變革實施的適當時機。

11-1

觀光人一起來關心 2025 年臺灣大未來

　　我國資策會產業情報研究所（MIC）、工研院產業經濟與趨勢研究中心（IEK）、中華經濟研究院國際所及臺灣經濟研究院三所等四大機構，首度聯合發表「2025 臺灣大未來」，其重點包括：產業八大趨勢脈絡及面臨的七大挑戰；同時，具體提出我國產業四大願景的發展方向。

（續下頁）

（承上頁）

一、八大趨勢

1. 高齡化、少子化、人口往城市集中。

2. 高度全球化，新興經濟體崛起。

3. 電子商務國際化，資安事件層出不窮。

4. 創新的原動力：得透過跨領域科技整合。

5. 區域經濟成常態，中國與印度國力增強。

6. 吹起綠色環保風，精敏製造成為新潮流。

7. 資源效率再提升：水、石油與糧食。

8. 天然性的災害，經常伴隨人為災難。

二、七大挑戰

1. 人口紅利消失。

2. 國際人才競爭與人才斷層。

3. 兩岸產業發展重點重複性高。

4. 能源自給率低，綠色轉型存在多元瓶頸。

5. 創新集中特定領域且效益不足。

6. 教育學研體系與產業脫節。

7. 網路基礎環境與產業落後中韓。

三、臺灣產業四大願景

1. 臺灣產業要往全球資源整合的重鎮發展。

2. 臺灣成為某些產業技術領導有機會。

3. 臺灣產業會走向軟性經濟創意者（如各種服務業興起）。

4. 臺灣有很大機會走向各生活型態商品的先驅者。

（參閱：2015/1/26，資策會及工研院發表新書：「2025 臺灣大未來」）

11-2 組織變革

80 年代中期以來，由於經濟競爭全球化，環境變遷快速而劇烈，各企業面臨前所未有的大變動，而觀光界各型企業公司也是一樣。如併購（M&A）、重組（Restructuring）、規模縮減（Downsizing）等組織變革（或大規模組織改變；LSOC）的現象，盛行於各企業界。

所謂「組織變革（Organizational Change）」或稱為「企業變革（Business Change）」，就是企業組織為了因應外界環境的變化與挑戰，必須採取革新的措施，以調整內部的結構、技術與管理方式，才能不被淘汰，於競爭的環境中繼續生存發展。

一、組織變革的成因

有時候，組織效率低落，並不完全因為是組織設計的不良，而是由於時代演變以及種種內在與外在因素所造成的。這些造成組織需要變革的因素，可從外在及內在兩方面來探討。

造成企業組織需要變革的「外在因素」，可歸納為：

（一）產品市場的變動

即消費者習慣及嗜好的改變、競爭廠商的數目增加、自身產品或勞務的品質與水準日趨落後等，皆使企業在行銷策略上有根本調整的必要（圖 11-4）。行銷策略的轉變，往往使組織必須在組織結構上、組織協調上，以及考核控制方面進行一些改變。否則，只有策略上的改變而無組織變革上之配合，必然難以達成策略改變的目的。

圖 11-4　臺灣旅遊展的盛況，近年越來越多人願意把錢花在旅遊觀光上

（二）人力資源的消長

即勞動人口供需不平衡或勞工成本增加，以及企業朝向生產自動化、網路化及客製化。在自動化及網路化增加後，工作的分派、監督，工人選訓等組織現象皆必隨之調整。同時，勞動生產力及服務力的提高，無形中，提升了觀光企業中員工的相對地位，也推動了一些更合乎「人性」的管理制度。觀光企業的組織政策若不朝此方向努力，必然為時代潮流所摒棄，而且亦不見容於勞工法令的規定。

（三）科技水準的提升

近數 10 年來，各種生產技術日新月異，使企業的最適規模有大幅擴大的趨勢。大企業和小企業所面臨的問題性質雖不同，但只要該企業還想繼續成長，其組織的變革是必然的。進步科技的引進，使企業中許多工作職位變得單調乏味，也使另一些工作職位充滿了前所未有的趣味性和挑戰性。新的科技，一方面淘汰了許多工作職位，一方面又創造了許多新的工作機會，這些都是科技對組織結構的影響。目前電子商務科技（Electronic Communication（Business）Technology，ECT）的應用，使得傳統組織得以克服以往空間距離及時間問題的障礙，組織形態也因此而有所改變。

（四）社會文化的變遷

近年來，社會已朝多元方向發展，社會上的成員不但對任何一個特定組織之「忠誠度」減少，而且其人生目標和價值觀念亦有所改變。這種趨勢對任何一個組織的管理當局而言，想把這些紛歧的想法和價值觀念再重新整合起來，使其能納入組織的目標中，必然是一件異常艱鉅的工作，而這項工作，也正是組織變革工作中極重要的一環。

（五）國際化及網路化的影響

隨著外貿活動的增加，國際資金的交流，現今的經濟體系正朝向國際化與自由化而努力，許多組織已逐漸變成國際性的企業。而國際環境極為錯綜複雜，為了適應未來的趨勢與形態，更應特別著重組織能力的加強，否則不僅業務難以拓展，整個組織甚至有潰亡的可能。組織變革強調的，就是如何因應外在環境變化而做內部必要的調整。

「內在因素」方面，就目前大多數組織所面臨較為迫切的問題，分成三點加以敘述：

（一）人力素質改變的影響

已開發開發國家的主要特徵之一，乃是人口逐漸流向都市，而鄉村亦逐漸都市化。此種都市化的結果使人民的教育程度日漸提高，連帶使勞力市場也發生了結構性的變化。

例如，我國由於教育普及以及高等教育政策的大幅開放，所以就業人口的教育程度較以往提高甚多。員工的教育程度愈高，管理者面臨此種新的勞動人口，必須要有新的管理方法及作風，組織結構與管理技術也應能適當的調整。否則，勞資關係的不和諧，終將影響企業的長遠發展。

（二）工作滿足轉變的影響

目前年輕具有活力而且受過高等教育的工作人員，已明顯表現出其慾望需求層次較前人提高。他們不認為金錢的報酬是最重要的，而逐漸追求工作的自主性、決策的參與權、升遷機會、自由表現、自我實現等層面的工作滿足。因此，管理者與被管理者之間的關係也應作適度的調整。組織最好能夠設計出一套能平衡內在滿足的酬償系統。

（三）人力資源價值重新評估的影響

在經濟不景氣的情況下，企業縮減的呼聲日益高漲。一些歷史悠久、規模龐大、員工眾多的企業，為了改善績效、創造利潤，並節省人事成本；因而有企業流程再造的革新，並透過人事精簡制度的建立，來發揮個人績效。換言之，當前各企業體已開始仔細評估其員工在工作流程中所能創造的價值，是否真正合乎其所支付的代價。

學者曾針對國內的服務業作為研究對象，發現影響變革的環境因素中，社會與科技構面的壓力，明顯大於政治構面的壓力。同時，企業配合網路及智慧型手機設備的改變，有八大重點是組織變革的重點，即：

1. 生產自動化及網路化作業；
2. 電腦輔助製造設計及 3D 列印的發明；
3. 企業資源規劃；
4. 日常交易網路化系統；
5. 文件管理系統電子化；
6. 辦公室無紙化；
7. 辦公室資料標準化管理；
8. 資訊系統安全化。

二、組織變革的步驟

管理者首先須確認變革的需要，接著診斷問題的領域，再從有限的情境中找尋變革技術，然後再選用可行的技術與策略，最後則在執行與監控變革的過程和結果。當然，也要將結果回饋到策略選用的層面，以及形成變革力量的層面。其共有下列六項步驟：

（一）體認變革的需要

組織之所以要發展與變革，乃是由於有了壓力之故。此時，管理者必須審視內、外在變革的壓力。外在變革壓力包括市場上、技術上和環境上的變革；而內在變革壓力則發生於組織內部。例如，企業生存競爭就必然要關心市場上變遷的反應，而採取引進新產品、增加廣告、降低價格、重視生產流程、提高工作績效，以及改善對顧客服務等的變革措施，以免利潤和市場受到侵蝕。

11-2

觀光人學習大處著眼，小處著手的企業組織變革

觀光產業在臺灣發展迅速，2014 年來臺觀光人士高達 996 萬人次，這樣的成績是政府與全民共同努力的成果；而我們每一位觀光人在學習人力資源相關問題的企業組織變革時，都應該要有接受觀光產業發展的想法，各企業也要有創新與接受企業變革的思想，學習「大處著眼及小處著手」的經營觀光企業理念。一般在策略管理中建議觀光人以 SWOT 分析工具來找出觀光企業的未來改變及創新做法，又因為觀光產業與每位觀光客都有關，更應該以「見微知著，發掘觀光企業的潛在市場」來建立臺灣觀光業的未來。觀光人如何學習「大處著眼」？應要認清觀光客核心需求性的內涵，體認到臺灣觀光資源與魅力所在，塑造及整合觀光資源，提升服務品質，以感動服務及接待，配合臺灣優美環境、溫和氣候和美食天地，來接待遠方的觀光客，真正在各觀光服務上，從「小處著手」進行觀光企業組織變革，作出「優質臺灣牌的觀光品質」，提升臺灣成為世界少有的觀光寶島。

（參閱：經濟日報，2015/1/20，A18 版，張威龍撰）

（二）診斷問題的領域

當管理階層發現有變革的需求後，就必須開始診斷問題所牽涉到的領域大小，決定變革將涉及多大的層面。管理者所要診斷的問題內容，包括：問題的徵兆、應如何變革以解決問題、及變革所期望的結果等。這些可透過組織內部的資訊，如財務報表、部門報告、態度調查、任務小組或委員會而取得；若涉及人群關係問題的變革，則更需要做廣泛的分析，以免遭遇抗拒。

（三）認清有限的情境

特殊變革技巧的選用，乃取決於管理階層所診斷出的問題本質，管理階層必須決定何種替代方案最可能產生所期望的結果。此時，管理階層必須對組織本身的結構、人員和技術加以分析，以找出在變革過程中可能對變革實施的限制。

就結構層面而言，管理者須了解結構的變化，可能造成對任務的職權關係、人員的社會關係、組織的重新設計等的影響。就人員層面而言，實施變革可能造成人員的不滿、抱怨、製造困擾、離職、激烈抗爭等問題。就技術層面而言，變革可能引起新技術的適應、工作設計、工作流程、機械裝置及財務層面所負擔的問題等。此三種層面乃涉及正式組織、領導氣氛及組織文化等問題，管理者須認清這些情境的可能影響。

（四）選用技術與策略

當管理者已審慎分析各種情境的限制後，下一個步驟就是選用變革的技術與策略了。管理者之所以要選用變革技術和策略，乃在甄審不同變革策略和變革本身的相對成功之間的關係。通常變革策略的執行，包括由管理階層做專斷式的決定，到由全體員工分享權力的決策。一般而言，組織變革的成功，大多與由全體員工共享變革決策有關。因為凡是參與變革計畫者，很少有對變革本身產生抗拒的，此即為抗拒變革最小化，而合作與支持最大化。所以，管理階層對變革所持態度，往往是變革成功與否的關鍵。

（五）執行變革的事項

變革的執行涉及兩個層面：一為及時性，一為所涉及的範疇。所謂「及時性」是指對變革適當時機的選擇；而「範疇」是指變革適當規模的選擇。變革的及時性取決於諸多因素，特別是組織營運的循環，以及變革前的基礎。如變革牽涉到太多的改變，則可在淡季時實施；但如變革的問題對組織生存具有決定性作用，則必須立即實施。此外，變革的範疇可能涉及整個組織，也可由某些部門或層級來逐步實施；但分段實施可能限制了變革的立即結果，只是其可提供回饋作為其他變革的參考。

（六）評估變革的結果

在評估組織變革方面，有三項標準：內、外在標準及參與者的反應。「內在標準」直接和變革方案的基礎有關，如社會技術變革是否引發員工交換資訊頻率的增加；「外在標準」涉及變革執行前後員工的有效性，如變革前後生產量是否增加，工作精神是否提升的比較；「參與者反應標準」則在測定參與者是否受變革影響的感覺。凡此評估結果，都可用來回饋，以供下次變革的參考。

我們也可以遵循某些模式，區分出哪些變革比較成功，哪些比較不成功。規劃及評鑑變革流程，有四項實用但具挑戰性的標準，可以當作標竿。

1. 是最重要的一項，爲組織是否眞的按照計畫達到預期的結果。哈佛大學商學院曾針對 93 項重大變革進行研究，發現其中有 74% 的案例因爲發生了預料之外的事，而使變革中斷；其中 76% 的案例所花的時間比原先計畫的長。

2. 假設已經達到預期的狀態，組織功能是否也如計畫中的發揮作用。如果變革雖已實施，但沒有發揮預期的作用，成就便不會太大，也就沒什麼值得欣喜的。

3. 是不是能在不過度增加組織成本的情況下實施變革？變革工作所費不貲，既花錢又花時間，有時候還會對供應商或是顧客造成干擾。這些費用無法完全削減，但卻可以降到最低，這樣才是成功的變革。

4. 經過這樣的變革流程，是否能看清楚變革帶給個人的成本，並將其降到最低。變革會對組織裡的人員造成影響，可能是薪水減少、工作量增加、流動率增加，即使個人所承受的成本無法爲零，但也是可以減至最低。

在這四項評量標準中，第一及第二項相當客觀，第三及第四項則相當主觀。

三、組織變革的抗拒

幾乎所有的員工都同意，組織變革是組織發展過程中所不能避免的，然而卻常常採取抗拒變革的態度與行爲。主要的原因有：

（一）褊狹的利己主義

人們抗拒組織變革的原因之一是害怕失去既得的利益。每個人都害怕失去權力、資源、決策的自由、友誼和威望。一旦害怕失去既得利益，他們就將只顧慮到自己，並衡量將失去的東西對他們所造成的影響。當他們抗拒變革時，他們心中只充滿著褊狹的利己主義，不會優先考慮到組織和同事的利益。

（二）對管理階層的不信任

此種不信任乃起因於管理者平時的態度，譬如管理者過於自信，剛愎自用而不肯接納他人的意見，而認爲他人的建議是對其個人的侮蔑或權威的挑戰，甚至於感情用事採取高壓手段。如此一來，將難以取得員工的信任與合作。

管理者的其他不良人格特質，諸如主觀的成見、嫉妒心以及私心的作祟，都可能產生員工的抗拒，引起組織變革的困擾。

（三）評估的差異

就因為員工以異樣的眼光來看變革（包括其目的、可能的結果，以及對個人的衝擊），導致對狀況的評估往往會產生差異。那些主張變革的人能夠預見變革所產生的顯著成果，而另外那些不願變革，但已受影響的人，卻只見到他們必須為變革付出的代價。例如，機器人的引進，也許管理者認為機器人對公司大有裨益，然而員工卻會以為機器人會取代他們的工作。

變革者通常會做兩個假設：

1. 他們具有能力去判斷有關狀況的一切相關資料和資訊。
2. 那些受變革影響的人，也會有相同訊息。但是，變革者和受影響的員工所擁有的資料和資訊往往不同，這種情形會導致對變革的抗拒。

（四）情緒化的反對

員工抗拒變革是因為他們擔心不能圓滿達到新技術的要求。員工或許明白變革是必須的，可是他們卻情緒化的無法接受轉變。例如，引進自動化系統的辦公室，就常常發生這類的抗拒。有些祕書，甚至老闆本身也會抗拒這種變革，即使辦公室生產力有待改善是相當明顯的情況下亦然。

對於那些為保全面子而抗拒變革的人而言，在做了必須的適應和改變之後，無異承認先前的行為、決定、及態度是不正確的。

（五）對群體關係改變的不滿

員工對變革抗拒的最大原因，常是因為它會造成群體關係的改變。組織中員工原有的社會關係與人際關係，已是根深蒂固的；而一旦組織有了變革，則使此種關係被打破，如此則易招致員工的抗拒。此種例子很多，如某人調職，常使員工的群體關係有了改變，則彼此相識已久的同事必然感受到群體的解體，而產生心理上的威脅，終而招致抗拒。

總之，員工之所以抗拒變革，主要是因為此種變革會引起員工的焦慮與不安。所以，組織變革必須使員工有足夠的能力適應，才能降低其抗拒到最小的程度。

四、減少變革的阻力

抗拒變革是人類的自然反應。變革推動者與管理者的努力重點，不在設法完全壓抑抗拒的發生，而應設法疏解抗拒並降低其強度，以使變革計畫能取得各方的認同與諒解，而順利的推動。

科特勒（J. P. Kotter）與史勒辛吉（L. A. Schlesinger）提出六種減低組織成員對變革抗拒的方法：

1. 教育與溝通（Education and Communication）：在組織變革前，一種能減低阻力的最簡單方法就是教育與溝通，這使得人們預先有心理準備，以邏輯的方法向每個人說明變革的理由，將有助於減少阻力（圖 11-5）。

圖 11-5　主管向員工說明與教育組織變革的原由，以減少阻力

2. 參與及投入（Participation and Involvement）：使員工參與計畫和變革，能增進他們對變革的接受度。如果他們個人的想法及意見包含在變革的計畫中，則員工將會減少抗拒，並更能接受它。

3. 督促與支持（Facilitation and Support）：當變革進行中，支持是很重要的因素。當恐懼和憂慮存在於反抗者的心中時，支持與協助會使得組織變革更加容易。

4. 交涉與協議（Negotiation and Agreement）：減少抗拒要透過折衷來完成。在交涉與協議時，必須給予對方某些利益以減少抗拒。例如，將員工調到一個不能令他滿意的工作，也許會需要給他獎金或加薪，一旦此項協議達成，將來管理者對其他員工就必須做同樣的讓步。

5. 手腕與利誘（Manipulation and Cooptation）：手腕是使用迂迴戰術，使別人相信變革對他是有利的，提供片面的事實，便是手腕的一種方法。利誘包括讓員工在設計或履行組織變革中扮演一個重要的角色，然而這個方法可能涉及到道德的問題。

6. 脅迫和強制（Explicit and Implicit Coersion）：管理者用脅迫的方式，以減少個人的抗拒，例如：管理者會脅迫員工將喪失工作、升遷的機會、工作任務、及特權。由於脅迫的方式會產生不好的感覺和敵意，所以這種方式相當危險。

　　以上六種方法，每一種均有其優點與缺點，應該小心使用，管理者可以在不同的情況下，使用適當的方法。

五、美式變革、英式變革與日式變革

　　在臺灣企業界即將感染「企業變革」的熱潮之前，我們有必要了解這個管理觀念的時代背景與用意。

　　以持續改善為例，雖然它基本上呈現了日本式管理中的小團體活動與品質意識，但持續改善觀念的流行發源地卻是在美國。事實上，回顧近年來管理上流行的重要觀念，幾乎都反映了美國產業環境的背景與美國管理學者的努力，無怪乎哈佛大學波特教授曾經明白指出，美國的管理教育業極具國際競爭力，是美國的重要出口產業。企業變革當然也不例外，換言之，要了解企業變革也必須從美國談起。

（一）美式變革

　　《奇異傳奇》與《改造企業》是國內有關企業變革知名度較高的作品。這兩本來自美國的管理著作，不約而同的在九〇年代初期向全世界企業宣告，企業變革的時代已經來臨！

　　奇異（GE）公司在1981年進行大幅度的企業變革，大規模買賣公司的事業與資產，大量關閉失去競爭力的工廠，並屬行組織扁平化。四年之間，共處理掉奇異原有211億美金中1/5的資產，裁撤40萬員工中的7萬人（其中3萬人隨著事業體出售而轉移），公司幕僚人員由2,100人減少為900人。

　　總計10年之間，奇異公司共出售111億美金的事業，包括當初賴以創業的小家電和消費性電子業，及一般人看好但缺乏競爭力的半導體事業；在此同時，奇異則買進總額高達210億美金的新事業，包括銀行、保險公司與NBC（美國國家廣播公司），使得奇異的事業組合與利潤組合都產生了結構性的變化，譬如服務業的利潤結構便由八〇年代的19%提高到九〇年代的35%。此外，奇異裁撤組織中的事業體（Sector）層級、更換掉2/3的事業群負責人、讓員工人數由八〇年代初期的40萬人，減少到九〇年代初期的

30 萬人，並推動企業文化改造運動，鼓勵基層員工「奪權以解決問題」。奇異公司的組織變革，著實堪稱為「美式企業變革」的典型，且除了奇異公司之外，幾乎所有排名於財星雜誌（FORTUNE）的大企業在 1985 年到 1990 年間，都曾進行大規模的組織變革。

二次大戰後至七〇年代中期，美國社會思潮強調企業利益的多元觀點，期望企業經營者除了為股東負責之外，還要兼顧員工、社區與社會的利益。因此，當我們回顧這段時期企業領袖的言論便會發現，他們總是談論著成長、多角化和建立企業集團，而絲毫未提及股東利益。約略在同一時期，隨著大眾資本市場的發展，經營權與所有權日趨分離，專業管理者逐漸成為掌控經營實權的新貴。以八〇年代的眼光看來，這樣的發展和現象都有促使企業股東權益受損的傾向。

隨著共同基金與養老基金投資者時代的來臨，股東「不再忠誠於企業」，華爾街新一代的積極行動投資者（Active Investor），透過購併、融資購併，甚至惡意購併，採取大量關廠、裁員、擴張企業融資能力，並積極清理企業內可變現的資產措施，這些行動隱約恢復了傳統上股東對企業經營的控制力，為股東創造出新的價值或釋放出應有的價值。

面對資本市場這股龐大的公司控制壓力，使得所有美國企業經營者無不積極嘗試新的管理觀念，以確保股東權益，而這也就是「企業變革」觀念的市場所在。因此，我們可以說，股東權（財產權）的振興，才是美國企業推動企業變革風潮的主要推動力，其相關發展也正是本文所謂的「美式變革」。

（二）英式變革

英國沃威克大學的佩帝格魯（A. M. Pettigrew）教授是歐美管理學者中，最早研究企業變革的學者之一。無可諱言的，八〇年代的英國產業環境提供其極佳的研究條件，而英式變革與美式變革的時代背景是明顯不同的。

英國是最早大規模推動公營事業民營化的國家，因為柴契爾夫人所領導的保守黨政府自 1979 年取得政權之後，發動了歷經 30 餘年政策辯論仍然舉棋不定的民營化運動。到 1988 年為止，英國政府總共出售了 40% 的公營事業股權及資產，包括知名的英國航空、英國石油、英國電信、勞斯萊斯汽車、積架汽車與禮來汽車，大約有 65 萬名員工的身分因此轉換。而公營事業民營化政策迅速擴散到世界各地，成為國際間共同的趨勢，甚至引發東歐共產國家經濟體制的大變革。

然而，由於英國不像美國擁有活絡的公司買賣市場，同時也由於 90% 民營化後的企業員工擁有股權；因此，典型的「英式變革」並不似「美式變革」那般採取大幅關廠、裁員的激烈手段。英式變革的重點在於以「競爭優勢」的企業經營典範，取代公營事業「政策目標」的經營邏輯，並積極尋求以員工活力來創造企業競爭力。

（三）日式變革

當我們跳脫美式變革的框框時，馬上就會發現，其實日本企業在面臨日圓大幅升值時（1986 年美金對日圓匯價從 1：239 升值為 1：154，升幅達 36%），同樣也曾大規模進行企業變革。

由於推動變革的動力不同，企業所採取的變革措施顯然也不一樣。譬如，外銷導向的裝配廠為大幅降低成本乃設法轉向臺灣及東南亞地區採購零組件，這樣的行動迫使許多零組件廠不得不到臺灣及東南亞設廠，或與當地廠商進行策略聯盟或技術移轉，並進一步促使日本企業走向國際化。

另一方面，留在日本本地的企業，除了繼續落實過去所進行的生產力提升與品管活動之外，更進一步推動全面性的經營革新運動，包括企業策略的更新、事業與產品結構的調整、組織結構與機能的檢討，以及企業文化的改造。

由於文化與變革背景因素不同，「日式變革」同樣不以買賣公司、關廠與大幅裁員為企業變革的主要手段；此外，因為不是位居世界管理觀念的創造中心，日本管理學者似乎未能創造出新的名詞，來勾勒日本產業界龐大的組織轉型與變革活動。

11-3　觀光企業的永續經營

從失業人口的增加，許多大型企業發生跳票的財務危機，甚至於倒閉等種種現象，都在傳達一個訊息：在經濟不景氣的衝擊下，企業的經營是愈來愈困難了。企業該採取何種因應的措施，才能化險為夷、絕處逢生，達到永續經營的目標？其求生之道，可從下面幾個方向來努力：

一、具備變革管理的觀念

如前節所論及，企業必須配合環境的變化積極求變，才能免於遭到淘汰。一般觀光企業變革分成「改善」和「創新」兩種方式，並舉例如下，來分析觀光變革的重要性。

1. 台鹽鹽山，強攻春節觀光：2015 年農曆新年假期，經濟部所屬的臺灣鹽業公司，總公司長期設於臺南市七股區，特別打造及設計鹽山風景區，在七股鹽山區設計全國最大的招財貓吉祥物，並以管理變革及創新的做法，舉辦「偶像」嘉年華活動，希望在 2015 年寒假農曆新年假期期間，招財貓、統一 OPEN 家族人偶秀及人創主題的規劃，可以為七股鹽山吸引更多遊客，2014 年有九萬遊客參與，2015 年預定挑戰 20 萬位遊客。台鹽公司在傳統鹽業不足於維持公司的營運目標時，先踏入生物科技——化妝品研發與生產行銷，歷經多年，在化妝品界已經小具盛名。這兩年來開始重視觀光設施的規劃及執行，相信會有很好的成績，成為國內企業從管理變革參與觀光產業的最佳典範之一。

2. 遊樂區新春假期的創新做法：2015 年是金羊年，農曆新年及 228 連假，共有 10 天以上，觀光局鼓勵國內 10 家業者，提供免費接駁或搭乘公共運輸工具超值優惠，用各創新做法，迎接觀光旺季的來臨。因此，觀光產業的變革管理，是要因時因地制宜的。以六福村及劍湖山遊樂區為例：計畫以超值方案推出，全力吸引遊客，如屬「羊」的朋友以免費或超低價推出，義大世界遊樂區也提供屬「羊」或姓「一尢ˊ」的遊客特別購票優惠，原價 899 元門票只要 228 元。以上的案例，證明了觀光業管理變革與創新做法的重要。

二、行銷環境的重新分析及評估

當觀光企業在進行各項決策時，必須考慮到公司所面對的內外部環境之可能情況，並且審慎評估整個行銷環境帶給觀光公司的機會與威脅，以及觀光公司內部既存的優勢與劣勢，促使觀光公司能夠掌握機會、避免威脅，並且依觀光公司本身的優勢來選擇適切的「市場區隔（Market Segmentation）」，同時針對自身的劣勢加以改善。

一般常用的行銷環境分析方法為「SWOT 分析」（內部優勢 Strength、劣勢 Weakness、外部機會 Opportunity、威脅 Threat），即進行內外部行銷環境分析（如圖 11-6 所示），而外部環境又可以劃分為總體環境與個體環境，總體環境分析包括人口統計變數、政治組織變革與企業的永續經營環境變數、法律環境變數、經濟環境變數、社會環境變數、文化環境變數、技術環境變數、國際環境變數等分析；個體環境包括潛在競爭者、現有競爭者、顧客、供應商、代替品等分析（如圖 11-7 所示）；內部環境分析則包括研究與發展系統、生產系統、行銷系統、財務系統、組織系統等分析。經由內外部環境分析，以確認該事業在市場上的優劣勢、機會及威脅，來作為行銷決策的依據。

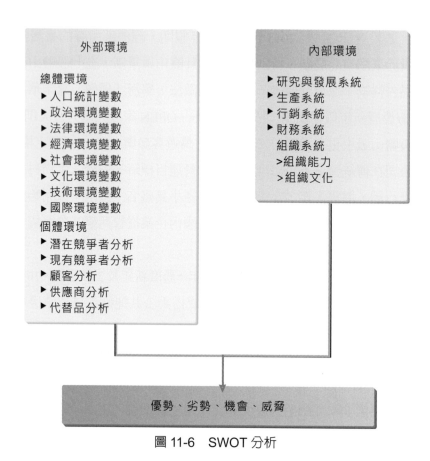

圖 11-6　SWOT 分析

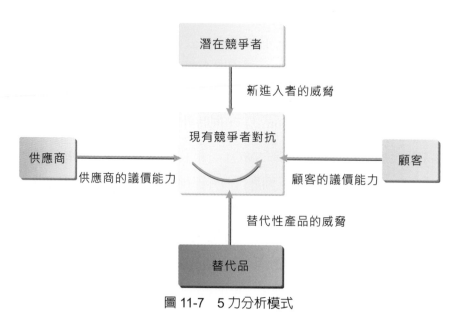

圖 11-7　5 力分析模式

三、觀光商品的多樣規劃

以觀光商品生命週期四個階段的成熟期與衰退期來看（圖 11-8），成熟期的成長率約 5% 到 10%，競爭者眾多，交易對象多元化，經營策略偏向多角化或國際化。

觀光企業在成熟期應儘量鞏固內部的經營理念，透過各種內部訓練讓員工更有共識，因應策略可分為需求、競爭、及行銷策略。就成熟期的需求策略主要需考慮到觀光公司本身的經營資源，因為要負擔既有的管銷經費，而且其議價空間也會增大。其次在競爭策略上則是因應其資源的競爭。至於在行銷策略來說，要講求商品差異化，將價格成本降至最低，依據競爭資源擴張通路，並以推廣來強化品牌形象。

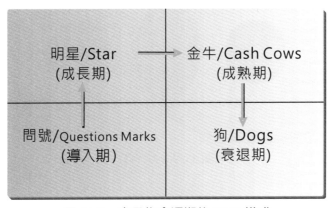

圖 11-8　產品生命週期的 BCG 模式

商品面臨衰退期時，競爭者會退出，觀光企業實行企業再造、回歸本業或技術革新、開創新機能，甚至在競爭策略中要採取撤退或維持。就 4P'S（商品 Product，價格 Price，通路 Place，推廣 Promotion）而言，商品本身要講求合理化，價格稍微調升，重新整合最有利的通路，推廣則要考慮如何穩住現有顧客的繼續購買。

除了固有的商品之外，觀光企業的研發（R & D）部門，應致力於新商品的研發工作，以促使公司商品的多樣化。在新產品的研發、製造到上市的整個過程，應密切注意觀光公司的整體財務狀況，以免使「轉機」變成「危機」，反而弄巧成拙，得不償失。

四、觀光行銷觀念的現代化

以往的行銷以 4P 為導向，現代的行銷觀念為 4P 加 4C（顧客 Consumer，成本 Cost，溝通 Communication，便利 Convenience）的雙重考量。4P 的組合是站在賣方（廠商）立場，4C 的組合則是站在買方（顧客）立場。而理想的行銷組合（如圖 11-9），應該是 4P 與 4C 的交集，唯有兼顧買賣雙方立場，互得其利，才是雙贏策略。

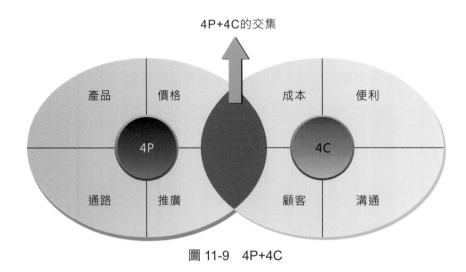

圖 11-9　4P+4C

五、觀光人力資源管理的功能強化

倡導人性化管理，提高經營效能。當民主化的潮流在往前推展時，觀光企業也須強化人性的管理，包括：

1. 加強教育訓練、培養專業人才，來開發人力資源；
2. 注意員工的生涯發展，使其與觀光公司發展配合，使員工願意盡心盡力為公司奉獻；
3. 增進員工溝通、鼓勵員工參與觀光公司決策、促進勞資和諧；
4. 建立激勵制度、採取福利措施和分紅的辦法，使員工對觀光公司有向心力。當員工在日常生活中，處處以觀光公司為榮時，那將是觀光企業邁向成功的一股不可忽略的巨大力量。

六、觀光財務管理能力的提升

企業的財務管理涵蓋了兩大範圍，一是資金的籌措，二是資金的運用。更通俗的說，就是籌錢與用錢。在資金的籌措方面，須考慮資金性質（如自有資金或借款）、來源（如向哪家銀行借錢）、時間（何時借、借期多長）及成本（利率、股東期望的報酬率之高

低）。至於資金的運用則包括投資項目的選擇、資產的購置和處理、現金應收帳款和存貨等流動資產的管理與盈餘的分配和再投資等決策。

財務管理是企業管理的一部分。雖然財務管理不像研發、生產、行銷一樣，並非企業營運利潤的主要來源，但它卻是提供觀光企業研發、生產、行銷各階段所需資金（進一步轉化成技術、人力、材料和設備）的關鍵性活動。合理的觀光企業財務管理可以降低企業的成本、減少企業的風險，甚至可以增加企業的盈餘。另外，財務資料可以使觀光企業負責人有效的監督觀光企業的經營狀況，如進出貨、收付款、資金的調度、借款的償還和盈餘的改變，以便在適當的時機做適當的處置，對觀光企業健全的營運和未來的發展有重要的影響。

國內的觀光企業在財務管理方面，普通潛藏著一個危機，就是財務槓桿過高。著名的美國財星雜誌（FORTUNE）就曾對此一現象提出嚴重的警告（January 30，1999）。

11-4　對國內觀光企業的建議

近 20 年來（1995 起）是國內觀光企業發展的重要時刻，也是觀光人力培養最積極的時候，臺灣自從事兩岸開放旅客自由行開始，加上外交部及觀光單位到世界各地區、各國家宣傳，已從 300 萬人次的觀光客，達到近千萬人次的觀光大國。在此提出對國內觀光企業的建議，供觀光界參考。

一、必須重視公司策略規劃

許多人常認為策略管理是大型企業及製造業的專利，而觀光服務性企業根本就是走一步、算一步，摸著石頭過河，不需要談什麼策略，這實在是極為偏差的觀念；實際上，一定要重視「策略管理」，尤其當競爭環境愈來愈詭譎多變時，只有具備策略觀的觀光企業才能決勝千里，超越同儕。

觀光企業經營者一定要建立自己發展的目標，然後依外在環境的機會及威脅、內在資源的優勢及劣勢，決定出其最妥適的發展策略，其中包含提出什麼商品、客戶定位如何？不過策略也不是一成不變的，觀光企業經營者要常問自己一個問題：「究竟要何種競爭力留在觀光業裡，創新商品及做法有合乎顧客需求性嗎？」有些觀光企業過去運用某些策略確實很成功，但當其已變成新競爭對手攻擊的標靶時，如果仍然固執的堅持以往的策略，就會遭遇到經營瓶頸。

二、觀光人要全力挖掘出自己的核心能力

自從「企業核心能力」的概念提出後，很多觀光企業經營者便常有：「不是只有大型企業體才須重視核心能力？」的疑問，答案當然是否定的。所謂「核心能力」是指觀光企業不需建立結構性競爭優勢，只要在少數專業知識或關鍵技能領域取得領先地位，即可超越同儕，成為市場競爭的贏家。從此定義，就可知觀光企業如果能掌握核心能力，也可小兵立大功，超越大型企業，成為市場的領先者。核心能力不只狹觀的表示觀光企業擁有世界水平的競爭實力，還涵指洞察先機的前瞻力和確實迅速的基層執行能力。觀光企業由於受限於財力和資訊不足，較不易具有高明的前瞻力，但因其組織規模小，成員資源共享性高，靈活度大，富有經營彈性，基層執行力倒是應該全力掌握的核心能力。

三、觀光商品多角化策略

產品多角化（包括商品的多樣化、商品的創新化、高品質化或高附加價值化）除了分散風險的考量外，主要著眼於範圍經濟（產銷多種產品的經濟效益，比只產銷一種產品大）的優勢，尤其是現今消費需求已由少樣多量轉變為多樣少量，多角化的生產可迎合市場需求。

不過，產品的多角化有賴於研究發展的投入以及豐富的市場訊息，以期能發展本身產品的特色，重點式滿足消費需求。然而，觀光企業普遍較為保守，會有面臨市場需求訊息不夠快、開拓新市場與商品能力較差、創新能力不足、技術及資金取得困難等問題。觀光企業是高度服務性產業，在接待及商品人性化設計非常重要，為了增加觀光企業的競爭力，觀光商品創新及多角化是經營的首要目標（圖 11-10）。

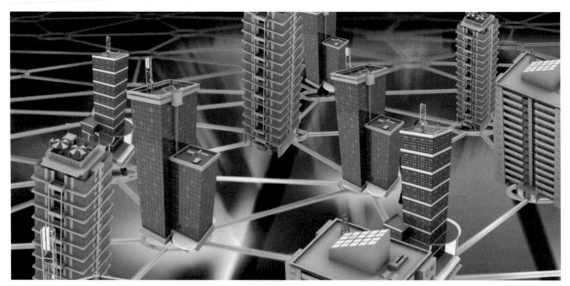

圖 11-10　產品多角化的生產，可以迎合市場的需求

四、自創品牌是觀光界的特色表現

根據中華經濟研究院的調查，製造業在未來主要產品的產銷方式，有 73.9% 的中小企業表示將進行自創品牌的努力，這其中有 55.4% 將採自產自銷的方式，18.5% 採自產委銷的型態。從此可知，製造業有自創品牌，而服務業是更需要有自創品牌的特色。由於觀光界規模的差異，大部分的觀光企業經營者希望能自創品牌，而且能建立觀光商品的特色。不過，不論是否觀光公司能自創品牌，都有其優、缺點，觀光企業應先自我衡量是否適合自創品牌，以及自創品牌的時間表。

五、加強觀光專業人才培育

因觀光產業快速，觀光企業的專業人才必須不斷的接受訓練以保持觀光企業的競爭力。但人才養成所需費用高昂，人才流動快速，是業者共同的困擾。觀光企業可儘量利用各種公共的資源來訓練員工，同時為降低人才的流動，可利用內部創業制度讓人才與企業共同成長，使人才願意留在企業內。

另外，為了留住員工的心，有五項做法很值得參考：

1. 經營者要設法打破身分的藩籬。
2. 落實「公開管理」，將觀光企業的財務和營運狀況公開讓所有員工知道，讓員工都能充分了解到公司目前所處的狀態。
3. 依績效，而不是僅依頭銜來給付報酬。
4. 與員工同甘共苦，很多觀光企業經營者在公司營運好時，對員工不夠大方，而處境不佳時，又馬上想到要辭退員工。現今的員工早已不同於以往了，如果經營者仍然如此的無情無義，員工自然離心離德，有機會就會跳槽，或出賣公司。
5. 經營者應將基層員工放在最優先地位，重視員工的感覺，並思考如何積極幫助員工。

六、籌措資金並健全財務結構

經營良好的觀光企業有上櫃、上市的企圖心，但也感受到條件的嚴格限制。觀光業者應努力建立良好會計制度及可信的財務報表，以利金融機構的評估，爭取融資。同時朝報備股票及上櫃、上市的方向努力，以充實營運及擴充所需資金。

觀光企業除了要有健全的財務結構、充裕的資金融通外，必須要注意避免財務槓桿過高；以免因不可預期的因素，而發生財務危機。

七、網路化策略

美國微軟（Microsoft）公司總裁比爾蓋茲（Bill Gates）在其 1999 年的著作《數位神經系統》（Business @The Speed Of Thought:Using a Digital Nervous System）中，大膽預言未來人類生存、生活的世界，將是網路化的世界；企業的經營行銷與服務亦皆是透過網路來完成。近期，雲端科技及物聯網進步，個人智慧型手機的發展應用加速，使每一個旅客皆應用網路功能處理各種人情事物。因此，觀光界的網路化策略，已成為觀光經營的重點。

早在 1999 年時，惠普科技宣布，全球惠普將成立網際網路事業部門，以「電子服務（e-Services）」為其願景與中心策略。在惠普網際網路部門下，將分為電子服務、網際網路安全、Veri Fone、電子商務、電子商業解決方案等五大事業處，專心進行網路事業發展。惠普也將化被動為主動，將在全球花下巨資為其電子服務打廣告。這與英特爾花數億美元打「Intel Inside」形象類似，更有與競爭對手 IBM 早已花下大量金錢打「電子商務（e-Commerce）」挑戰的企圖。

網路化在於強化既有產業網路結構，即利用網路經濟的優勢，藉由行銷網、技術網、人才網、資訊網、原料供應網、融資管道的連結，進行更專業的分工，以提高企業的競爭力。觀光企業間綿密富彈性的產業網路，一直是臺灣觀光企業發揮集體戰力的利器（圖11-11）。

圖 11-11　手機 APP 很方便應用於網路化工具

其中，行銷資訊系統是取得市場行銷情報的手段。根據中華經濟研究院對企業的調查，全體調查廠商樣本在未來一年內最需要的商情資訊，不論是中小企業或大企業，最重要的商情資訊都是「產品的市場動態資訊」，其次是「國內外總體經濟情勢」，「產品的技術動態資訊」，可見臺灣各種產業的企業經營是較具市場導向的。

觀光企業在面對升級及創新問題之際，新、舊網路系統如何調整即成為觀光中小企業轉型的主要關鍵。觀光產業網路的核心企業除了自我提升外，還須設法促使其策略聯盟公司（如交通公司、旅行社）連帶升級，因為彼此是共存共榮的關係。

11-3

一位 CEO 在觀光產業變革與創新管理須注意的六件事

凡事要成功，必須有勇氣改變，觀光產業的各企業公司也不例外。應用此想法，提出變革管理必須注意的六件事，分別說明如下：

1. 勇敢地複製能幹的主管，好讓你的創新想法實現；
2. 建立良善且正確的溝通平臺，每位員工要互相尊重，貴在體諒及溝通；
3. 甄選及招募對的部屬，有好的助手及營運團隊，是執行力不可或缺的基本要素；
4. 輪調對的位置，員工得依專長和適用位置加以考量及調用，不滿意宜輪調更動；
5. 教導對的做事方法，宜特別注意員工的做事方法及能力；
6. 做事決策過程中宜注意對焦性，不宜目標太多或發散，讓員工有各自發揮的目標。

在國內正蓬勃發展觀光產業之際，各觀光企業公司的 CEO 面對各項競爭與挑戰時，期望有更好的治理績效，擴大獲利時，應特別注意公司的變革及創新管理的落實，上述六點原則，可以讓大家參考應用。

（參閱：顏長川，經濟日報，2015/2/6，A20 版）

1. 永續經營是每一個觀光企業所追求的理想與目標,在發展的過程中,必須接受環境的考驗與挑戰;因此,不斷的求進步與創新,才是觀光企業生存之道。

2. 「組織文化」或稱為「企業文化」,可以說是觀光企業組織的經營哲學,它包含了經營者的理念、組織的規範與標準、員工的價值觀、員工的信念,以及對未來的憧憬等。組織文化是一種長期由組織氣候孕育而成的企業特質,就如同人類的個性及涵養一般。

3. 依據管理學者昆恩(Robert E. Quinn)的研究,組織文化可以兩軸分成四大類,兩軸分別為:企業的內向性或外向性,和企業的靈活性或穩定性。四大類的文化為發展式文化、市場式文化、家族式文化、及官僚式文化。

4. 所謂「組織變革」或稱為「企業變革」,就是企業組織為了因應外界環境的變化與挑戰,必須採取革新的措施,以調整內部的結構、技術與管理方式,才能不被淘汰,於競爭的環境中繼續生存發展。

5. 組織變革重點的八種科技:(1)生產自動化及網路化作業;(2)電腦輔助製造設計及 3D 列印發明;(3)企業資源規劃;(4)日常交易網路化及系統;(5)文件管理系統電子化;(6)辦公室無紙化;(7)辦公室資料管理;(8)資訊系統安全化。

6. 組織變革的步驟為:體認變革的需要、診斷問題的領域、認清有限的情境、選用技術與策略、執行變革的事項、評估變革的結果。

7. 組織變革的抗拒主要的原因有:褊狹的利己主義、對管理階層的不信任、評估的差異、情緒化的反對、對群體關係改變的不滿。

8. 科特勒(J. P. Kotter)與史勒辛吉(L. A. Schlesinger)提出六種減低組織成員對變革抗拒的方法:教育與溝通、參與及投入、督促與支持、交涉與協議、手腕與利誘、脅迫和強制。

9. 觀光企業可從下面幾個方向來努力,以達到永續經營的目標:具備變革管理的觀念、行銷環境的重新分析及評估、觀光商品的多樣規劃、觀光行銷觀念的現代化、觀光人力資源管理的功能強化、觀光財務管理能力的提升。

10. 國內觀光企業的經營,可以採用以下幾種方法:必須重視策略規劃、全力挖掘出自己的核心能力、產品多角化策略、盡其可能的自創品牌、加強專業人才培育、籌措資金並健全財務結構、網路化策略。

個案教學設計

1. 請同學利用手邊電腦或自己的智慧型手機，上網查閱「看見臺灣」基金會、資策會及工研院發表的新書：「2025臺灣大未來」的官網活動資料，針對觀光產業或其他產業的建議加以記錄與分析。（約8分鐘）

2. 請同學重複閱讀本章人力資源故事集的資料，並加以記錄其重點。（約8分鐘）

3. 請兩位同學介紹「看見臺灣」基金會的活動內容與創新做法，及該基金會對觀光資源活化的貢獻。（約8分鐘）

4. 請兩位同學介紹「2025臺灣大未來」的重點內容，並分析與企業變革與創新有何關連。（約8分鐘）

5. 請兩位同學介紹本章四個個案的精華內容，並說明與觀光產業永續經營有何關連性。（約8分鐘）

6. 教師給予一一講評，並給予同學提示在報告過程中的優點與尚可改善的地方。（約10分鐘）

建議：以上個案活動設計，總共需應用一節課（50分鐘）來實施。

 問題討論

1. 何謂「企業文化」？昆恩（Quinn）將企業文化分為哪幾類？

2. 企業文化有哪些功能？

3. 組織變革的成因為何？

4. 簡要說明組織變革的步驟。

5. 組織變革抗拒的主要成因為何？要如何減少變革的阻力？

6. 簡要說明美式變革、英式變革、日式變革的差異。

7. 介紹「2025」臺灣大未來的內容。

8. 說明觀光人宜學習大處著眼、小處著手的企業變革觀念為何？

9. 介紹對國內觀光產業變革中宜有的經營建議項目。

第 **12** 章

觀光人學習人力資源 管理與國際化

本章大綱

12-1 人力資源管理的國際化議題與內涵

12-2 海外派遣與全球經理人

12-3 兩岸臺商人力資源管理

學習重點

1. 觀光人認識國際人力資源管理的議題與內涵

2. 探討並了解海外派遣與全球經理人的相關議題

3. 探討兩岸臺商人力資源管理

大中華沃土找人才

「對我的任命感到突然嗎？」丟出這句問號的，是新接任恩智浦（NXP）大中華區執行長角色的葉昱良。恩智浦半導體是由飛利浦所獨立出的半導體公司，在慶祝新生一週年之際，也適逢新舊 CEO 任務交替（圖 12-1）。

過去不太曝光的葉昱良，在半導體產業卻有累計超過 20 年的資歷，談起他和恩智浦的淵

圖 12-1　恩智浦半導體（NXP Semiconductors），累積超過 50 年的半導體專業經驗，並在全球擁有六座晶圓廠以及六個封裝測試廠

源，就像是種子經培育後，成為枝葉繁密的綠蔭。他的出線，足以說明臺灣腹地雖小，卻藏著深厚能量，能把人才運往國際。想成為下個受賞識的人才，不妨聽聽葉昱良以過來人經驗，分享他如何跟對一生受用的職場老師，從無數趟的飛行中，累積人生時數，並以現任 CEO 身分，談談 NXP 在大中華區的用人舉才術。

當小跟班，學會聆聽

回想當初從成大畢業，進入臺灣飛利浦的高雄廠擔任系統分析師，葉昱良感謝當時總經理羅益強給他揣摩機會，領著他見識大場面。

當時荷蘭廠商來臺，羅益強曾帶著他隨行，從招待外賓的言談互動中，羅益強的大器與從容，看在葉昱良眼底，舉手投足都是學習。有時下班後，正要走出 Office，個性灑脫的羅益強會找他這個小老弟聊聊，從管理到人事，或者是種種人情世故，兩人天南地北，沒有上司對下屬的關係，有的只是話家常的平實內容。

「有一次負責到一個全球性的 PC Project，剛好遇到 10 月份假期多，大家一時之間連續加班，荷蘭客戶當時來高雄拜訪，順道從當地帶了一瓶酒給老闆，」所謂「酒中有真意」，葉昱良在這瓶酒裡，看見羅益強與員工共度甘苦的一面。在月底開慶功

（續下頁）

（承上頁）

宴的時候，這瓶荷蘭酒被老闆帶來成為公共財，為 Cheers「加料」。因為羅益強說，是因為他的位子才有接受這份禮物的機會，這是大家一起努力的成果，他只是名義上的接收人。於是把功勞歸給全體，這份體貼的心意，為葉昱良示範了身為領導人該有的氣度。

適應環境，不是挑毛病

古代有「橘逾淮為枳」的故事，講的是南方作物一經移位，到了北方因為水土不服而味道變質，但是若把同樣道理套用在人身上，問題就不單是環境因素影響，還跟人的性格主導有關。葉昱良第一次出國是為了留學，之後拜工作所賜，得以踏上德國、荷蘭，領略不一樣的人文環境。

「中國人說隨遇而安，先適應環境，打開耳朵聽，而不是挑問題。」他說，有機會出國就不該放過，不要還沒開始，就怕適應不良打退堂鼓。他舉當年去德國工作為例，當時 1989 年是柏林圍牆倒塌，東歐巨變、排外衝突還存在的年代，在當地生活，連花錢消費都要受店員排擠，忍受異樣臉色，「但還是要看你心態如何，即使是語言相同的上海也是。」回到大中華區，2007 年他接手 NXP 中國與香港地區執行長，長期待在上海和 70、80 位同仁共事，這裡看似長足進步，但是同樣生活在上海，卻不是每區域都能均衡發展，和臺灣人起碼生活富足，有餘裕滿足更高層次的需求不同。

東西不同調，協奏不容易

不同時期，在荷蘭、上海和臺灣等地，葉昱良都曾帶領過從 40、50 人到 100 不等的團隊，以他的背景，要如何因地制宜，稱職當 Leader，向來入境隨俗的他，自有一套山人妙計。

「歐洲人在思考計畫上，花很多時間慢慢來規劃，中國人則是急性子。」就他觀察，歐洲人慢條斯理，先釐清五個 W 後，才會想 How to do？但是中國人慢不得，接了任務，不假思索就埋頭苦幹。之所以會有這種極端差異，葉昱良認為，差別出在教育。

「國外教育學生，很多事情表面自由，但是背後嚴苛，要求學生要有自我創意，不像臺灣方向明確，要學生按步驟學；一個要摸索，一個要按部就班。」有趣的是，他曾經做過一次「隨堂測驗」，要考考老外和老中誰能臨機應變。在吃飯交誼時間，他把 100 個人就東方人和西方人依工程師、Supply Chain 等類別，各分成 10 組，每

（續下頁）

（承上頁）

組桌子上有 1 組樂高積木模型，看誰能在最短時間內，拼出一模一樣的圖形。

「前幾分鐘老外先觀察，按兵不動；老中則是快速行動，先做了再說，」但是搶先一步的中國人，卻在中途遇到瓶頸，採邊做邊想，有問題再解決的策略，外國團隊則是想通了才動手，精確度高，屬於後來居上，「這反應一個事實：前面衝的快，後面卻得停下來修正，沒有 Team Work 默契，卡在細節過不去，就只能重頭再 Try。

葉昱良回想他過去所受的教育，每天都有寫不完的考試題，所以他們被訓練成解題機器，有問題就要馬上回答，不像受歐洲教育的小孩會反問，問這問題的意義在哪裡？我能從中學到什麼？正因為歐美教育以培養下一代能獨立思辨為導向，才能減低錯誤，通盤掌握大方向。以 CEO 立場，如果在他的領軍下，組織團隊能截長補短，有東方人的效率，也有西方人的細膩，那麼 NXP 在變身後會更完美。

在地人才，移植國際經驗

臺灣半導體業在幾位產界大老的支撐下，已成為臺灣的核心競爭力，也是世界上數一數二的支柱產業。論成熟度，論研發技術，臺灣因為起步早，所以有足夠利基領先中國，但是中國人多地廣，所以能經挑選篩用的比例也更高。對葉昱良來說，大中華是片沃土，所以 NXP 找人才，就像到臺灣、上海、香港、北京等地遊覽，要找嚮導和翻譯的道理一樣，只是對象轉換為擔任跨國公司的領隊。

為了要找到合適的左右手，人才發展培育計畫正如火如荼進展中。葉昱良提到，NXP 除了發展亞太區潛力新秀的培養計畫外，也組成以華語授課為主的大中華區人才發展培育中心，另外，就是直接到大學裡「挖人」。

目前就臺灣部分的領袖培植計畫，主要是針對向來被業界視為人才供給庫的重點大學，在具管理和工程背景的碩博士生中，發掘種子人才，進行「深耕」培育。在培育過程，會給予各階段性評估，由此審核晉升下一階等的資格。於是在學術與技術背景下，加上對外市場業務的實職訓練，無論是純熟度或專業度，NXP 往本土市場找人資，就是本土化結合國際經驗的最好範本。

（參閱：游姵瑜，卓越雜誌 281 期，2008 年 1 月）

隨著產業國際化、全球化的程度與日俱增，觀光企業也被迫邁向國際化、全球化。另一方面，大部分的先進國家及發展中國家的企業也面臨了：政府的法令限制、國內的工資成本提高、勞工意識的抬頭、原料的取得困難，以及民眾對環保的要求漸趨嚴格等問題，使得不少企業紛紛往國外發展，在其他國家設立據點或分公司，成為跨國企業或多國籍企業。

所以，這些國際性企業為能在競爭激烈的全球市場中脫穎而出謀求生存，就必須善用全球優良的人力資源；國際人力資源管理已成為企業人力資源管理的重要課題。

12-1　人力資源管理的國際化議題與內涵

國際人力資源管理的目的為針對國際性、全球性人力資源作最佳的配置與運用，追求成本與效益的最佳值，以提升企業的績效與競爭力。一般而言，國際人力資源管理包含人力資源規劃、任用、訓練與發展、績效管理、薪酬與福利、勞資關係等議題，如圖 12-2 所示。

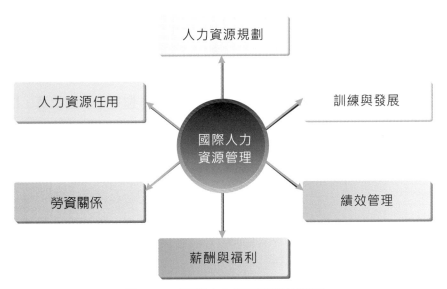

圖 12-2　國際人力資源管理的議題

一、人力資源規劃

國際人力資源規劃必須要考慮以下幾個因素，才能作最有效的規劃：

1. 人力資源策略：人力資源策略牽涉到企業管理當局的策略性思惟，究竟是追求低成本？高素質？抑或是低政治與人力風險？這些都是管理當局必須先釐清的問題，才能針對企業成本與效益的最佳值，擬訂戰術與措施。

2. 人力成本：成本是企業人力資源規劃考慮的第一個因素，先進國家或地區國民所得較高，人力成本當然也較高；落後國家或開發中國家國民所得普遍偏低，

3. 人力素質：除了考慮人力成本之外，人力素質是影響工作與產品品質的重要因素，所以在進行人力資源規劃時，必須列入通盤考慮。一般而言，先進國家或地區人力成本較高，高科技人力較豐沛，素質也較高。落後或開發中國家人力成本較低，人力素質也普遍較低，適合大規模勞力需求的產業。

4. 原料與市場：在整體供應鏈考量，國際企業可能會選擇接近原料、接近上游廠商或接近市場，以降低成本或取得商機與競爭力。例如，家具製造業一般都設在森林砍伐區附近，即為原料因素的考慮。

二、人力資源任用

國際企業在人力資源任用方面必須要考慮符合所在國（地主國）與勞工任用的相關法令（規），如勞動法、勞動契約、外國人在本國工作規定等。另一方面要考慮的是管理階層的任用，要由母國、母公司派駐？他國人才派任？還是地主國招募、挖角或培養擔任？這可能要衡量母國、母公司、地主國人力資源狀況、產業特性而定。

三、訓練與發展

訓練通常是短期的工作技能培養，而發展則指員工配合企業的長期需求，不斷地增進其本身的能力。擬訂一套完善而有彈性的訓練與發展計畫，對國際企業而言是相當迫切且重要的。

在訓練方面，可以在企業內部（所在國）進行培訓，或委外（Outsourcing）訓練。在發展方面，則較為複雜。針對所在國當地的員工、他國派駐員工、母國或母公司派駐員工的長期發展與生涯規劃，國際企業的人力資源管理制度必須作合理且完整的擘劃（圖12-3）。

圖 12-3　母公司為派遣海外的幹部作教育訓練

四、績效管理

　　國際企業的績效管理與本土企業（Local Enterprise）不同的是要注意人力資源的特性、所在國的文化與法律規定、國民所得、稅率、匯率等。**績效管理制度的擬訂與實施，需要注意獎懲的公平、公正、公開，獎勵是否具有激勵性，懲罰是否合理、合乎道德。**

五、薪酬與福利

　　薪酬與福利必須與績效管理制度密切結合，前提上也必須符合所在國的法律與當地市場行情，例如最低基本工資、每週最高工時、基本福利措施的規定等。

　　母國或母公司駐外人才以及國際性經理人，則要給予更優渥的薪酬與福利條件。

六、勞資關係

　　勞資關係是國際企業必須要嚴肅面對的，否則可能會造成勞資糾紛、罷工、員工圍廠抗議，甚至於當地政府的干涉等負面影響，而造成企業相當大的損失。

　　勞資關係以和諧為佳，勞工與資方的關係應是建立在共存共榮的基礎上（圖 12-4）。勞工為企業努力付出，資方應體恤員工的辛勞；企業內部可成立勞資糾紛協調小組，如無法解決再訴諸於當地政府的仲裁機構或法律途徑。至於福利方面，則須在成本與留住人才之間取得平衡點。

圖 12-4　母公司與海外在地員工互動良好，建立共存共榮的關係

七、國際化人力資源管理型態

　　國際化人力資源管理的型態有以下四種，而採取哪一種類型，主要是受到母公司高階主管態度和企業經營管理策略而定。

1. 母國中心型（Ethnocentric）：國外子公司很少有自主權，重要決策均來自母公司，而且母公司和國外子公司中的關鍵職位均由母公司的高階主管控制。

2. 多國中心型（Polycentric）：多國籍企業將各國外子公司視為涇渭分明的個體，並給予一些自主權，子公司的領導人由當地人士出任。

3. 區域中心型（Regiocentric）：為了反應區域策略，多國籍企業以此種方式擴展人力資源到更廣的層面，子公司的領導人會在特定區域間跨國調動，並擁有相當程度的地區自主權和決策權。

4. 全球中心型（Geocentric）：「唯才是用，不拘其國籍」是此類型多國籍企業的最佳寫照，為使此種方法獲得成功、有效，必須配合全球整合的企業策酪，才能奏效。

12-2　海外派遣與全球經理人

　　國際企業在各地主國設立工廠或分公司，除了使用當地的人力之外，當然也無可避免地由母國或母公司派遣技術或管理人才以及善用全球經理人。

一、母公司海外派遣的動機與目的

　　基本上多國籍企業認用外派人員擔任子公司經理人，具有下列的動機與目的：

（一）強化對於子公司營運活動的控制

　　由母公司外派人員至子公司最主要的目的在於控制子公司的營運，由於外派人員通常比當地人士更了解多國籍企業的策略與目標，而且母公司通常較信任外派人員，透過外派人員蒐集第一手子公司的資料，皆有助於多國籍企業對子公司的控制。

（二）增加母子公司間的整合程度

　　由於外派人員較了解多國籍企業的策略與全球營運，因此有助於提升子公司與多國籍企業其他單位間，營運活動的整合程度與協調事項。

（三）協助多國籍企業移轉技術、知識至子公司

　　許多子公司營運所需的知識與技術皆是由多國籍企業（包括母公司與其他子公司）而來，特別是在子公司創立初期。所以從技術、知識移轉觀點，任用原單位的人員（即外派人員）會有助於知識與技術的移轉，因為他們比當地人士更具備與了解知識、技術的本質與內涵。

（四）傳達母公司的企業文化與管理制度

　　許多多國籍企業非常強調「文化控制」與多國籍企業內部管理制度的一致性，因為在相同的文化價值觀與管理制度下，可以節省溝通、協調與整合的成本，所以透過母國所外派的經理人可以協助傳達母公司的企業文化與管理制度。

（五）地主國缺乏合適的人才

　　當地主國缺乏多國籍企業所需的經理人時，任用外派人員可能是不得不然的選擇，尤其在子公司創立初期，尚未培養當地合格的經理人，因此較常使用外派人員。此外，由於高階經理人所需資格與能力之要求特別高，更不容易找到當地合適的經理人，因而使用外派人員擔任。

12

（六）經由外派工作培養具國際觀的經理人

由於多國籍企業的營運必須整合跨國子公司的運作，多國籍企業對於具有國際觀、國際視野與管理能力經理人的需求特別高，因此透過外派工作安排，多國籍企業可以培養未來的高階經理人，甚至外派資歷已成為升遷重要依據（圖 12-5）。

圖 12-5　母公司培養了一批海外工作的菁英幹部，可以為高階經理人等職位做未來的人選

二、海外派遣考慮因素

母公司不論是在母國招募人才或從母公司內部挑選人才遠赴海外，都必須注意以下幾點：

（一）家庭狀況

被派遣者遠赴他國工作，不可能經常回家，家庭是否能充分支持是首要考量因素，以免發生家庭問題造成人力不穩定。

（二）語言能力

外語能力也是相當重要的，駐外人員的外語能力好壞，影響到其工作效率與績效，能否充分發揮其派駐功能。

（三）生活適應能力

地主國的風俗文化、生活習慣、人際關係等也是企業在選擇海外派駐人力時須納入重要考慮的。在同樣的條件下，適應力強、無風俗文化排斥，人際關係良好的人才應優先予以考慮。

（四）薪酬與福利

海外派駐人員的薪酬與福利，自然要高於其在國內的待遇，才能增強其意願。一般可分為以下內容：

1. 基本薪資（Base Salary）：基本薪資的訂定相當重要，因為後續的加給項目多半以基本薪資為基準計算給付比率。企業在制定外派人員基本薪資時，應該決定此海外職位的職等，並且與本國職位互相配合以求公平性，而且此方式可以使員工在回任時與母公司的職位銜接。

2. 海外工作加給（Overseas Premium）：為了鼓勵員工至海外工作，企業通常會給予員工海外工作加給，以增進員工赴海外工作的意願與承諾。加給的範圍通常在 10%～50%，必須視海外工作的性質、職位、地區、派駐期長短而定。

3. 艱苦加給（Hardship Premium）：許多海外據點的地主國環境並不若母國完善先進，因此許多多國籍企業對於派駐到相對於母國較為落後的地區提供艱苦加給，例如先進國家的多國籍企業人員派駐到東南亞、東歐或中國大陸等國的加給。

4. 所得稅支付補償（Tax Reimbursement Payment）：派駐員工通常會面臨母國與地主國雙重課稅的問題，因此企業通常會對此狀況加以補償，或提高薪資以彌補損失。此外，亦有企業將海外員工薪資分成兩部分，一部分由母公司發放，另一部分由子公司發放，減少員工全額課稅的損失。

5. 津貼（Allowance）：因為員工赴海外工作會產生許多額外的成本，因此企業多半會提供津貼加以補助，包括生活津貼（因為母國與地主國物價水準的差異而產生的額外支出）、房屋津貼（除非企業提供宿舍，否則必須給予海外員工居住的補助，例如補貼房租或以薪資百分比提供津貼）、子女教育補助與搬家津貼等。

6. 福利（Benefit）：基本福利項目會因母國與地主國的政策而有所差異，通常企業會採取兩地較優者作為福利基準。福利通常包括醫療、社會福利、退休金給付等。此外，外派人員的返國或親屬赴海外探視員工的旅遊費用亦在福利補助之列。

（五）生涯規劃

關於海外派駐人員的生涯規劃，母公司人力資源單位要先與駐外人員溝通。屬於短期派駐（一年內）問題較為簡單，如為一年以上的長期派駐，其在母公司的原職位則可能已被他人遞補取代，當他日調其回母公司時，職務該如何銜接？大部分的駐外人員視海外派遣為垂直晉升的機會。但是實際上回國駐外人員仍會遭遇到下列問題：

1. 回國的管理人員，沒有現成的工作可做。
2. 喪失決策權及專業自主性。
3. 喪失事業發展及晉升機會。
4. 來自同儕間的排斥。
5. 母公司未善用駐外人員所帶回對海外運作環境的了解與資料。

理想的駐外人員派遣計畫應涵蓋人員出發前、調遣海外期間及回國後的事業規劃，計畫內容應包括：

1. 確認駐外期限及駐外期間應負的責任以及回國後的職位安排。
2. 公司應在駐外人員與母國人員間建立溝通網路。在人員駐外期間發揮提供特定文化課題及即時國內組織資訊，以避免駐外人員產生疏離感。
3. 隨時監督駐外人員訓練及發展的需要。許多海外作業中缺乏提供駐外人員（及其家庭）正式或非正式的學習機會。在區域性總部提供管理訓練，可以確保駐外人員在不同文化環境中仍有管理其他人的知識與能力。
4. 在駐外人員海外派駐期滿前六個月，應就其職位及職務妥善安排。

三、全球經理人

IBM、HP、高盛以及其他大型的國際企業集團，派駐在各國或地區的高階經理人，動輒年薪高達數百萬、數千萬美元。

這些奇貨可居的「全球經理人」究竟有何本領讓身價如此地高？國際企業或許可以從企業內發掘此等千里馬，但是大部分都是透過獵人頭公司到處尋覓挖角這些「高人」（圖12-6）。

圖12-6　全球經理人的年薪可高達數百萬或數千萬美元

　　一般而言，全球經理人具有以下的特質：

1. 豐富的實務歷練：對全球經理人而言，豐富的實務歷練是先決的條件，尤其是大型國際企業的管理經驗，而這些經驗必須是成功的，在業界享譽盛名的經驗。

2. 卓越的管理能力與技術能力：卓越的管理能力與技術能力是全球經理人不可或缺的，全球經理人在追求效率與效能的同時需具有領袖的魅力及魄力（執行力），並需具有相當程度的技術能力，因為外行領導內行並不容易。

3. 睿智的策略思維：全球經理人必須有正確的、優於其他同業或主要競爭者經理人的策略思維。根據策略擬訂有效且有彈性的戰術與商業作為。

4. 旺盛的企圖心：全球經理人的行為與評價完全是以「績效導向」為依歸，所以旺盛的企圖心是全球經理人必備的條件之一，才能不斷地追求與突破更高的績效目標（圖12-7）。

5. 過人的體力與活力：全球經理人日理萬機且需洞燭先機，常常以飛機為代步工具，付出相當大的體力與腦力，得具備過人的體力與活力才能應付得來。

6. 超強的適應能力：對氣候、語言、風俗文化、宗教、生活習慣、人際關係、領導統御等，全球經理人都必須有超強的適應能力，才能達成董事會所賦予的使命。

12

圖 12-7　全球經理人必備的條件之一：具有旺盛的企圖心

12-3　兩岸臺商人力資源管理

1987 年（民國 76 年）政府開放臺灣人民到大陸探親，打破了兩岸 40 多年的隔閡，也開啓了兩岸民間的交流。當時臺灣正值政治解嚴、勞工運動興起、勞力成本上升等因素，導致企業開始大量外移。1990 年代初期政府開放兩岸經貿，企業考量中國大陸人力低廉、市場廣大、同文同種等因素，紛紛以中國大陸爲主要的設廠投資地區。

臺商（在大陸稱爲臺資企業）基於上述因素，再加上商業策略思維與經驗走在大陸前面，因此成功的企業不勝枚舉。例如：康師傅、寶成（男鞋）、達芙妮（女鞋）、捷安特、晉億（螺絲、螺帽等緊固件）、錦泰（鋼條、鋼材）、統一、旺旺、富士康、明碁、85℃、王品等。

隨著中國大陸經濟的快速成長，一些問題也逐漸浮現。例如：基本工資的提高、市場勞力行情（成本）水漲船高、社會主義高度保護勞工、缺工等，再加上 2008 年 1 月 1 日實施的《勞動合同法》與原來實施的《勞動法》（合稱勞動兩法），使得勞力成本大幅提升；此外，如遇勞資糾紛，大陸仲裁機關明顯偏袒勞方，這些都使得臺商必須好好正視在大陸的人力資源管理的課題。

一、臺商在中國大陸的人力資源管理現況

臺商秉持著「草籽」、「草莽」等拼搏精神，篳路藍縷披荊斬棘，到處開疆闢土，可敬可畏，在中國大陸已闖出一片天，塑造了臺商的人力資源管理模式，其現況爲：

（一）善用臺籍幹部

不論是高層、中層或基層管理幹部，臺商特別喜歡使用「臺幹」，主要考慮的理由爲：(1) 保護老闆；(2) 建立並維護公司的文化與典章制度；(3) 指導大陸員工作業與技術；(4) 協助大陸人才培育與發展；(5) 制衡大陸幹部與員工。

（二）一臺一陸的管理階層

除了極高階的管理層級外，各階層的管理幹部儘量使用「一臺一陸」的政策。除了要安撫與領導大陸勞工之外，也可以培養大陸優秀幹部。

（三）拔尖與汰底的績效考核制度

在績效考核方面，一定要貫徹「具體化」、「制度化」、「證據化」的考核制度。表現良好的要給予具激勵性的獎勵，例如升職加薪，此即「拔尖」；反之，表現不好的給予懲處或解雇，此即「汰底」。賞罰必須要分明，不可鄉愿或模糊不清。

（四）加強教育訓練與福利制度，以留住員工

臺商在大陸為控制成本，無法如歐美企業採取高薪政策，通常以加強員工教育訓練與福利制度來留住員工。例如天福茗茶（臺灣天仁茗茶）即以辦學校的方式來培養員工，富士康在公司內部設立診所等。

（五）由軍事化管理轉變為人性化管理

昔日臺商在大陸投資以製造業為主，對員工的管理大多實施軍事化管理的方式。近年來，因為大陸經濟快速發展，國民所得提高，上海、北京等城市已擠身國際大都會之林；而且臺商在大陸的投資跨足各行各業，軍事化管理未必適用，所以已逐漸轉變為人性化管理的方式（圖 12-8）。

圖 12-8　臺商公司在大陸工廠已逐漸人性化管理

二、臺商當前面臨的人力資源管理問題

臺商在大陸面臨了以下幾個會影響經營的重大人力資源管理問題：

（一）人力成本大幅提高

一般的基層勞工每月工資大約為 1,500 人民幣至 2,500 人民幣之間，大學（大陸稱為本科）每月工資為 2,500 人民幣至 3,500 人民幣，碩士每月薪資為 3,500 人民幣至 6,000 人民幣。而在上海、北京等城市因物價較高、外資企業較多，相對的工資已較高。當然還有其他的影響因素，例如是否名校畢業、熱門科系、工作經驗等，北京清華大學、北京大學、上海交通大學、上海復旦大學、南京大學、浙江大學等名校工科或管理金融科

系專業在上海、北京等城市，本科畢業每月工資可能高達 6,000 人民幣，碩士每月工資可能高達 9,000 人民幣，博士每月工資更可能高達 15,000 人民幣以上。

（二）勞動二法過於嚴苛

中國大陸奉行社會主義，《勞動法》與《勞動合同法》（請參閱附錄）對勞動者保護過度，對企業經營者而言會覺得相當嚴苛，也提高了不少成本。例如上海、北京的員工會要求「五金」（養老保險金、醫療保險金、失業保險金、住房公積金、工傷保險金）、「六金」（五金＋生育保險金）。如遇到勞資糾紛，臺商（臺資企業）又被歸爲外資企業，仲裁機關會明顯偏袒勞方。

（三）員工跳槽問題嚴重

大陸自改革開放以來，政府當局給予外資企業各種優惠措施。近年來經濟蓬勃發展，世界前 500 大企業幾乎都在中國大陸投資設廠設公司，對人力的需求相當龐大，不論是基層勞工或各專業領域的人才均有供不應求的現象。歐美企業挾著財大氣粗搶人力搶人才，所以跳槽問題十分嚴重，例如設廠在廣東省的臺商工廠常常會面臨缺工的問題。

三、大陸臺商可行的人力資源管理措施

雖是同文同種的兩岸傳統文化關係，但是歷經 40 多年的時空隔閡，大陸的勞動人力資源環境與勞動法令是迥異於臺灣的。

因此，臺商企業應該回到思考的原點，用國際投資觀點重新審視大陸的人力資源特性，了解大陸員工的職場價值觀。不要把臺灣的管理模式一成不變地運用在大陸的員工管理上，而要以具有中國特色加實力主義的策略方向，規劃臺商企業的人力資源管理作業。臺籍幹部被賦予領導與管理大陸員工的重責大任，必須認知大陸員工的特質，以下幾點是站在人力資源角度而建立的領導與管理模式。

（一）建立規章制度的流程與公示程序

《勞動合同法》第四條規定，用人單位應當依法建立和完善勞動規章制度，保障勞動者享有勞動權利、履行勞動義務。用人單位在制定、修改或決定有關勞動報酬、工作時間、休息休假、勞動安全衛生、保險福利、職工培訓、勞動紀律，以及勞動定額管理等八大內容，直接涉及勞動者切身利益的規章制度時，應當經職工代表大會或全體職工討論，提供方案和意見，與工會或職工代表平等協商確定。同時經過公示程序，周知全體員工。

關於規章制度，2008 年施行的《勞動合同法》特別針對與勞動者切身利益的規章制度的八大內容，正式宣告企業自行制訂、自行實施的情況是違法行為。一定要經過工會討論，以及公示程序，才算完整合法。

（二）建立人事管理制度或員工手冊

臺商為求永續生存與發展，就需要對企業員工的在職與工作行為加以規範，使其遵守某些規定，以確保內部和諧與合作，並減少發生勞動爭議情事。所規定的內部管理規章制度可大可小，完全根據企業運作的需要與營運規模而定。

臺商針對大陸企業環境的特性與經營管理的需求制定「人事管理制度」或「員工手冊」，事實上雖只是管理規章的一部分，卻是與每位員工的權利與義務相關的管理規定：其內容涉及招聘、試用、培訓、任用、工資、調動、晉陞、考勤、考績、獎懲、辭退、離職、移交等人事管理作業的流程、審批、權限委讓，都與員工權益掛鉤，也與管理秩序有關。

一般的做法是，製成小冊子後，分發給幹部員工每人一本，工人由基層領班負責教導與解說並備查詢。由於「人事管理制度」或「員工手冊」屬於企業管理規章性質，因此制定出來後應送當地勞動人事機構報准。

（三）凝聚大陸員工的向心力與參與感

從社會主義的優越性來尊重員工，讓他們有參與感。為了凝聚向心力與參與感，讓員工參與企業發展的討論機會，從而改變大陸員工被動的心態。此外，面對這種抱有優越性觀念的大陸員工，臺商可採取較強勢的作風，經由權威式管理來提升工作效率。最後是建立起法治管理制度，推動人性化管理，才是永續經營的正途。

（四）中國特色與實力主義相結合的激勵管理制度

臺商所招募的大陸員工，其優點是衝勁和企圖心都很強。以往大鍋飯時代，員工的表現與工資是脫鉤的，做多做少是領一樣的工資。因此，依循唯物主義的思維建立一個客觀的職場環境，並與獎懲分明、職務金錢掛鉤的制度，將工作與激勵機制相結合後，才能讓員工知道，具有衝勁和企圖心的能力是與工資高低有關的。最後再以唯物主義的客觀性，充分應用在領導統御、職級升遷制度、工資結構、獎勵與懲罰（每月表揚考績優秀的員工並給獎金，對於違規的員工罰款）。

例如，對於有貢獻的員工給予記功及獎金獎勵，甚或升遷晉級賦予較高頭銜。對於違反出勤規定、因個人不良或故意違背作業規範，而造成企業經濟損失的，給予記過、罰款處分。尤其對來自內陸員工來說，罰款會讓他們有切膚之痛。獎懲辦法的適當運用，對激發員工工作效率或遵守制度有很大的成效。

（五）培訓的觀念與技巧

首先建立正確的生活禮儀規範，諸如一些生活常規、公德心，必須花些心思加以培養。很多大陸員工缺乏對環境維護的責任心，也不會節約水電，應以培訓與獎勵和處罰制度來執行。接著是培訓正確的職場價值觀，排除平等主義與吃大鍋飯的心理，以實力獲得更多的報酬與晉升機會。第三步驟是灌輸員工了解內部管理規章與標準作業規範，加強品質、成本、效率等管理觀念技巧。

（六）重新制定幹部與大陸員工的關係

有時大陸員工會仗著與臺幹有私交而狐假虎威，享受特權裝老大。這類問題的解決之道，在於避免與部屬來往過於密切，尤其是異性部屬，以免他們以為獲得寵愛或特權。同時不要獨厚某位大陸員工或幹部，以防其察言觀色，狐假虎威，享受特權。如果異性部屬主動示好，千萬不要回應。

臺商管理大陸員工時，不要擺出高傲姿態，更切忌人身攻擊。而應從尊重出發，也不要在言談中流露出意識形態的批判。臺籍幹部也應提升專業知識與管理技巧，才能在員工面前保有專業權威的地位而受到尊敬。更要以身作則，勿在員工面前一套說詞，自己卻是另一套行為，才能一言九鼎，權威行事。

（七）處理違紀員工要有技巧

罰款、處罰等都是管理手段，而教育、避免下次重犯才是公司管理者的最終目的。對員工違紀處理的原則是公平、公正、合理。所依據的準則是公司內部管理規章的相關規定。

1. 員工違紀的處理方式與時限
   （1）處理方式：面談。
   （2）處理時限：最好當天處理，最晚不超過第 2 天。

2. 處理違紀員工時應注意的問題及技巧

（1） 切忌未經調查、取證、分析，而當場認定員工的錯誤。

（2） 一定要在公平、公正的前提條件下進行處理。

（3） 面談時要先肯定員工的優點，從而引出員工的缺點（錯誤），並加以批評、教育。

12-1

兩岸勞動法規比一比

臺灣於 2008 年 5 月新政府上任後，目前正積極研擬開放大陸地區人士來臺投資相關辦法，此政策如具體落實，臺灣或將開放大陸地區人士來臺從事陸資事業的經營管理或技術支援工作。鑑於大陸在 2008 年 1 月 1 日實施對企業及勞動者影響深遠的《勞動合同法》，以及兩岸經貿交流迅速發展趨勢，本文簡述比較臺灣《勞動基準法》（下稱「勞基法」）及中國《勞動合同法》（下稱「合同法」）關於勞動契約的規範，提供臺商、陸資事業以及於兩地工作的勞工朋友參考：

勞動契約形式

關於勞動契約形式，除技術生及藍領外勞外，臺灣勞基法無特別規定，即勞資雙方得以口頭或書面方式約定勞動條件及相關權利義務。而按中國合同法規定，勞資雙方必須簽訂書面的勞動合同，載明特定事項的約定條件（例如合同期限、試用期、工資、工時、休假、社會保險等），如雇主未依法與勞工簽訂書面合同，應支付加倍工資，並視為訂立無固定期限合同。

勞動契約種類

關於勞動契約種類，臺灣勞基法分為不定期契約與定期契約兩種；只要工作性質具備繼續性，或非繼續性工作超過法定期限時，勞資雙方應簽訂「不定期契約」。中國合同法則分為三種：固定期限合同、無固定期限合同、以完成一定工作為期限合同；勞資雙方連續簽訂兩次「固定期限」合同後，即應簽訂無固定期限合同。

勞動契約終止與離職補償

關於勞動契約終止原因，臺灣勞基法及中國合同法規範大致相同，均包括定期契約期間屆滿終止、勞工（自願或非自願）辭職、勞工（自請或強制）退休、雇主依法

（續下頁）

（承上頁）

資遣或解僱、勞資雙方合意終止等情形。但兩岸勞動法制關於雇主終止勞動契約是否應給與勞工離職補償（資遣費或經濟補償），則略有不同規範：

按臺灣勞基法規定，雇主應給付勞工資遣費情形，包括（1）因雇主經濟性原因被資遣者（例如：歇業或轉讓、虧損或業務緊縮、業務性質變更等）；（2）因勞工確不勝任工作被資遣者；（3）因可歸責雇主事由而非自願辭職者（例如：雇主或其代理人對勞工實施暴行或有重大侮辱行為、勞動契約約定工作對勞工健康有損害之虞經通知雇主改善而無效果、雇主未按勞動契約給付報酬、雇主違反勞動契約或勞工法令等）。

按中國合同法規定，雇主應給付勞工經濟補償的範圍較廣泛並更為具體，包括：（1）勞資雙方合意解除合同；（2）固定期限合同期滿，雇主未能維持或提高勞動條件續訂合同；（3）勞工經培訓或調整職位後仍不勝任工作；（4）因情事變更需變更勞動合同但未能達成協議；（5）經濟性原因裁員；（6）因可歸責於雇主原因解除合同（例如：雇主違反合同、未及時足額支付報酬、未繳納社會保險費、勞動制度規章違法、簽訂顯失公平或預先免除雇主責任的無效合同等）。

預告期間及離職補償標準

關於勞動契約終止或解除的預告期間，臺灣勞基法規定，雇主資遣勞工或勞工自請辭職時，應按勞工服務年資長短給與他方 10 日、20 日或 30 日之預告期間；而中國合同法之關於勞資雙方終止合同的預告期間，均為 30 日。

關於離職補償標準，臺灣勞基法對勞工適用該法退休金舊制的年資，每年給與一個月平均工資的資遣費；對適用勞工退休金條例退休金新制的年資，每年給與 0.5 個月平均工資的資遣費（最多以六個月平均工資為限）。關於月平均工資計算，係以勞工於終止日前六個月工資總額除以六所得之金額。中國合同法則規定雇主支付經濟補償標準，係按勞工年資每年均給與一個月工資；而計算經濟補償的月工資，係以勞工在合同解除或者終止前一、兩個月的平均工資。

綜上所述，兩岸勞動法制關於勞動契約規範雖大同小異，但中國合同法較臺灣勞基把對勞動契約約定內容更具體規範、對勞動者權益保障範圍更廣泛、對雇主違約或違法時的處罰更嚴格。筆者期藉由本文對於兩岸勞動契約法制的比較，作為臺商、陸資事業及勞動者於簽訂勞動契約（勞動合同）的參考。

（參閱：陳瑞敏，經濟日報，2008/9/1）

12-2

培育世界級經理人 —— 地方小兵變身世界一軍

　　企業人從地方小兵到世界一軍，決定於視野（Vision）的寬度與能力的厚度。視野就像圓規兩腳拉開的寬度，可以選擇侷限在臺灣，也可以大大地拉開跨足全球；而能力是經驗累積的過程，隨著外派到其他國家、全球移動的工作經驗增加，厚度也會持續增加。

　　經理人的能力只有全球化，沒有在地化。例如一位在地行銷經理所面臨的挑戰，是來自全球品牌在當地行銷，他所面對的市場競爭，其實是全球的競爭。如何增加職涯發展的寬度與厚度？可以從增強國際化能力、找到事業職涯的良師、把握每一次外派機會、具備專業能力又通曉運作的規則與標準等四個層面著手：

國際化能力：語文、文化了解

　　首先，了解什麼是國際化能力，並加強這些能力。英文能力是國際化的開端，具備英文能力才能打開世界之窗，臺灣人的英文程度不如香港、新加坡人，造成國際化及開放速度落後。

　　看得懂、聽得懂的英文新聞節目、知性節目，可以理解各國的不同，英文能說、能寫也才能和不同國籍的人溝通，英文能力是日常生活日積月累的結果，可以從生活中找學習的機會，不一定要等到外派到國外工作時才開始加強。

　　跨國文化的了解與認知，也是國際化能力之一。據聯合國文教組織對「國際化能力」的解釋：「現代公民必備的素養，包括對文化的尊重、學習，與不同族群的人相處，了解不同文化，不歧視他人。」

找到事業職涯的良師

　　學生時代碰到困難或問題，有良師可以指點迷津；而進入社會工作後，工作發展變得複雜，更需要找到事業職涯的良師，適時給自己建議。

　　一般外商公司都設有「師徒制」，企業人可以自行找一位導師（Mentor），給予工作上或職涯發展上的指導，他們甚至會開課教導同仁，如何加強教練（Coaching）別人的能力（表 12-1）。

（續下頁）

（承上頁）

表 12-1　教練、導師與管理者的不同

	教練 (Coach)	導師 (Mentor)	管理者 (Manager)
觀點	個人發展目標	跨部門（平行）	自我部門（垂直）
指揮系統	外在的要求	無權責	有權責
輔導	更深的發展	更寬的視野	更好的績效
強化	自我的省視	自我的成長	績效的監控
關心	個人的成長	思考能力	生產力

　　IBM 對每一位新進員工都會安排一位資深人員做 Mentor（私人教師），以協助新人更快進入工作狀況，也順利地適應工作環境；而每一位同仁也可以自行在公司內部找尋想學習的對象，學習的內容不一定要和工作有關，例如職涯發展、攝影、電腦繪圖、寫作等，只要找到學習的對象，而對方也願意教你，就可以提出申請，彼此變成導師與徒弟的關係。

　　瑞士銀行（UBS）也是相同的情況，每位員工可以從全球顧問群中指定一位 Mentor，負責引導自己。臺灣財富管理董事總經理陳允懋坐到今天這個位置，他認為關鍵階段有 Mentor 相伴，可以更順利地學習成長，讓他從地區顧問一路晉升為區域全球經理人。

　　陳允懋說，在他調回總部接受精英計畫培訓時，他也邀請瑞士總部一位資深講師當他的導師，在對方的引導下，讓他的跨國管理能力大躍進，成為一位國際級的 Team Player。由於 Mentor 曾經走過自己要走的路，所以他能給你一針見血的職涯發展建議，更重要的是他本身具備的國際經驗，恰巧補足自己較弱的部分。

把握外派或出差海外的機會

　　全球經理人都有第一次外派或出差到國外工作的經驗，在被告知需要外派工作時，他們的反應通常是：「趕快把握機會。」

　　外派或出差國外工作的經驗，可以成為工作晉升的籌碼。瑞士洛桑管理學院教授莫里‧佩伯爾（Maury Peiperl），專長於人力資源策略與全球移動力及經理人的職涯規劃研究，他認為全球移動能力（Global Mobility）就是一種資本、一種財富，經理人

（續下頁）

（承上頁）

應該建立「職涯資本（Career Capital）」的概念，因為每一次的出差工作資歷和外派到別的國家的工作經驗，都會使自己變得更有能力，也是累積工作績效與財富的重要關鍵。

此外，外商經理人有兩個重要階段的外派經驗，一是第一次的跨國調派，二是調派回總部工作。

調派回總部，通常是因為每個階段的能力與績效都受到公司的認同，而成為公司高階主管的一員，調回總部主要增加對公司文化的了解，與其他高階主管相處的機會，一旦結束總部的工作，再度外放，通常會成為區域或全球的經理人。

保聖那（PASONA）暨經緯智庫（MGR）總經理許書揚認為，30 歲到 40 歲是企業最願意外派的年齡，40 歲以上有點老，30 歲以下經驗不夠，他說：「具備管理海外分公司的能力，比有派駐海外的經驗來得重要。」只要自己能力、專業技術夠、跨國文化調適能力強，其實不一定要住在當地，可以安排定期出差，同樣也可以做好管理的工作。

具備專業能力又通曉運作的規則與標準

具備專業知識能力又通曉運作的規則，是指一位全球人資長，要通曉全球型人力資源發展的制度與方法，又具備豐富的實務專業經驗；或一位全球財務長，既具備財務管理專業，又了解國際公司治理等法規的要求。

具備這種能力後，還要能了解自己，知道如何展現出自己最好的一面，台達電人資資深處長倪匯鍾就是一位典型的成功例子。

多年前倪匯鍾服務於飛利浦，當時公司要在亞洲區挑選出一位區域性主管，倪匯鍾代表臺灣參加徵選，與新加坡、香港、韓國、中國等地區的人資主管一同角逐，最後由倪匯鍾出線。

倪匯鍾當時做對了兩件事，一是他認為大家的專業對公司內外運作規則了解都差不多，而區域主管需要具備的是應變能力，所做的決策可以反映各國不同的人力需求，他的邏輯思考強，市場敏感度強，是他可以獲選的優勢，所以他決定突顯自己這方面的能力；另外，他也集中全力，事前做了充分的準備，讓自己贏得公司高層一致的肯定。

（續下頁）

（承上頁）

外商如杜邦（DuPont）、惠普（HP）等，都要求全球經理人一定要具備「全球觀的策略思考」，也就是擬訂策略時，一定從全球看自己的相對優勢，並發揮這些優勢。成為世界級經理人不是一步登天，而是抱持著每一次都要有把事情做到最好的決心，讓自己一步一步的成長，也帶領別人成長，每一次都能創造團隊卓越績效，最後走出自己世界級的人生。

（參閱：李宜萍，管理雜誌 401 期，2007 年 11 月）

1. 隨著產業國際化、全球化的程度與日俱增,企業被迫邁向國際化、全球化。另一方面,大部分的先進國家及發展中國家的企業也面臨了:政府的法令限制、國內的工資成本提高、勞工意識的抬頭、原料的取得困難,以及民眾對環保的要求漸趨嚴格等問題,使得不少企業紛紛往國外發展,在其他國家設立據點或分公司,成為跨國企業或多國籍企業。

2. 一般而言,國際人力資源管理包含人力資源規劃、任用、訓練與發展、績效管理、薪酬與福利、勞資關係等議題。

3. 國際人力資源規劃必須要考慮以下幾個因素,才能作最有效的規劃:人力資源策略、人力成本、人力素質、原料與市場。

4. 國際企業在人力資源任用方面必須要考慮符合所在國(地主國)與勞工任用的相關法令(規),如勞動法、勞動契約、外國人在本國工作規定等。

5. 國際化人力資源管理的型態有以下四種:母國中心型、多國中心型、區域中心型、全球中心型。

6. 多國籍企業任用外派人員擔任子公司經理人,具有下列的動機與目的:強化對於子公司營運活動的控制、增加母子公司間的整合程度、協助多國籍企業移轉技術與知識至子公司、傳達母公司的企業文化與管理制度、地主國缺乏合適的人才、經由外派工作培養具國際觀的經理人。

7. 母公司不論是在母國招募人才或從母公司內部挑選人才遠赴海外,都必須注意以下幾點:家庭狀況、語言能力、生活適應能力、薪酬與福利、生涯規劃。

8. 全球經理人具有以下的特質:豐富的實務歷練、卓越的管理能力與技術能力、睿智的策略思維、旺盛的企圖心、過人的體力與活力、超強的適應能力。

9. 臺商的人力資源管理模式,其現況為:善用臺籍幹部、一臺一陸的管理階層、拔尖與汰底的績效考核制度、加強教育訓練與福利制度以留住員工、由軍事化管理轉變為人性化管理。

10. 臺商在大陸面臨了以下幾個會影響經營的重大人力資源管理問題:人力成本大幅提高、勞動兩法過於嚴苛、員工跳槽問題嚴重。

重點整理 SUMMARY REVIEW

11. 大陸臺商可行的人力資源管理措施，包含以下幾點站在人力資源角度而建立的領導與
管理模式：建立規章制度的流程與公示程序、建立人事管理制度或員工手冊、凝聚大
陸職工的向心力與參與感、中國特色與實力主義相結合的激勵管理制度、培訓的觀念
與技巧、重新制定幹部與大陸員工的關係、處理違紀員工要有技巧。

本章練習 LEARNING PRACTICE

個案教學設計

1. 請同學就手邊電腦或智慧型手機，上網查閱國內各縣市政府觀光旅遊局的規劃活動，尤其在國際化方面的活動設計及人力資源管理應用上，並在全國 20 縣市中，任選兩個縣市來查閱，加以記錄。（約 10 分鐘）
2. 請同學重複閱讀本章在章首的小故事及章末的個案研討，記錄在人力資源管理國際化的議題，同時列出培育優秀國際化人力的重要性。（約 8 分鐘）
3. 請四位同學，報告有關各縣市觀光旅遊局對國際化觀光人力的重複程度，並列出觀光人力要國際化應有的準備與正確觀念為何？（約 20 分鐘）
4. 請教師一一講評，並指導有關觀光人要成為國際化人才的重要因素有哪些。（約 12 分鐘）

建議：以上個案活動設計，總共需應用一節課（50 分鐘）來實施。

問題討論

1. 國際人力資源管理包含哪些議題？
2. 國際人力資源規劃必須要考慮哪些因素，才能作最有效的規劃？
3. 多國籍企業任用外派人員擔任子公司經理人，具有哪些動機與目的？
4. 企業海外派遣要考慮哪些因素？
5. 全球經理人具有哪些特質？
6. 臺商在大陸可能會面臨哪些影響經營的重大人力資源管理問題？

第 **13** 章

觀光人與人力資源管理
的未來

本章大綱

13-1 觀光界人力資源管理資訊化的重要
　　 性與應用

13-2 參與式管理在觀光人力資源上的應
　　 用與發展

13-3 新的勞資關係

學習重點

1. 觀光人人力資源管理資訊化的內涵

2. 觀光人了解參與式管理

3. 觀光人討論新的勞資關係

進大企業敲門磚：派遣工作

　　越來越多企業利用長期派遣方式聘任新員工，人力業者最新統計發現，派遣職缺數和二年前同期相比，已成長逾三成，以業務貿易類最多。求職專家建議，可把派遣當成進入大企業的敲門磚，接受派遣前應先打聽派遣員工在該企業轉正職的機會。

業務貿易類職缺最多

　　人力派遣指的是員工受僱於派遣業者，業者再把人力派至有需求的企業去工作，通常派遣期逾半年者稱做長期派遣。1111 人力銀行人才派遣中心統計，過去一年透過該公司釋出派遣職缺達五萬個，較前年成長三成，業務貿易、生產製造、行政總務是三大長期派遣職缺最多類別（圖 13-1）。

圖 13-1　1111 人力銀行首頁

　　1111 人力銀行營運長吳睿穎表示，長期派遣主要是一年一派，越來越多大企業不聘用新人，改採派遣人力，再從中挑選適合人才轉任正式員工，「就像試用期的變形。」他也建議，求職者在接受派遣前，可多方打聽要派企業的升遷管道。派遣業者萬寶華

（續下頁）

（承上頁）

企業顧問臺灣區總經理劉玿廷表示，不少企業漸把文書處理、聯絡、資料蒐集整理等非核心任務交給長期派遣員工，已和過去打雜、跑腿等工作性質不相同，「對學生、社會新鮮人和工作經驗較少的求職者而言，長期派遣是很好的入門管道。」

美商優派亞太區人資暨行政服務處協理陳怡均表示，有些派遣工作者喜歡體驗不同行業，可累積各種經驗，又能預先規劃長假，很有彈性，「但每次受派工作都要認真投入，不應懷著交差心態行事。」

適《勞基法》享勞健保

半年前接受派遣擔任行政助理的陳小姐則抱怨說：「雖在同一辦公室工作，派遣員工福利卻少很多，如尾牙抽獎或員工旅遊都沒有，就像公司的二等公民。」

青年勞動九五聯盟執行委員鄭中睿指出，派遣員工遇到欠薪或職災時，常出現派遣公司和要派企業互推責任，派遣員工最好注意合約中是否載明責任歸屬，以免出事時求償無門。勞委會也指出，派遣勞工的工資、工時、休假均適用《勞基法》，派遣公司也應幫勞工辦理勞健保，如有爭議可向工作地的勞工局申訴。

從事派遣工作應注意的事項：

1. 慎選有規模、有口碑的派遣機構。
2. 應與派遣機構簽訂書面勞動契約。
3. 以書面確認要派機構、工作地點、職務、工時、休假等事項。
4. 派遣勞工的工資、工時等各項權益均應符合《勞基法》。
5. 派遣勞工也應享有勞保、勞退。

（參閱：栗筱雯、陳嘉恩，蘋果日報，2008/8/24）

13

　　20 世紀後期，臺灣的觀光產業逐漸受政府與民間各界重視，尤其在 1995 年之後，兩岸百姓互動頻繁，帶動了臺灣的觀光產業，來臺觀光客人數到 2014 年已達近千萬人次（圖 13-2）。回顧過去，展望未來，21 世紀觀光界的人力資源管理將著重在人力資源管理資訊化、參與式的管理、新的勞資關係，以及國際性觀光企業人力資源管理等課題。

圖 13-2　近年陸客來臺觀光人數到 2014 年已達近千萬人次

13-1　觀光界人力資源管理資訊化的重要性與應用

　　電腦有驚人的資料處理速度及數學統計上的分析與運算功能，而有效的管理人力資源作業上需要處理的大量資料，電腦技術可以使人力資源管理作業更加迅速與準確。所以，電腦是未來人力資源管理過程中最重要的輔助工具（圖 13-3）。

一、觀光界人力資源管理資訊化的重要性

　　我們可以從三方面來探討企業人力資源管理資訊化的重要性：

（一）增加效率及節省成本

　　資訊化不但可以增加人力資源作業的效率，提供以往所不能迅速提供的資料，同時也可以減少不必要的人力、物力浪費。以機器代替勞力，以電腦輔助人腦是必然趨勢，所以從效率和成本兩個角度來看，企業必須加速其人力資源作業的資訊化。

圖 13-3　觀光人利用電腦處理相關業務，以增加工作效率

（二）人力資源策略的分析與實施

資訊化可以提供整體企業的人力資源資料，透過其特殊的功能，比較人力資源管理的各項作業，分析其間的關係，進而了解整體人力資源作業的方向和重點，有效實行企業所訂定的人力資源策略。

（三）使人力資源作業與其他功能作業相連結

資訊化所儲存的人力資源資料，也可以和其他功能的資料相聯繫做比較分析，進而達成企業資料庫（Corporate Database）的理想，使人力資源作業與其他作業相連結，如銷售人員的業績和獎勵與行銷市場占有率的關係，或是加薪幅度與生產成本的比較等。

二、觀光界人力資源資訊系統的應用課題

為追求競爭優勢，利用資訊科技以提升人力資源管理品質已成為未來的趨勢。企業必須懂得善用資訊技術，建立資訊化的經營模式以增進速度與效率，因為「人力資源資訊系統（Human Resource Information System, HRIS）」逐漸受到觀光企業的重視。追求創新的年代需要創新且有效率的管理方式來經營企業，許多企業在近年來以各種方式導入企業資源整合規劃軟體，即俗稱的 ERP 軟體，冀望透過資訊軟體來增加企業的管理效率和競爭優勢（圖 13-4）。

圖 13-4　ERP 軟體對企業有不少的幫助，是一個很好的應用工具

透過人力資源資訊系統，觀光企業各部門可以獲得觀光企業最新的人力情況，甚至預測未來資料，以作為業務規劃或推動的參考；也可以隨時了解觀光企業人力資源政策的變化及最新狀態，及與直線主管有關的人力資源工作排程，例如應該在什麼時候繳交

績效評估報告、什麼時候開始甄選作業、主管面談的時間與地點安排等，因而促進了人力資源管理與企業其他功能部門的溝通與協調。

另外，為了整合人力資源內部的各項活動，各項活動的資料也必須在承辦人員之間傳遞，例如人力資源規劃的結果會產生招募的需求，也會影響到人事薪資與福利成本的估計；甄選的結果會產生訓練的需求，而績效考評的結果也會產生訓練的需求等。

透過人力資源資訊系統，這些資料可以在權限設定的範圍以內，在各部門與各承辦人之間流通與共享，這樣不僅可以節省時間與成本，也可以提升人力資源管理的效率，更可整合部門間與部門內的人力資源管理活動。

三、觀光界人力資源理資訊化的內容

目前觀光公司執行資訊化在人力資源管理中，大致偏重於下列幾項：

（一）人力資源資料庫的建立

人力資源資料庫（Human Resource Database）是人力資源管理作業資訊化的前提，好的人力資源檔案管理乃在對每一個員工的一般性資料均能及時掌握和處理。

（二）薪資作業資訊化

這是人力資源管理作業最先進入資訊化的一項。不但員工個人薪資資料納入電腦，透過銀行的連線作業，直接存入員工個人銀行帳戶已是正常作業。各種薪資結構的成本計算和比較，也都因電腦而變為可能。

（三）員工福利管理

員工福利目前已成為人力成本的重要部分，員工福利資訊化不但可以加強員工福利成本的計算和控制，同時也提供員工一些財務上的資訊，促進企業與員工間的溝通了解。有些企業更進一步分析員工健康保險的成本，藉以了解員工需要，並提供員工在這方面做其個人的選擇。

（四）員工人力規劃

企業不但從事整體的人力需求預測，在員工個人的離職、缺席、升遷等作業上均可加以分析，了解企業人力的運作狀態。對工作有關的疾病及危險也都可以用電腦來加以分析，減少不必要的人力、物力損失。

（五）人力資源作業的報告

這些報告都是基於人力資源資料庫的內容變更或整理所產生的，一旦人力資源資料輸入電腦，若予以有效安排各項資料及紀錄的儲存與其關係，經由電腦處理，可以產生有用的報告，提供管理人員作參考。如流動率的計算、出勤率的比較、績效獎金的比例、內部甄選人員的名單、各部門預算分配的比率、員工意見和態度的分析報告等（圖 13-5）。

（六）人力資源網路化

許多歐美大型的國際企業已使用網路來實施教育訓練（即 e-learning）與績效考核，員工必須

圖 13-5　人力資源作業的報告，可以提供管理人員作參考

每天上網下載學習課程並回饋（Feedback），登錄自己的工作時間、工作進度與工作績效，並由電腦予以排列名次，其結果可作為升遷、裁員，、加薪、減薪的重要依據。

13-2　參與式管理在觀光人力資源上的應用與發展

參與式管理是因應民主化的潮流，而成為未來人力資源管理的重要導向，主要包括參與式領導、團體決策及自我管理等。

一、參與式領導

參與式領導由赫塞（Paul Hersey）與布蘭查德（Ken H. Blanchard）於其情境領導理論（Situational Leadership Theory）中提出。赫塞和布蘭查德提出四種領導風格，分別是告知式（Telling）、推銷式（Selling）、參與式（Participating），以及授權式（Delegating），其模式如圖 13-6 所示。

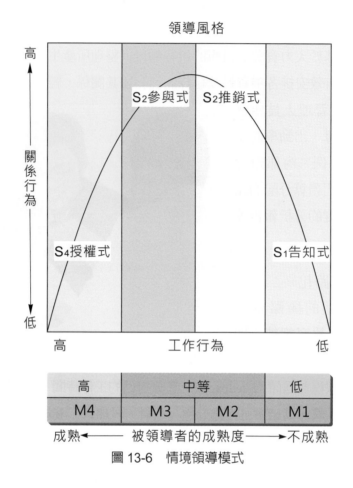

圖 13-6　情境領導模式

　　其中參與式領導風格（低工作、高關係、M3 成熟度），係指管理者與員工共同做決策，而管理者所扮演的角色主要是幫助決策和促進溝通。

　　赫塞和布蘭查得認為，員工成熟度最高的 M4 適合授權式的領導風格。在企業人力資源管理的實務中，授權式的領導風格，似乎是不存在；反而是參與式的領導風格（M3）較受到管理者與員工的歡迎。

　　國內學者曾針對臺灣排名前 500 名內的電器業和石化工業從事研究，發現領導型態對員工的組織承諾（Organizational Commitment）有顯著的影響力，且其員工在面對前述參與型（低工作、高關係、M3 成熟度）的領導型態時，在組織承諾的各個構面上（價值承諾、努力承諾、留職承諾、整體承諾），均有最高的承諾度。

二、團體決策

團體決策的意義在於，允許並鼓勵員工參與企業的重大決策或是與員工權益有關的一般決策；而有別於由少數人制定的寡頭式決策。所謂「三個臭皮匠，勝過一個諸葛亮。」（Two heads are betterthan one.），團體決策不但較為深思熟慮，且較為員工所接受。

團體做決策時所常用的技術包括：腦力激盪、形式團體技術及德爾菲技術，其效果評估如表 13-1 所示。

表 13-1　常用團體決策技術的效果評估

評估效果的標準	團體決策技術		
	腦力激盪	形式團體技術	德爾非技術
構想的數量	中度	高	高
構想的品質	中度	高	高
社會壓力	低	中度	低
時間／金錢成本	低	低	高
工作責任導向	高	高	高
人際衝突	低	中度	低
成就感	高	高	中度
對解決的承諾	無	中度	低
建立團體凝聚力	高	中度	低

（一）腦力激盪

腦力激盪（Brain Storming）是由奧斯朋（Alex F. Osborn）所提出的團體決策方式，其目的在於使團體成員產生很多創意或可行方案。

為了鼓勵創意的產生，任何成員皆可提出他的意見，而其他的人不可對其加以限制，甚至於是一些稀奇古怪的想法。當所有的意見都大致被提出之後，團體成員再逐一討論，直到產生最後的結論為止。

（二）形式團體技術

　　形式團體技術（Nominal Group Technique）是在決策的過程中禁止人員互相討論。就像傳統的會議一樣，每個人都出席會議，但是都是獨自做決策。在決策的過程中，每個成員必須將自己的看法寫下，交付團體討論，而評價最高的看法，則成為最後的決策。

（三）德爾菲技術

　　德爾菲技術（Delphi Technique）比較複雜而且費時。其大致上與形式團體技術類似，不同之處在於它並不要求成員出席。事實上，德爾菲技術並不准許成員做面對面溝通。其步驟如下：

1. 先將問題澄清，並要求成員在精心設計的問卷上填下他預想的可能解決方案。
2. 每個成員不記名並且獨自完成問卷。
3. 問卷的結果在決策中心整理、謄寫（打字）並複印。
4. 每個成員收到一份結果的副本。
5. 看完結果之後，成員再次提出解決方案，因為成員可能受這些結果的影響而想出新的方案，或改變原來的想法。
6. 重複步驟 4 ～ 5，一直得到結論為止。

　　德爾菲技術與形式團體技術一樣都避免團體成員不當的互相影響。由於它並不要求成員出席，所以可以應用在地域遠隔的團體。例如，某跨國企業可以應用此法諮詢其在臺北、紐約、巴黎、倫敦、東京等分（子）公司的重要幹部，有關於行銷策略及產品最適價格的意見。

　　現在有一種逐漸被企業所接受採用，作為團體決策的方法稱為「改善提案制度」。所謂「改善提案制度」是指員工就自己工作或思考範圍內，對有關公司業務或事務提出改進的具體意見，方法多半以書面為主。這項制度的產生是源於每個工作人員對於自己工作的環境最熟悉，對於在工作的過程中有哪些困難，以及哪些地方可以做得更好也最清楚，經由這些個人提出意見做改善，往往最切中問題核心，成效也很好，有些改善方案成效大的甚至可以為公司節自省上千萬元的成本。

　　以國內企業為例，臺灣松下公司自1962年成立以來，便一直積極推動改善提案制度，每年除了為該公司節省費用，也讓工作更合理且更有效率。提案送出後，通常會經過一個評審委員會做評估，實行後對於有實際貢獻的案例，也會依照等級發給獎金或其他獎勵方式。

　　惠普科技公司也厲行改善提案制度，該公司員工的提案方式有好幾種，值得一提的是，該公司員工可以採用公司設計給客戶使用的申訴抱怨格式，員工可以將認為該改善的事項，以及如何改善的方案用此一表格填好呈上，這個提案書是由該公司總經理親自閱讀，這樣的做法，讓員工感受公司對這樣的制度的重視程度，而安心積極提出建言。

　　改善提案制度是日本企業最常用的參與管理方式，根據哈佛企管顧問公司於1998年10月的調查（管理雜誌），國內已有六成以上企業採行此制度。晶華大酒店及雄獅旅社也執行人力資源管理創新改善提案的工作，進行各種人力資源的訓練。

三、觀光人自我管理

　　自我管理的精神在於，員工自動自發的把工作完成，符合了麥格里高的「Y 理論」中對人性的假定。自我管理的基本前提是，員工必須要達到既有的生產力及工作效率；而自我管理的範圍，則視組織的「控制幅度」及管理者所願意「授權」與「分權」的程度而定。

13

（一）控制幅度

　　所謂「控制幅度（Span of Control）」或稱為「管理幅度（Spanof Management）」，是指一個管理者所直接指揮監督的部屬人數。控制幅度與組織的層級數多寡有關，高聳式的組織結構（Tall Structure），如圖 13-7，具有較狹窄的控制幅度；雖然可做到較為嚴密的監督，相對的，卻也增加了管理成本。平扁式的組織結構（Flat Structure），如圖 13-8，則具較寬廣的控制幅度，其優點為縮短了溝通的管道，缺點則為管理者必須設法增強員工的自主性及自律性。

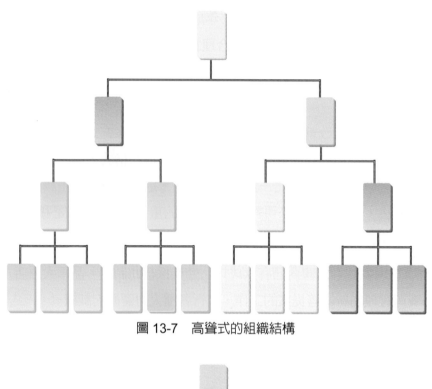

圖 13-7 高聳式的組織結構

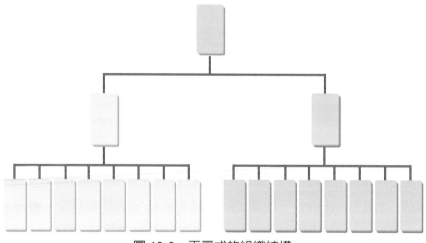

圖 13-8 平扁式的組織結構

　　控制幅度的大小，影響指揮鏈上下之間的互動。根據法國學者葛瑞肯斯（A.V. Graicunas）分析部屬與主管間的互動關係，可用下列公式表示：

所有的人際互動關係＝n〔2＋（n-1）〕

觀光人與人力資源管理的未來

其中 n 表示管理幅度。例如：n ＝ 3 時，人際互動關係為 18。由這個公式，我們用表 13-2 列出部屬人數與人際互動關係的對照。

從這個公式可以看出當部屬增加 1 人時，其人際互動關係數目就迅速的增加。例如，有一主管有 4 位部屬，當增加至第五位部屬時，能力增加了 1/4，而互動關係卻從 44 人增加到 100 人，增加了 127%。因此，從互動關係的觀點而言，太寬廣的管理幅度必將使組織內的人際關係更趨複雜。

因此，從以上兩個層面的觀點可以發現，決定管理幅度是一個兩難的問題。因此，如果符合管理層次愈少愈好，勢必增加管理幅度而使人際關係趨於複雜。如果符合人際互動的考慮，勢必減少管理幅度，但相對的使得管理層次增加了。

學者孔茲（Harold Koontz）曾提出決定管理幅度的原則如下：

表 13-2　部屬人數及其人際互動關係對照

部屬人數	相互關係人數
1	1
2	6
3	18
4	44
5	100
6	222
7	490
8	1,000
9	2,376
10	5,210
11	11,374
12	24,708
18	2,359,602

1. 部屬的訓練：部屬愈有訓練，所需督促較少，故管理幅度可以較寬。
2. 授權的程度：授權充分及明確，則部屬清楚該做些什麼，故管理幅度可以較寬。
3. 計畫：如果計畫明確，安排適當，則管理幅度可以較寬。
4. 組織的變動：變動較小及工作內容變化較小的企業，管理幅度可以較大。而變動率較快的企業，其組織的程序與政策的改變亦較快，故管理幅度必須較小。
5. 績效標準的性質：績效標準愈明確、客觀，則員工工作的管理愈容易，能減少主管與部屬之間聯繫的工作。故管理幅度可以較寬。
6. 溝通的技巧：主管與部屬之間的溝通技巧如果得當，使得資訊傳送及時與正確，則管理幅度可以較寬廣。

（二）授權

「此丞掾之任，何足相煩」—這是馬援在隴西太守任上對部屬所說的話。馬援坐鎮隴西，使官吏各有所司，自己只是「總大體」，即負責原則性的大事。一位好的 21 世紀管理者是「帷幄運籌決勝千里之外」，而不是「事必躬親」，這其中最重要的環節就是授權。

所謂「授權（Delegating）」，就是使部屬獲得做某些工作及某些決定的合法性。授權的主要目的在使組織發揮更大效率，也就是發揮眾人的智慧及力量來達成組織的目標。因此，組織內的授權乃是成功的必要條件。

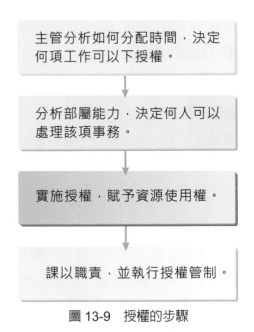

主管分析如何分配時間，決定何項工作可以下授權。

分析部屬能力，決定何人可以處理該項事務。

實施授權，賦予資源使用權。

課以職責，並執行授權管制。

圖 13-9　授權的步驟

為使組織內的工作能順利進行，管理者需適當而充分的授權部屬從事明確的工作。所以，只有適當而充分的授權才能有效推動組織的工作，而使組織結構的設計發揮最大效用。授權的步驟，如圖 13-9 所示。

此外，即使管理者有充分的能力，可以同時兼顧日常決策與企業成長方面的決策；從長期觀點來看，也不應疏於授權部屬。有些主管由於能力特強，又具有強烈的領導統御慾望，凡事均想親自處理；長此以往，將因缺乏適當的接班人，而使組織發生危機。

綜上所述，可知組織內授權的重要，而未來的管理者之所以必須授權，其主要理由可以歸納如下：

1. 經由授權可以減輕管理者的工作負荷，使其能承擔更重要的決策工作。
2. 授權部屬，可以提供部屬發揮才能的機會。一方面訓練部屬獨立擔當工作與管理的能力；一方面也可激發部屬的潛能，達到部屬管理才能發展的目的。
3. 授權部屬執行任務的結果，可讓企業內的各種業務有充分而適當的人員來處理。
4. 授權部屬可表現出主管對部屬的信任，除可激發部屬的工作信心外，還可讓部屬有知遇之心而努力工作，產生更大的工作績效，同時也能建立上司與部屬間的良好關係。

（三）分權

「分權（Decentralization）」係指將職權分散化，亦即管理階層決定將何種決策交付較低層級的一種程序。它包含了選擇性的授權，管理階層為了檢視部屬的績效，還需加

以適當的控制。與分權相對的是「集權（Centralization）」，即指決策權力與行動的決定完全保留在最高管理者。

授權與分權的區別在於，分權比授權多出了控制的動作。例如，公司的行銷部經理指派某業務代表至客戶處洽商，只要求其達成任務即可，在過程中並不加以追蹤控制，此即為「授權」；

如果，要求其在洽商過程中須隨時向該經理回報狀況，則為「分權」。

分權可以解決管理者的過度負擔，也是企業人力資源管理活動中所必需的。一個組織的分權要達何種程度才是適當的，並沒有一定的標準，但我們可從下面幾個因素來考慮：

1. 行為性的考慮：管理者與部屬是否均願意與有能力去授予職權與接受職權。管理者有時不願意授權予部屬，對部屬缺乏信心，認為自己做得更好；而部屬有時也因為缺乏信心怕做錯事，而不願接受職權，凡事依賴主管；故要考慮雙方的行為性。

2. 組織的大小：一般而言，大組織分權化的可能性大於小組織，此與管理者的心態及組織的業務量有關。

3. 組織的環境因素：假如其他事項不變，組織所處的環境愈是不可預知，其分權的需求也愈大。通常機械性的組織型態其分權的程度可較小，有機性的組織型態其分權的程度需較大。

4. 分工的程度：假如其他事項不變，分工愈密的組織其分權的程度可能愈大，反之則否。學者曾針對臺灣大型製造業從事研究，發現績優廠商隨著企業的成長，其組織結構分化程度提高，而其經費裁決權集中程度明顯低於績差的廠商。

5. 決策的影響範圍：一個部屬被授權下達決策，其所帶來的影響應以本身或部門為限。分權的進行以「分部式」為導向的部門，會比以「功能性」為導向的部門來得容易。

13-3　新的勞資關係

國內觀光產業加速發展，要有高品質的服務品質水準，首先要有良好的勞資關係，才能提升觀光企業的競爭力，使得觀光企業組織結構走向精緻化，對員工的要求也愈來愈著重其價值性。另一方面，隨著時代進步與民主潮流，企業也受到大環境的影響而日趨開放，因此，無論是管理階層或是受雇的員工，對於一己的定位都逐漸有了新的省思與調整。新的勞資關係，可以說是建構在「合作」的基礎上。

一般而言，新的觀光界有工作性質有幾個特色，就傳統的權力觀念而言，不啻是個挑戰。現今服務商品生命週期大為縮短，科技日新月異，觀光人口增加及要求接待水準更高，使工作環境愈來愈複雜，因此，「彈性及尊重」成為工作上很重要的一項要求。換句話說，員工必須有能力並且有意願每天做同樣的工作。新的勞資關係的趨勢，除了上節所論及的參與式管理外，還有下列幾個發展方向：

一、彈性及有尊嚴的工作安排

未來的觀光人力勞動市場走向，由於觀光產業發展快速，工作內涵的重新分配。目前的觀光就業市場對於各種觀光服務專長人才的需求日益迫切，可知未來的觀光人力市場型態應該是：有熱忱的專業人員身價日高；相對的，欠缺熱心及技能的族群則日漸失勢。為因應這樣的改變，觀光企業在人力資源的規劃上也要調整，在雇用政策上提供更多的彈性，例如彈性工時、工作地點不限制、生涯途徑、工作路徑、多樣且針對需求設計的福利措施等等。

有不少人選擇彈性工作有尊嚴的人性化工作環境，是因為不願受長工時的束縛，這時管理階層必須給予部屬足夠的信任與空間，相信他們能依自己的工作方式達成共識。譬如彈性工時，許多人會聯想起女性，其實它可以看作是一種社會趨勢的轉變。以往許多人為了工作難以兼顧家庭，現代人卻有愈來愈重視家庭與親子關係的傾向，因而組織必須給予員工選擇的機會，讓他們在職業生涯與個人生活上獲得平衡。

臨時雇員與兼職員工，也都是彈性工作者，只是這類員工常被管理當局所忽視。事實上，在觀光企業規模尚未到達某種程度之前，以及為了避免冗員膨脹，這類員工其實是許多組織不可或缺的人力資源。由於這些彈性工作的員工所重視的與一般大眾不同，觀光企業不能以一般的標準來要求他們，譬如說要求高度的忠誠。因此，報酬合理，準時交件，就成為與這類員工工作溝通上的要點。

二、工作報酬朝向以績效為基準

過去平頭式的薪資制度逐漸轉變為以績效導向的薪資制度，有時也視觀光企業營運狀況而定，如獎金、紅利等。一般而言，在向心力與忠誠度日趨薄弱的現代社會，這樣的薪資制度較能給員工一種「休戚與共」的感覺，而現實一點來說，也較能使他們為自己的「錢途」與「前途」而努力。

另外,「契約包工制」也是未來的一種工作型態,譬如管理顧問公司與專業人士提供的顧問服務。這樣的工作型態中,主雇關係與雙方的權利義務皆於契約中明定,而且言明如果達成某一目標,即可獲酬多少,也是以績效為酬勞的基準。契約包工制的好處是企業組織能鎖定特定層面,尋求專才以達成某特別性質的工作,尤其是不屬於長期的任務。

三、公平而真心的對待

如前所述,新的勞資關係是建構在合作的基礎之上,如要維繫長久,「公平」則是關鍵因素。企業經營者對於受僱的員工,至少要在利潤的分配、權益的維護及責任的分擔等做到公平。合作的互動,並非是向員工敘述公司的窘境,然後「命令」其配合公司的政策,而是懇請員工共體時艱,同舟共濟。「我們都是一家人」(We are family.)是眾所嚮往的勞資關係,也是企業人力資源部門應努力推動的目標。

時代不停的在改變,身為社會的一分子,我們的觀念與做法也要隨時更新。社會型態與工作性質的新趨勢,使勞資關係重新被定義,唯有雙方在立場上各退一步,才能獲致雙方都能接受的工作模式而欣然合作。

新的勞資關係中,雙方都應該重新檢視,而後責無旁貸的扛起責任來。勞方必須要積極、自主、自我充實,才能創造自己的機會,掌握自己的未來。資方則應視員工為「自主的成年人」,賦予適度的權力以期建立合作關係,與員工權力或福利有關的政策或決議,應邀請工會代表參加,大部分的福利措施可交付「員工福利委員會」去執行。

四、外勞的管理問題

企業為增加或維持競爭力的成本考量,國際分工及引進外勞為一必然的趨勢。管理外籍勞工比管理本國勞工更為複雜,除了一般工作上的要求之外,尚需注意到國情、文化及民族性的差異;而較好的做法就是培植一批外勞幹部來領導和管理外勞。

外勞離鄉背景到異國工作,身心均蒙受極大的壓力,管理者必須要有的認知是應有同理心,人性化才是正道;即使是採用軍事化管理方式,也要注重保障勞工應有的權利,並多與之溝通。

終結未來人才荒

近幾年臺灣經濟靠服務業產值逐漸提升，正達 68% 以上，許多企業在營收與獲利百分比不高，如何保持企業成長，企業主最簡單的邏輯，大概就是想辦法降低企業的營運成本。「Cost Down」的口號不絕於耳，其中最感刺痛的，莫過於人力資源部門的主管。

既非銷售單位，也不是產品部門，每當企業主想要省成本時，人資單位往往首當其衝，尤其是企業內部的教育訓練課程，常常是被犧牲的第一波對象。人資主管當然有話要說，認為從培育人才方面省錢，無異飲鴆止渴，企業主不願投入資源進行培訓，長期而言，如同斬斷企業永續發展的活水源頭。

企業主錯了嗎？還是人資主管錯了？

釐清訓練目標與組織目標

其實，站在商業體系的運作邏輯思考，企業經營，本來就是將有限的資源透過一連串決策，進行最有效益資源分配的過程。雖然人才培育不像機器設備一樣花錢就有所得，但只要是投資，無論時間長短，還是必須透過清楚準確的數字分析進行投資效益的驗證，就算教育訓練，也無法置外。

近年來教育訓練的最新觀念，便認為培訓必須更具體的符合財務付出的代價。

根據目前最新的訓練趨勢顯示，企業內部的教育訓練部門，在制定訓練架構時，已不約而同將訓練的目標從「活動基礎（Activity Based）」轉換為「結果基礎（Result Based）」，訓練部門人員的角色也不再只是課程設計者，而是更積極地，成為內部訓練績效的創造者。

訓練要有成果，培訓制定的人員就必先清楚了解訓練內容的成本與目標，特別在目標上，多數於教育訓練方面效果有成的企業，無不是在深入了解及明確的目標下架構組織所需的訓練內容，組織中的訓練課程，更需要進一步跳出技術課程的框架，因

（續下頁）

（承上頁）

為在這個以知識為本的經濟體系，企業競爭力的差異已不在系統和程序，最終的關鍵還是在人的素質。

領導力培育，培養板凳深度

未來的訓練趨勢，應該是具體而微，美國訓練發展協會（American Society for Training & Development，ASTD）總裁兼執行長賓漢姆（Tony Bingham）提出六大要點，這六個重點也將成為未來影響員工學習和表現的勝出關鍵：

1. 培養商業敏感度：企業應該不分組織層級，培養內部人員具有相對程度的「商業觸覺」，每位員工都應知道組織的業務模式和財務目標的實現，學會使用金融系統、組織的相關數據，運用組織層進行過的商業案例在工作場所中學習，以期達到高效能的解決方式。當然，使用業務術語與人溝通，絕對是這個過程中的基本訓練。

2. 測量培訓對實際業務的影響：培訓過程產生的成本，可以解釋為持續改善結果的「取得成本」，也就是培訓成本的計算，必須從投入資源就開始，除了資金，當然也包含訓練人員、部門主管以及受訓員工投入的精力與時間，因此必須儘量讓培訓過程中的溝通與成果量化，並且讓培訓成果與組織目標和戰略相結合。

3. 吸引資深領導階層：挖掘、找尋典範型的商業領袖，找出他們如何學習及對企業的影響。做為一個領袖，如果成為培訓體系的標竿，他的領導跟方法論，無異能成為組織學習的最佳典範。

4. 重視員工領導才能的發展：「人才發展途徑」是一個有競爭力的組織必須建置的培訓架構，畢竟除了解決問題之外，許多人參與培訓的目的之一，正是為了增加自己在企業體系中的競爭力，也就是希望能節節高升。目前許多企業高階經理人也正藉著培養員工的領導力，培養組織的「板凳深度」。

5. 人才管理：企業意識到人才管理是一個從招募人員到人員流失、補足流失人員的動態過程。所以培訓的內容，必須仔細對應包括新進人員日益增加的技能差距，以及不同世代在勞動市場上的銜接問題。

（續下頁）

（承上頁）

6. 勞動力的準備：最基本的，培訓要確保新加入的員工有處理工作的知識和技能。
不只對企業內部員工，西方國家近年來都持續投入研究，如何使工作者在學生時代
就做好準備，以滿足未來的工作需求及全球化的激烈競爭與發展（圖 13-10）。

圖 13-10　我國勞動部設立的勞動力發展署官網首頁

（參閱：丁永祥，管理雜誌 408 期，2008 年 6 月）

重點整理 SUMMARY REVIEW

1. 21 世紀的人力資源管理將著重在人力資源管理資訊化、參與式的管理、新的勞資關係（由勞資對立轉變爲勞資合作、眞誠相待來共體時艱），以及國際性企業人力資源管理等課題。

2. 觀光企業人力資源管理資訊化的重要性有：增加效率及節省成本、人力資源策略的分析與實施、使人力資源作業與其他功能作業相連結。

3. 目前資訊化在人力資源管理中，大致偏重於下列幾項：人力資源資料庫的建立、薪資作業資訊化、員工福利管理、員工人力規劃、人力資源作業的報告、人力資源網路化。

4. 參與式管理是因應民主化的潮流，而成爲未來人力資源管理的重要導向，主要包括參與式領導、團體決策及自我管理等。

5. 參與式領導曾由赫塞（Paul Hersey）與布蘭查德（Ken H. Blanchard）於其情境領導理論中提出。赫塞和布蘭查德提出四種領導風格，分別是告知式、推銷式、參與式及授權式。

6. 團體決策的意義在於，允許並鼓勵員工參與企業的重大決策或是與員工權益有關的一般決策；而有別於由少數人制定的寡頭式決策。

7. 團體做決策時所常用的技術有：腦力激盪、形式團體技術及德爾非技術。

8. 自我管理的精神在於，員工自動自發的把工作完成，符合了麥格里高的「Y 理論」中對人性的假定。自我管理的基本前提，員工必須要達到既有的生產力及工作效率。

9. 新的勞資關係的趨勢，除了參與式管理外，還有下列幾個發展或努力的方向：彈性的工作安排、工作報酬趨向以績效爲基準、公平而眞心的對待、外勞的管理問題。

本章練習 LEARNING PRACTICE

 個案教學設計

1. 請同學用電腦或智慧型手機上網查閱一家觀光產業的人力資源管理做法，再與人力銀行公司（如 104、1111 等）的預測人力發展方向，進行比較分析，並列出同學自己對觀光人與人力資源管理的關係性。（約 20 分鐘）

2. 請重複閱讀本章人力資源故事集個案研討的內容，再依美國 ASTD 協會的建議，舉例表示一位觀光人應有的學習內容。（約 10 分鐘）

3. 請三位同學就依上述兩點的記錄，報告同學的記錄內容，並分享給其他同學參考。（約 12 分鐘）

4. 請教師講評，並分析觀光人與人資管理的相關性。（約 8 分鐘）

建議：以上個案活動設計，總共需應用一節課（50 分鐘）來實施。

 問題討論

1. 說明人力資源管理資訊化的重要性。

2. 說明人力資源管理資訊化的主要內容。

3. 簡要說明「參與式管理」的內涵。

4. 簡要說明現代的勞資關係為何？

第 **14** 章

觀光人學習人力資源
管理實例

14-1 國外各企業實例

14-2 國內各企業實例

各企業的人力資源管理模式及人事制度，常常會因為組織規模的大小、企業的經營與管理哲學，以及經營型態或行業的不同而有差異。本章就國外及國內一些知名企業人力資源管理的狀況，加以討論介紹，提供給每一位觀光人學習人力資源管理參考。

14-1　國外各企業實例

先進國家的各企業經營者，早已把企業發展與人力資源管理及發展劃上等號。也因為如此，人力資源管理在各企業的管理運作中，一直是占最重要的地位。

一、美國聯合郵遞服務公司

在美國財星雜誌（FORTUNE）對最著名企業的調查中，擁有百年歷史的美國聯合郵遞服務公司（United Parcel Service, UPS），在同行中一直是名列前茅；從各面比較，該公司稱得上是一個非常成功的企業。

UPS 現雇用約 200,000 名員工，透過其精密的人因工程研究和嚴謹的人力資源管理作業，在眾多的競爭者中一直保持高獲利。為了達成其低價競爭策略，UPS 採用科學管理方法，藉著時間動作研究，把工作簡化及標準化，以求提高生產效率。早在 20 年代，其創始人已聘用當時科學研究的學者如泰勒等人，分析其聘用的司機每天在不同工作上所花的時間，並改善工作程序和方法以減低工作時間和體力的需要。

UPS 的管理模式乃是高度控制和高度系統化的管理，每樣工作都有工作標準和工作程序，其企業文化亦是以官僚式文化為主。過去 UPS 公司曾因缺乏彈性而受到許多批評，如顧客服務不周、價格不具彈性等，甚至被一些大企業列為拒絕往來戶。後來 UPS 管理當局發覺事態嚴重，才進行一連串革新措施，包括工作流程、服務動作的標準化、運用高科技改善包裹運送技巧、作業流程電腦化、利用企業購併的方式來獲取高科技及進行國際化等。

UPS 公司對人力資源的重視，成為公司能於該項組織變革中獲致成功的主因。由於 UPS 擁有充沛優秀的人力，並透過對員工生涯規劃、工作輪調、高級主管提名制度及完整的職業訓練，使員工對公司充滿向心力及信心，而員工分紅入股計畫，更讓 UPS 在進行組織變革時，能把因員工抗拒所產生的阻力降至最低。

當一項新技術研發成功並在公司推廣時，很少遇到阻礙，因為員工們在公司內共享主權、同分利潤。員工情緒高昂，勇於承擔義務，絕少逃避責任。他們把公司當作一個整體來管理，也由於這種共同命運把他們牽連在一起，所以使變革進展頗為順利。

二、3M 公司

3M（Minnesota Mining and Manufacturing Co.）公司成立於 1902 年，被譽為美國具有最佳管理和最富革新精神的公司之一。**擁有 6,000 多名科學家和工程師，生產 66,000 多種產品，每年總有 200 多件新產品問世。**其公司總部座落於明尼蘇達聖保羅市，公司年利潤超過 90 億美元，業務活動遍及世界 50 多個國家（圖 14-1）。

圖 14-1　臺灣 3M 公司外觀

1914 年威廉麥耐特（William L. Mcknight）擔任總經理，開始推動「組織前進」。自 1926 年至 1966 年，麥耐特領導 3M，灌輸管理人員必須信任員工的觀念，因為員工有最直接有關市場、操作及科技的知識。該公司培養前線工程師和業務代表，鼓勵員工創新。大家都知道的「自黏式便條紙（Post-it note）」，就是鼓勵員工構思下的成果。公司不太強調由上至下的規劃與控制，創新和個人主義是公司的核心價值觀。提出新想法的員工可以直接面對管理階層，展現他們的點子、構想。錯誤是可以被接受的，也會被視為學習的過程。基於「逆向戰略」，3M 對員工創新的管理分為：

1. 塗鴉式創新；
2. 設計式創新；
3. 指導下創新等三個階段，這些階段由大到小呈現漏斗狀。

3M 主管人員的角色是支持員工的進取心和新觀點，協助他們發展，而非命令、控制他們。管理者扮演球隊教練的角色，既鼓勵隊員也給他們挑戰。該公司有很深厚悠久的科技和知識，特別是金鋼砂、黏著劑、油漆，都遠超過主要競爭者，但有部分專家說：「3M 的真正核心能力是，其建立知識才能的良好過程。」3M 全球有 100 間實驗室，集結了各類科學家和科技，以公開的方式一起工作。他們參加會議，以便不同單位間交流科技與知識，因此組織內每個人都有機會學習，每年科學家都會在科技展示會展現他們的研究和發現。

公司的每一位科技人員和管理人員都必須迎接「緊跟時代」的挑戰。對此有多種途徑，例如，鼓勵每位研究人員將其時間用於自己喜愛並可能在將來為公司帶來效益的研究項目上。這種高風險、高成本的策略，有點像「賣私酒（Bootlegging）」，使 3M 公司開發出許多最富效益的產品。此外，公司鼓勵研究人員與行銷管理人員共享信息，密切關注市場變化。

3M 重視紀律，也支持員工，並力求兩者平衡發展。雖然該公司追求創新，但也有非常清楚的指導原則和管理制度，組織內也都確實落實這些原則及制度。而該公司有這麼強烈進取的創業精神理由之一是，公司規定「各單位的銷售必須有 30% 來自過去 4 年推出的產品。」公司期望所有的單位都能對公司的目標有所貢獻——每年成長 10% 的銷貨收入和盈餘，20% 的稅前邊際利潤，25% 的股東權益報酬率。

在 3M 公司，人員開發是決定公司命運的頭等大事。公司投入大量資金，從事廣泛多樣的人員轉變及組織變革的嘗試，而所有的努力都是為了使企業保持並擁有超級人才。

三、美國蘋果（Apple）公司的蘋果大學

人才是教化出來的，大家都同意天才並非與生俱來，而是後天教化而成的，這正是蘋果公司內部培訓秉持的理念。蘋果公司希望利用這間「蘋果大學商學院」向高階主管傳公司文化，包括蘋果的歷史、專業化及專精的重要性，並傳授其他企業個案，延續賈伯斯精神。

依據 2015 年 2 月 Business inside 網路報導，這間「蘋果大學」的課程採用邀請制，唯有獲邀者才能修習，授課對象為主管級以上成員，此課程設計在高階的主管，多數參與者都是副總裁及資深副總裁，相對資淺的主管一期僅能修習一門課程，升遷後才能修習兩至三門課。課程設計相當講究，沒有人知道蘋果大學怎樣挑選授課內容及課程名稱，

曾有一位上過課的主管猜測，課程及授課教授產生，是因資深主管請有潛力的員工向蘋果大學的商學院院長寫 e-mal 推薦，待成案後，再由院長親自寄發邀請函，來邀請實施。

每一教化課程，通常維持兩至三天，每天數小時，內容包括每一主題的相關內容。也會加入其他企業的個案：如各企業的興衰史、各企業體的特色及專業化形成及討論組織架構與創新變革等，蘋果大學就是傳授蘋果主管獨門心結的大學。

（參閱：經濟日報，2015/2/7，A9 版）

14-2　國內各企業實例

國內各企業的經營管理者，大都已體會到人力資源管理對各企業發展的必要性。紛紛投入經費及心力在人力資源管理上，不論是制度的建立，員工的訓練與發展，以及員工的升遷與激勵等。

一、台塑企業

民國 43 年（1954 年）公司創立，名為福懋塑膠工業股份有限公司，於高雄市籌建 PVC 廠，民國 46 年更名為臺灣塑膠工業股份有限公司。民國 53 年，台塑走向多角化經營，創辦嫘縈棉、多元酯纖維、壓克力纖維、耐隆纖維生產事業（圖 14-2）。

民國 62 年起，台塑成為跨國性企業，陸續於波多黎各（1973 年）及美國（1980 年）設廠，並於民國 66 年開辦長庚醫院，跨足醫療業。到了民國 77 年，員工已達 47,000 名，企業總產值約占全國 GNP 的 4.5%，成為臺灣最大的民營企業。民國 80 年，成立台塑重工公司，同年在美國投資金額高達 14 億美元的 7 輕廠正式營運，此時企業總營業額已超過 1,700 億臺幣。

民國 85 年，《天下雜誌》舉辦標竿企業聲望調查，台塑企業在前瞻能力、創新能力、產品及服務品質、管理效率、財務能力、人才培育、科技運用、國際營運等各方面表現傑出，在 240 家企業中，總平均排名第六名。在 2,000 多名臺灣企業家的心目中，台塑企業董事長王永慶為最受欽佩的企業家。

圖 14-2　台塑企業為臺灣最大的企業集團與民營企業，並擁有龐大的教育和醫療機構

　　著名的《管理雜誌》，曾在民國 73、74、75 年，連續 3 年進行「大學應屆畢業生就業意願」的調查。調查結果發現，台塑是大學生最嚮往的民營企業；而且從公立大學到私立大學，不分各學院的男生及女生，台塑三年來都獲得壓倒性的青睞。到了民國 97 年（2008 年）在《管理雜誌》進行的調查結果顯示，台塑集團仍名列大學生最嚮往的民營企業第四名。

　　為什麼大學畢業生都想進入台塑服務？台塑有何秘訣能吸收一流的人才呢？因為台塑有公平、合理的工作環境，有良好的管理制度，使人覺得在台塑工作，有充分發揮自己才能的機會。

　　每當人員出缺時，台塑並非立即對外辦理招考，而是先看看其他部門有無合適的人員可以調任；如果有的話，填寫「調任單」，兩個單位互相協調調任即可。台塑高層主管認為透過內部的甄選有兩大優點，一方面可以改善人員閒置與人力不足的狀況；另一方面則因人員已熟悉環境，訓練時間可以節省下來。此外，此種調任方式也可產生一些正面效果，例如：發揮了輪調的作用，將那些不適合現職的人，或對現職有倦怠症的人，另換一個工作，使其更能發揮所長；而且分工太細、組織僵化等現象，也可從調任中消除掉。

　　台塑對於新進人員，由於他們尚無工作表現，沒有什麼可以作為考據，因此也是憑學歷與資歷來採用。往後的升遷則全視個人工作表現而定，所以就升遷而言，台塑標榜的是能力主義。

　　企業的興衰繫於人才，而人才則有賴企業自行培養；所以人才的培養與訓練，可說是台塑經營成敗的關鍵。在台塑創業的初期，固然若干高級的幹部採取挖角的方式；可是對於基層幹部人員，從民國 60 年開始 ，即施行長期、有計畫的訓練與培養。台塑把公司內的人員，看成是公司的資產，都加以好好的訓練與培養，以提高公司的發展實力。在國內，台塑算是對員工教育訓練做得比較完善的企業，能有今天的事業規模，和它肯花心血、肯花金錢來培植員工有很大的關係。

　　台塑人才的培養，除了新知的吸收外，最重要的是：必須以企業內的管理實務做為員工訓練的教材，合理的工作安排、適當的培養以及公平的考核評定。其實，上述這些工作，正是人力資源管理所追求的目標。台塑管理者認為，企業舉辦員工訓練的目的，是在對受訓者教導一番，灌輸其工作上必備的知能。換言之，就是要以企業經營管理的實務做為教材，使受訓者能吸收企業所累積的實務經驗，以加強其工作的績效與潛能。

此種訓練和學校的教育，有其基本上的差異。可是，縱使學校以傳授基礎知識爲主，有通用性的教科書可作爲教材，但是盡責的老師，都得如此用心，才能求得良好的教學效果；企業更應不斷在實務上求精，才能得到良好的訓練成果。

台塑爲了不斷吸收新血輪，每年六月間都會配合服役預官退伍，舉辦「儲訓人才考試」，有計畫的吸收國內各大專院校的精英，加入台塑的行列。招募的方式採筆試與口試兩種方式，並參考學校的成績。考試成績優異經錄取後，便進入試用階段，首先必須接受爲期三天的「職前訓練」。

「職前訓練」在台塑大樓以密集方式進行，訓練重點爲企業管理；特別重視企業經營理念的灌輸，及台塑關係企業經營體系的介紹；此外，再邀請台塑企業有關的資深主管，講解人事管理、營業管理、生產管理、資材管理、成本分析，以及經營分析等，使得大專新進人員對於台塑的各項管理制度與規範，有了初步的認識。

三天的「職前訓練」結束之後，緊接的就是充滿挑戰性，爲期六個月的現場「輪班訓練」。大專的新進人員，不論任何科系、不論將來派任何種職務，一律得參加輪班訓練。在六個月的訓練期間，他們將被派到泰山、彰化、宜蘭、高雄等廠區，直接到生產的最前線，實際參與輪班的生產作業。

輪班訓練的過程中，受訓人員除了參加生產作業，其他打包產品、搬運物料、保養機械都要去做，而且也必須和作業員一樣，輪著上日班、夜班。同時，每個月還要提出心得報告，由主管輔導考核；六個月訓練期滿後，再由總管理處派主考官到各廠區舉辦期滿考試，成績合格者才正式任用。每一部門的負責人，都要對到廠受訓人員的學習成效負責；換言之，只要受訓人員過了某一部門的某一關，他就必須習得此一部門的技能，否則若被主考官考倒了，部門主管要連帶受責備。

台塑認爲課長級人員是一個企業的中堅幹部，在企業的人事結構上，課長級人員所承擔的最重要職務，乃是管理制度的推行與執行；他們若缺乏足夠的各項專業知識與一般管理常識，其結果必然會造成企業管理上的斷層。因此，在多年前，由企業人事部門制定課長級在職人員訓練，俾強化課長級人員所應具備的職能條件，妥善承接上級主管的管理原則，有效指導基層人員做好基層管理的工作。唯有如此配合，才能使辛苦制定的各項管理制度充分發揮其功效，進而不斷提高企業的經營水準。參加課長級管理訓練班的主管們，必須先在原單位通過「基本管理訓練班」。「基本管理訓練班」就是「課長級管理訓練班」的先修班，可以先充實基本的管理知識，該班每期 4 週，每週上課八小時，結訓通過考試後，才有資格參加「課長級管理訓練班」。

　　課長級管理訓練班舉辦的目的有三：

1. 灌輸管理理念，促進管理機能的發揮；
2. 充實與職務上相關的管理知識，及管理制度的應用與實務作業，以提高課長級人員對事物的處理能力與效率；
3. 加強成本分析的觀念，培養工作分析與方法改善的能力，並增進課長經營分析的能力。

　　在為期四週的訓練期中，所有學員必須聆聽 130 個小時的課程。課程的內容既廣泛又緊湊，包括：經營理念、生產管理、資材管理、營業管理、工程管理、財務管理、電腦管理、人事管理、經營分析等九大項。

　　為了貫徹台塑的「壓力管理」，董事長王永慶採取中央集權式的管理制度。王永慶精力過人，對複雜的數字「過目不忘」，精確如電腦，喜用追根究底的質詢，所以，壓力管理的制度，他發揮得淋漓盡致，效果宏大。台塑於總經理室下設營業、生產、財務、人事、資材、工程、經營分析、電腦等八個組。其主要功能有二：

1. 台塑企業各項管理制度的擬訂、審核、解釋、考核、追蹤、改善等；
2. 對各分（子）公司的經營計畫，協助擬訂與審核，並做經營可行性的分析。

　　台塑給予員工的獎勵，是比紅蘿蔔既實惠又有效的金錢。有關台塑的獎金，以年終獎金與改善獎金最有名。另外，為鼓勵員工的積極參與，在台塑徹底施行提案制度。為此，台塑關係企業特別制定了一項「改善提案管理辦法」。辦法中第六條規定，改善提案若有效益，可依「改善提案審查小組」核算的預期改善月效益的 1% 計獎。在早期台塑總管理處的幕僚人員，選定了幾個事業單位試行績效獎金制度，數個月後，發現每個生產單位的生產量倍增，至此台塑深刻體會到獎金的實際激勵力量。他們發現，管理是在追求點點滴滴的合理化，而績效獎金制度顯然是推動合理化最有效的催化劑。

　　台塑主要是生產事業，由於生產線可以用數字來表示產量與品質，所以績效易於考核。至於領班人員——實施績效獎金制度最重要的督導人，台塑為他們特別設立了職務加給辦法，依等級的不同發給四個高低不等的獎金，此職務加給乃是激勵領班人員的重要手段。由於每單位最怕少數人影響到整體，所以又特別設立團體基金。例如，有人因請假或遲到而影響該團體工作績效，則請假人或遲到人的績效獎金便要扣減一部分充作該單位公基金，以示公平。

台塑企業之所以能如此的成功，在臺灣屹立了 55 年（至 2008 年）而不動搖，且幾乎未受到經濟不景氣的影響；其經營理念及人力資源管理制度扮演了極重要的角色。

二、宏碁企業

民國 65 年（1976 年），宏碁成立之初，以推廣微電腦處理器為主要業務，資本額 100 萬元，員工 11 人。經過多年的擴充與成長，到了民國 80 年，宏碁關係企業已經成為擁有 5,000 多名員工，年營業額超過新臺幣 200 餘億元的高科技跨國性企業，民國 90 年（2001 年）營業額已高達新臺幣 956 億元，員工人數 6,267 人。海外據點遍布美國、德國、英國、荷蘭、日本、香港及中國大陸等國家或地區。民國 87 年，整個企業集團營收更高達 2,200 億元，向全球前五大品牌邁進。民國 88 年更參與太空科技，「中華衛星一號」的電腦生產製造（圖 14-3）。

縱觀宏碁的成長歷程，可以分為幾個階段：第 1 個階段是民國 65 年到 70 年之間的播種期，是宏碁從創始到建立基礎的時期。如何生存與奠定基礎，是這一階段經營的重點。第二階段是民國 71 年到 75 年之間的萌芽期，是宏碁從開始研製自主性產品，以迄國際行銷使雛形初具的時期。強化公司的生命力，是這個階段的重點。第三階段是民國 76 年到 77 年之間的成長期，是宏碁全力成為國際化企業的時期。伴隨 10 年「龍騰專案」，調整與蛻變是這個階段的經營重點。民國 78 年開始，一方面由於美國矽谷康點電腦公司出現鉅幅虧損，另一方面為了使宏碁早日躍入國際舞台，董事長施振榮聘請當時

圖 14-3　宏碁在 2015 年時，宣布其在 2014 年第四季許多國家所售的桌上型電腦和筆記型電腦都獲得不少好成績

任職於 IBM 的劉氏擔任總經理，因此，這個階段可稱為重整期。如何使宏碁公司振衰起敝，再創第二春，是這個階段的經營重點。民國 85 年，臺灣資訊電子業邁向顛峰，此時也是宏碁企業最榮耀的時期。獲得「亞洲商業」評選為亞洲十大最受推崇企業，為臺灣唯一列名的企業。至民國 86 年底受到全球性經濟不景氣的影響，宏碁再度面臨了極大的挑戰，董事長施振榮不得不率領公司高級幹部實施減薪，以降低人事成本。

　　宏碁自創業以來企業的組織文化一向強調以人爲本（圖 14-4），重視人力爲企業最大的資產，強調「人性本善」爲企業最高的理念（圖 14-5）。在這樣的理念下，導引出宏碁重視團體創造力的發揮，給予員工充分的授權，讓員工在責任感與榮譽心的策勵下，自動自發、分工合作，達成每一階段的目標。

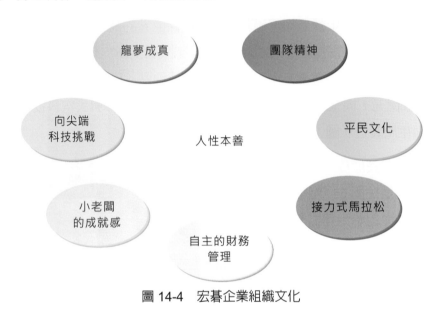

圖 14-4　宏碁企業組織文化

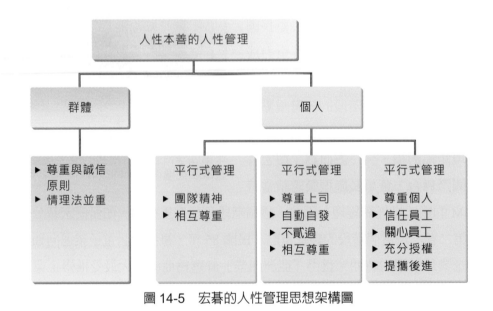

圖 14-5　宏碁的人性管理思想架構圖

　　除了充分授權以外，宏碁更以員工入股來滿足員工「小老闆的成就感」，凝聚員工的向心力。為了讓團體的創造力有更寬廣的發揮空間，不斷的成立相關事業部門，開拓更多的發展機會。

　　宏碁的人力資源管理有以下幾點特色：

1. 秉持著「人性本善」的出發點，在最少的干涉下，希望員工自動自發去完成所訂定的目標與任務。
2. 視「人才」為公司最大的財富。
3. 強調團隊精神的發揮，並以大多數人的意見為依據。
4. 對資深人員特別眷顧，使資深人員在與公司成長及成果的分享上有更多的機會。
5. 開放員工入股，以提高員工向心力。
6. 在海外增設據點，員工的雇用以當地人為主，例如，馬來西亞廠的員工有 1,200 人，母公司派遣卻不到 100 人。

　　雖然宏碁公司強調團隊合作，但是公司的高級主管卻偏好：

　　重效率、有主見，甚至略帶點霸氣的領導風格。這樣的領導風格，常會造成主管間個人主義的興盛，引起決策及協調的困難。

　　空降部隊因為不盡然符合公司的文化，往往也造成了在其他公司表現良好，到了宏碁卻覺得礙手礙腳、龍困淺灘，甚至遭到上級與員工的排斥，掛冠而去的情況。

　　人事升遷上，宏碁公司重視年資、輩分，然而，自民國 78 年「天蠶變」研討會提出「精兵主義」以後，卻開始強調績效與賞罰分明的原則。75 年 7 月，宏碁展開大規模國際化行動，並提出 10 年「龍騰計畫」。該計畫分成兩個五年計畫，以及支援兩個五年計畫的求才計畫與人力培訓計畫。茲說明如下：

（一）兩個五年計畫
　　第一個五年計畫要求在人力成長不超過 20% 下，其生產力成長每年均要超過 20%；第二個五年計畫則要求增加人力不超過 10%，其生產力每年必須超過 15% 的成長，如表 14-1 所示。

14

表 14-1　宏碁龍騰計畫

	第一個五年計畫	第二個五年計畫
業績目標	五年後關係企業總營業額達美金 10 億元	10 年後關係企業總營業額達美金 30 億元
成長比例	平均每年約 40% 左右	平均每年約 40%
生產力成長	至少每年 20%	至少每年 15%
人力成長	至多 20%	至多 10%

（二）求才計畫

分成兩期（每個五年計畫為一期），第一期從 1987 到 1991 年，第二期從 1991 到 1996 年。第一波為研究發展人才招募，第二波為各級幹部的儲訓，依次將有行銷、管理、製造、行政等人才的招募。

（三）人力培訓計畫

以每年營業額的 1% 撥為訓練經費，除由行政總管理處統籌一般的語文、管理、工程類訓練外，其他特殊的專案技能由各部門按其需要個別訓練。訓練方式除了一般課程開設，尚設有宏碁研究所的課程，即在企業內部開設工程及管理碩士班，研習較高深的課程。到了民國 86 年，公司已形成一套完整的人力培訓制度，詳如表 14-2 所示。

表 14-2　宏碁人力培訓制度

訓練類別	內　　容
人才培育理念與訓練計畫	人才培育理念 厚植企業的競爭力，建立獨立自主的人才開發系統。 人才培育以透過工作的實踐為重心，各種訓練能激發工作上的應用與行動。 專業化能力的發揮，是個人成長與發展的憑藉。 教育訓練方針 教育訓練的實施要能與工作實務相結合。 短期速效與長期培育並重。 啟用企業專才擔任企業內部講師。 教育訓練是公司與個人的共同投資。

（續下頁）

（承上頁）

訓練類別	內　　容
訂定計畫的依據	高階主管的指示與政策要求。 公司整體經營計畫中對人才培育的要求。 各級主管提出的訓練需求（含工作的需求）。 依據組織發展的需求。
中長程計畫訓練（重點）	TQM 活動訓練計畫。 國際化專才培育計畫。 內部師資培育計畫。
年度訓練計畫（重點）	職能別專業訓練計畫的落實 依職能別區分為：業務、國貿、行銷、行政、資材、製造、研發、財務、相關支援等九個子體系訓練計畫。 管理才能訓練計畫的落實 區分為：高階、中階、基層管理人員的訓練計畫。
訓練規劃體系	新進人員教育訓練體系。 職能別專業訓練體系。 管理才能發展訓練體系。 內部師資培訓體系。 管理資訊訓練體系。 國際化專才培訓體系。 進修教育體系。

另一方面，為了使訓練設施及空間更具發展性，擬在臺北市郊找尋適當空間，設立宏碁工程科技管理學院。預計分成三階段發展，第一階段僅對員工訓練；第二階段對公司的國內外經銷商、協力廠商，提供訓練課程；第三階段則對企業界開放有興趣的人士參加受訓。

隨著關係企業人數劇增，人力資源管理制度也隨之轉變。由於人力擴張未能配合充分的職前訓練，以致造成新進人員素質低落、效率不彰等弊病。宏碁為因應此一狀況，特於 78 年 11 月召集副理級以上幹部 300 名，赴劍潭活動中心進行兩天的天蠶變研討會，票選了 10 大競爭力的原因，首要兩項是產品品質降低與人員流失，其餘還包括管理鬆散、組織龐大、賞罰不公等。

針對以上的弊病，宏碁根據「天蠶變」的結論，於 78 年提出「精兵主義」、「群龍計畫」等改善方案，欲藉此建立新的營運模式，再創宏碁第二春（表 14-3）。

表 14-3　宏碁精兵主義與群龍計畫

變革方案	目標和做法
精兵主義	開始強調獎懲分明，以成果導向來評估各事業單位負責人的成績，對於少數表現不佳的人，必要時予以勸退。
群龍計畫	在鼓勵員工內部創業、內部成長的原則下，訓練百位具有總經理幹才的龍頭來帶動公司的發展，每個龍頭領導一個自負盈虧、責任獨立的事業單位。

「精兵主義」強調獎懲分明，迅速考核、迅速回饋。自民國 78 年起，宏碁更使用了「同儕評比」的考核制度，由處級以上的主管於每年 7 月及 12 月，針對相同職階，相同工作性質的員工做評比，評比的結果將作為公司內部拔擢人才、淘汰人員的依據或作為擬訂員工前程發展、薪資管理的參考。為使員工秉持平常心，並不告知員工何者屬於高潛力人員，不過當事人應可感受到企業對他的重視，及刻意為其提供歷練的機會。

民國 88 年（1999 年），宏碁將投入大量人力、物力進行企業流程再造（BPR），由消費者需求一直到零組件供應間的整個流程進行「端對端（End to End）」的思考與快速反應，成為以客戶為中心的企業。民國 92 年（2003 年），宏碁正式導入數位學習模式，並於 95 年（2006 年）完成知識管理平臺建置，大幅提升人力資源全球競爭力。

做為臺灣高科技產業的領先群之一，宏碁企業不斷的進行組織變革及重視人力資源的管理與發展，是其地位維持不墜的主因。

三、富群（OK）便利商店

民國 77 年正是臺灣便利商店蓬勃發展之際，順應此零售業的趨勢，豐群企業遂與美國 Circle-K 合作，成立富群（OK）超商公司。民國 78 年（1989 年）4 月 OK 便利商店第一家門市在基隆地區開幕，發展「鄉村包圍都市」的開店策略，將觸角伸向都市外圍的衛星城鎮。

由於美國 Circle-K 已有完整的 Know-How，並且避免試誤過程中所花費的時間及成本，故 OK 在創立之初即將 Circle-K 的經營知識全盤移轉，較重要的包括作業程序、公司對各店的管理制度、內部控制及教育訓練等（如圖 14-6）。

目前美國 Circle-K 仍定期提供資訊給 OK，內容包括國外營運狀況、人事訊息、公司政策、顧客反應等供 OK 參考。

	商品結構	自行研究	模仿 國內同業	母公司 派遣顧問	母公司 提供文件
商品結構	◎			◎	◎
立地選擇				◎	◎
目標客戶				◎	◎
物流體系					
店鋪管理				◎	◎
存貨管理制度				◎	◎
加盟體系				◎	◎
賣場規劃					
促銷方式	◎	◎	◎		
會計制度				◎	◎
資訊系統		◎			
人員服務				◎	◎
人力資源管理				◎	◎

圖 14-6　OK 便利商店經營知識國際移轉

OK 一直認為人才的培養是企業成長所必須投資的項目，因此，在成立之初便成立教育訓練課。教育訓練大致分為兩個方向，其一是門市人員的訓練，包括新進人員的訓練、儲備店長訓練、店長訓練及店長特訓等；其二是總公司內部員工的進階升等訓練。前者大約是每週至少開課兩次（新進人員訓練），後者則是每三個月舉辦一次。

在門市人員的課程安排方面，為期四天的新進人員訓練，前兩天上課，內容包括公司政策、公司規定、公司歷史及簡介、基本操作技巧等；後兩天則安排至附近的門市實習，使得實務與知識能夠相結合，並從實際經驗中學習。在升等訓練方面，內容包括店鋪的經營（如機器操作、維修等）及店鋪的管理（如數字管理、人員管理等）。另外，還有專為培養店長人才的店長專業訓練，為期三個月，分為兩個階段。第一階段是把自新進人員訓練一直至儲備店長訓練的課程濃縮在一個月內上完；第二個階段是到門市實習兩

個月，前半段先觀摩資深店長的實做經驗，後半段則是親自負責門市的運作，由資深店長在一旁指導。

此外，公司並安排由專業機構舉辦的訓練，主管級人員每年會派至日本及美國接受海外訓練，店長和股長級以上人員每年也有集訓課程。

在師資安排方面，則由總公司訓練課負責聘請，除了公司內部優秀的主管之外，也會邀請一些零售業方面的專家。

OK 並已將所有的 Know-How 手冊化，以便於員工學習及操作。店長手冊的內容包括機器維修、人員管理、緊急事件處理、清潔衛生維護、報表製作等。門市營運手冊則包括清潔、商品的上架、緊急事件處理等。OK 的人力資源管理著重在教育訓練方面，為該公司的一大特性，也促進了該公司在臺灣的發展。

四、統一（7-ELEVEN）超商

民國 69 年（1980 年），第二家中美技術合作的 7-ELEVEN 便利商店在臺北成立，一直到民國 102 年（2013 年）臺灣的 7-ELEVEN 連鎖店已超過了 4,000 家（圖 14-7）。

圖 14-7　統一超商為各店的標準化造型

在民國 77 ~ 78 年，7-ELEVEN 規模急速擴張時，確立了人力資源的組織。目前 7-ELEVEN 北、中、南各營業部門，在人力招募等作業工作已由當地自行運作，過去則是總部統一運作。當然總部還是有作業性的工作，但是較朝向策略面。

在人才的養成方面，7-ELEVEN 做得最好的是儲備幹部的培育，所有幹部都經歷了門市業務，受過最基層的訓練。這樣他們未來一旦擔任各部門主管，做規劃時比較能了解門市的運作，能和實際相結合。公司內很少出現從外面請來的「空降部隊」，只有資訊等專業部門才有。

7-ELEVEN 在推動活動時，人力資源部門是扮演配合、支援的角色，會主動先去了解各部門需要什麼樣的教育訓練、需要招募什麼樣的人才等。以直營轉加盟為例，會有制度上的變化。從加盟部去推算加盟的年度計畫是多少家店，會釋放出多少人員，公司人力結構會產生多少變化，然後事先規劃這些店長的出路。另外，它也會主動協助加盟店長，提供人力管理的協助、勞保事項的辦理等。

7-ELEVEN 新的考核制度是從民國 80 年開始實施的。新制度可以讓員工知道哪些做得不好，了解得到的分數是如何構成，明白往哪個方向去改善。開放式的考核使員工知道該往哪方面去努力，可以做自己的目標管理。除此之外，新的制度讓員工可以和主管共同訂定目標，共同討論如何達成績效，並在年中、年底各評核一次。

關於 7-ELEVEN 的晉升階梯，一般而言，一位大學畢業的新進員工，如果表現良好的話，三年後可升任副課長，再三年升至課長，再經三至四年可升至襄理；至於襄理以上的職務，則需經五至六年較長時間的歷練，若學歷在大專以下，蟄伏的時間則要更久一些（如表 14-4）。

此外又規定：員工或幹部由部門主管推薦晉升職務時，必須連同年度考績、人事資料與受訓資料，彙整後送「升遷委員會」評選，經評選合格則予以聘任。

7-ELEVEN 於專員、副課長級以上中階主管的水平輪調情形頻繁。橫向輪調方式包括主管轉專員、專員轉主管，或是營業主管轉後勤主管等三類。而輪調至新單位時，必須補足新任部門的相關課程，並試用三個月才正式發布人事命令。

中階主管水平輪調的主要原因有二：一是課級以上主管都有相當豐富的門市經驗，清楚基層的作業情形；另一原因是，課級以上主管偏重管理性知識，公司希望培育幹部寬廣的視野，了解公司整體的運作狀況。公司最重要的基本精神是只要員工有意願做，

14

無須是本科系出身，公司鼓勵員工做各方面嘗試；另一方面，員工輪調至其他單位時，公司會開辦新單位的相關課程給輪調者，同時規定必須補足相關知識，才能任職新單位。而員工也視水平輪調為一常態，並無反抗的情形。

表 14-4　統一企業的晉升體系（晉升階梯）

職位名稱	原職務所需年資
＿＿＿＿＿班員（高中職）	
＿＿＿＿＿班長（專科）	
＿＿＿＿＿組長（大學）	三年
＿＿＿＿＿副課長（碩士）	三年
＿＿＿＿＿課長	三年
事業部主管　副理	三年
事業部主管　襄理	三年
事業部主管　經理	四年
＿＿＿＿＿群主管　協理	
＿＿＿＿＿群主管　副總經理	
＿＿＿＿＿公司主管　總經理	
＊括弧（）表示進入公司前的主要學歷。	

公司也非常注重儲備幹部培育，所有的幹部均經歷一般的門市作業，從門市大夜班、店長到區組長，待熟悉基層作業才調回總部；其目的是讓這些儲備幹部於未來執行決策、規劃時，能夠切中實際情形。同時，公司的晉升與訓練相結合，利用公司下班時間上課，並且經考試及格者才能晉升。

7-ELEVEN 現行訓練體系原則上分成 OJT 與 OFF JT，後者又分為四大項：階層別、職能別、自我研修和部門別，各有其不同的功能及目的（圖 14-8）。

1. 階層別是和升遷有關，將升遷與訓練結合，即在晉升到某一階段之前，都必須完成某一階段的訓練。分成新進人員訓練（類似職前訓練）和兼職人員訓練兩體系。
2. 職能別則屬於專業的訓練。

3. 自我研修則具選擇性，像派外訓練和學分選修是基層人員可享受到的訓練資源，但愈高階的主管訓練會愈導向此自我研修的方式。

4. 部門別訓練，主要目的是希望累積部門的 Know-How，很多部門的經驗，即是靠部門別訓練而獲得的；另一作用是可整合部門的共識。

在訓練方式方面，加盟店主要採取集中式訓練方式（含四個階段課程），直營店職員則採分散式訓練方式（一至三年完成整套課程）。其特色如下：

1. 課程內容已包括了企管中的幾大功能：人力資源管理、財務管理、行銷管理等；其安排具階段性，見圖 14-8。因目前正進行課程整合，有些課程內容會作些調整。

2. 在營業群下所屬各訓練中心，各配屬四到六位不等的專任訓練店長，轄於各地區行政課的人力發展組下；負責執行前五階段的訓練課程，還提供營業單位其他訓練的服務。而總部教育訓練課中的訓練組負責加盟主的訓練（基礎教育），有專業人員從旁輔助；加盟主集中在深坑的 7-ELEVEN 專屬訓練中心完成，為期 10 天（共 80 小時）。

3. 若原為直營店職員或公司內部職員，欲接店成為加盟主的話，視其資格或職級而定；例如：副店長以上在接店時，可承認的課程較多，只需再加修一部分課程即可；但若是後勤支援人員，除負責訓練工作之人員外，則仍需上整套課程。

4. 各區人力發展組的績效考核，自民國 83 年起總部教育訓練課屬於其功能主管，具有 30% 的考核權，不像以往只是提供專業上的協助。

5. 總部訓練店長、地區組長和地區訓練店長，透過會議提供他們在職訓練或問題的溝通協調機會。

6. 以考試方式進行成果考核，以維持標準化。加盟主依序接受完成基礎教育、門市教育和門市實習等課程，各階段課程完成均需經過教育訓練課確認之後，才能進行簽約。

7. 7-ELEVEN 的人力資源管理，在便利超商這個行業中，可謂是頗具制度，可作為其他連鎖式企業的參考。

14

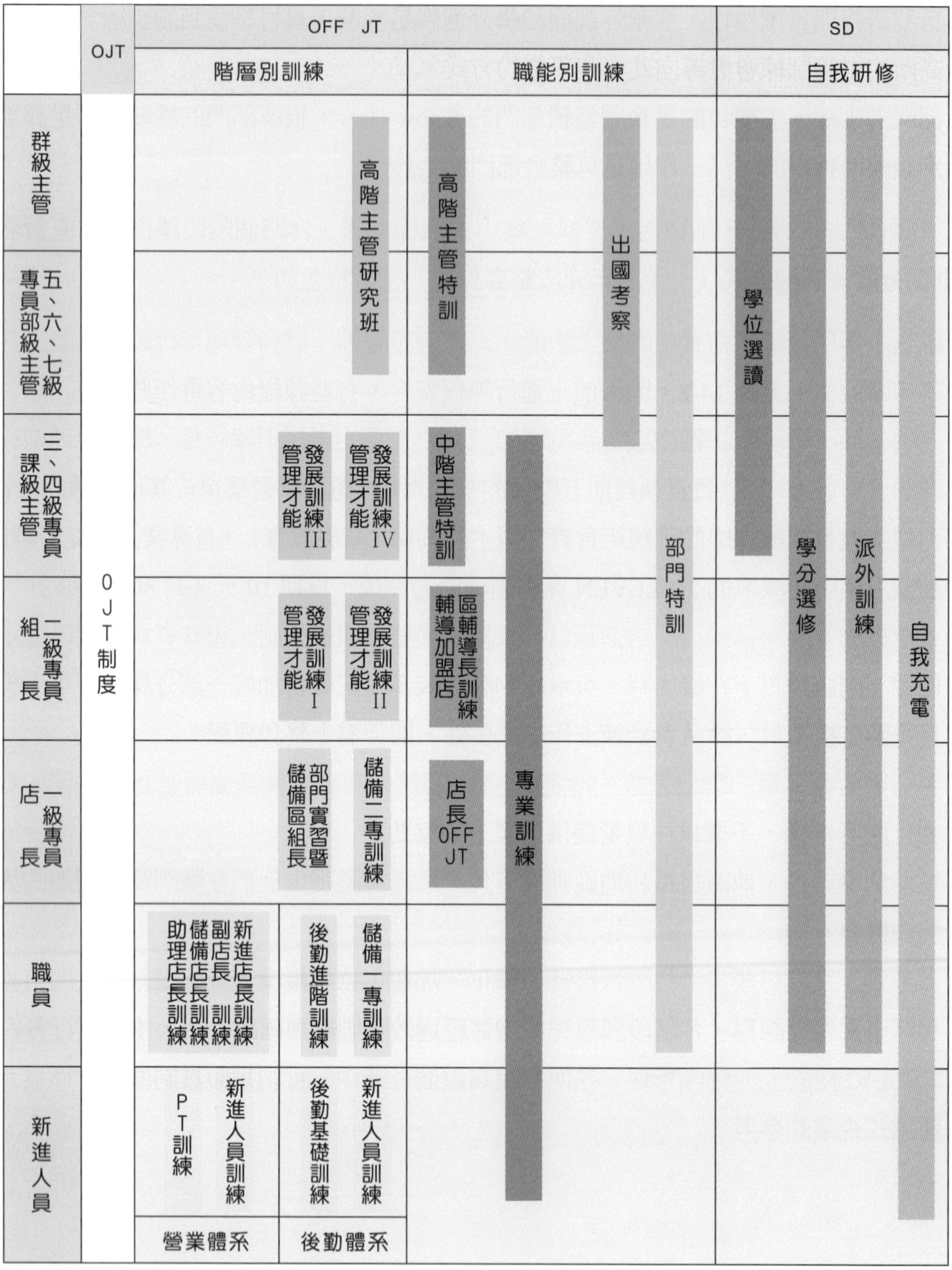

	OJT	OFF JT		SD
		階層別訓練	職能別訓練	自我研修
群級主管	OJT制度	高階主管研究班	高階主管特訓　出國考察	學位選讀　學分選修　派外訓練　自我充電
五、六、七級專員部級主管	OJT制度	高階主管研究班	高階主管特訓　出國考察	學位選讀　學分選修　派外訓練　自我充電
三、四級課級專員主管	OJT制度	管理才能發展訓練III　管理才能發展訓練IV	中階主管特訓　部門特訓	學分選修　派外訓練　自我充電
二級專員組長	OJT制度	管理才能發展訓練I　管理才能發展訓練II	區輔導長訓練　輔導加盟店　專業訓練　部門特訓	學分選修　派外訓練　自我充電
一級專員店長	OJT制度	部門實習暨儲備區組長　儲備二專訓練	店長OFF JT　專業訓練　部門特訓	自我充電
職員	OJT制度	助理店長訓練／儲備店長訓練／副店長訓練／新進店長訓練　後勤進階訓練　儲備一專訓練	專業訓練	學分選修　派外訓練　自我充電
新進人員	OJT制度	PT訓練　新進人員訓練　後勤基礎訓練　新進人員訓練	專業訓練	自我充電
		營業體系　後勤體系		

圖 14-8　7-ELEVEN 現行訓練體系

五、亞都飯店

民國 65 年（1976 年），臺灣的觀光市場大幅成長，旅館房間一下子供不應求，幾乎有 20% 的旅客因為訂不到旅館而無法來臺。為了大力推動國內觀光事業，並解決旅館荒的問題，政府乃提出了「觀光事業獎勵辦法」，其中之一即包括鼓勵國人投資興建國際大飯店。基於此，周志榮先生（亞都飯店董事長）在臺北市民權東路、吉林路口設立亞都飯店（圖 14-9）。

亞都飯店在全體員工的努力經營之下，交出令人激賞的成績單，其中尤以高階主管的用

圖 14-9　亞都飯店外景

心最深。打從一開始，亞都飯店就對自己期許甚高，因此，許多紮根的功夫做得特別用心，例如人員的招募、訓練、激勵，服務理念的揭櫫與灌輸，以及服務文化的塑造等。凡此種種，均在多年的淬礪與傳承之下，逐漸累積成獨特的亞都傳統，而這些獨特的傳統，如今已被整理成一本小冊子，廣為散發給亞都的每一名員工。

根據「亞都傳統」所載，亞都傳統可分為顧客服務、工作態度以及領導風格三個面向，就顧客服務而言，其中包括「每位員工都是主人」、「尊重每位客人的獨特性」、「想在顧客前面」以及「決不輕易說不」；就工作態度而言，其中包括「重視團體榮譽」、「勇於面對現實」、「不犯相同錯誤」以及「求新求變求精」；就領導風格而言，其中包括「肯定員工價值」、「維持融洽氣氛」、「與員工同擔共享」以及「開放與員工交流的管道」。

亞都飯店的領導風格，具有以下的特色：

1. 肯定員工價值：亞都的幹部，必須深切體認「人」是亞都最重大的財富。身為幹部，必須隨時鼓舞員工肯定自我，重視本身在工作上的重要性，並且在工作的每個階段中，給予員工充分支持，使每位員工都能發揮所長，勝任愉快。

2. 維持融洽氣氛：亞都的幹部，必須隨時維持團體內和諧的工作氣氛。身爲幹部，要能充分了解每位員工的工作情緒，並適當地表達關切之意，同時促進每位員工彼此間的合作。對於破壞團體的員工應力加開導，而對於無法改正的員工，則必須忍痛犧牲。

3. 與員工同擔共享：亞都的幹部，必須有與員工工作在一起的精神，並隨時出現在員工需要幫助的時候。當員工發生錯誤時，幹部要與員工共同承擔，一起檢討改進；而當工作有所成就時，也不忘感謝每一位付出心血的員工。

4. 開放與員工交流的管道：亞都的幹部，必須隨時樂意聽取員工的意見與困難，並以誠懇的態度，竭力設法爲其解決。如因能力或權限上無法克服時，應主動向上層反應。如員工無法得到滿意的答覆，亦可再向更上層次的主管溝通，直到獲得滿意的解決爲止。

　　傳統的管理是金字塔型的，在其中，老闆高高在上，掌握一切權力。但是，在服務業裡，管理的模式卻應該是倒金字塔型的，如圖 14-10、14-11 所示。它的第一線是顧客，得到顧客的認同，才能使飯店具有生機，換言之，顧客才是眞正的老闆；位於顧客之下，是爲顧客服務的核心人員。其後，應是爲第一線同仁提供更簡化、更有效率服務的後勤單位及各級幹部，而總經理和總裁則是各級幹部的後援單位。基於這樣理念，亞都很清楚地告知所有的單位主管，主管是前線員工的後勤服務部隊，只有主管的支援與眞正的授權，基層員工才能全心全力在前線應戰。

　　「A hotel is made by men and stone.」倘若一家旅館只有富麗堂皇的建築結構，它只成就了一半，另一半則有賴服務人員的精緻表現，尤其對於先天條件不甚理想的亞都而言，「人的管理」更是致勝的重要關鍵。因此，如何將亞都變成一個「人性化管理」的公司，就變成高階主管念茲在茲的努力重點，並已然展現出相當良好的成果。

　　基本上，倒金字塔型的管理模式所突顯出來的是基層服務人員的重要性。正因如此，如何創造一個自動自發服務的企業文化，就顯得相當重要，在這方面，連續舉辦 10 多年從未間斷的「亞都夏令營」有其一定程度的貢獻。

　　此外，爲了落實倒金字塔型的管理模式，亞都設有一種「逆向考核」的制度，由員工來替主管把脈，評估主管的領導力、親和力、專業素質以及溝通能力等構面。在這份逆向考核表上，公司還特別註明：「此份問卷係採不記名方式，人事訓練部會將此資料封口完整的轉呈給總裁親自處理，並於事後銷毀，您無須擔心資料外洩。」以期員工能

暢所欲言，不用擔心會被秋後算帳，但也要他們認清這並不是一個打小報告或提出惡意攻訐的管道。

圖 14-10　傳統管理模式　　　　　　　圖 14-11　亞都飯店管理模式

在倒金字塔的管理模式下，主管人員的主要職責在支援與協助員工，然而，主管有時所做的某些決定，可能並不符合大多數員工的需求；或者某些主管一心以為是對的事情，在員工心中卻有截然不同的負面評價。凡此種種，透過逆向考核的機制，可以讓一些原本被壓抑的問題浮現出來，也讓身為「服務接受者」的員工，有機會向身為「服務提供者」的主管表達心聲。如此一來，不但可以幫助主管更加了解自己，也了解員工心中的想法與觀點，日後要對員工提供服務時，也更能夠切合真正的需要。

從前述的亞都傳統，乃至於倒金字塔型管理模式，在在都已強調出人員是亞都最重視的競爭武器。亞都的總裁嚴長壽指出：「一個企業的成功當然有很多的因素，但其中我以人為企業中最重要的財富。」由此可見，亞都是以尊重員工、重視員工的人本主義為運作基礎，並以此作為其立足市場的重要武器。

基本上，人本主義的概念固然在於強調人員的重要性，但其中的運作重點則牽涉到人員的招募、訓練、發展以及維持等複雜的相關作業，而並不只是喊口號而已。

以人員招募為例，亞都在招募服務人員時，特別重視其服務熱忱與人格特質，並在招募的過程中，慎重其事的精挑細選，希望找尋到適合從事服務業、具有良好的態度、

且對服務工作有認同感與熱情者，至於專業能力，則可以透過訓練來補強。因此，亞都會透過性向測驗、面談等方式來篩選適當的人員，並透過試用期間的密切觀察，希望確保招募進來的員工，都是有心要做好服務的人。

以訓練為例，亞都非常重視員工訓練，以持續強化其服務能力與意願。比較特殊的是，亞都除了給予員工工作本身的相關訓練，還提供「交叉訓練（Cross Training）」的機會，讓員工可以學習其他工作的技能，以便成為多職能的員工，如此也可以扮演一個更稱職的「主人」。

再以發展與激勵為例，亞都一向採取內部升遷的制度，並強調輪調從基層做起，而不是以挖角空降的方式找尋主管。在亞都，員工有兩種升遷管道，直向的升遷是在原有的專業領域中往上爬升，橫向升遷則要看個人的能力與可塑性，去作不同部門的調整。事實上，藉由輪調與從基層做起等機制，亞都已分別把一些原來在基層服務的服務生、採購員或警衛，培育成目前國內外傑出的旅館經理人才，單就當前五星級飯店的總經理中，就有 8、9 位都是出自亞都，而亞都目前也已有好幾位資歷完備的儲備人才蓄勢待發，隨時可以去應付新的戰局。這樣的設計一方面可以為員工開創更美好的將來，一方面也可以為公司的拓展做好長遠的準備。

六、臺北凱撒大飯店

臺北凱撒大飯店位置於臺北市忠孝西路一段，臺北火車站（三鐵共構站）正對面，是地點最優、品牌最吸引人的五星級大飯店之一。臺北凱撒大飯店在 2003 年 1 月以前是大家熟悉的世界品牌：臺北希爾頓飯店。在 2003 年 1 月以前，董事會為發展此飯店成為世界水準的臺灣本土飯店，在策略上特別請了世界飯店知名品牌——希爾頓飯店集團進駐臺北經營，經過多年的應用與型塑希爾頓品牌價值，並學習管理制度，終於使今日的臺北凱撒大飯店立足於本土品牌的最優基礎。筆者為活化觀光休閒人力資源管理一書，特別製作「觀光產業——人資真實故事系列報導個案」給讀者參考（圖 14-12）。

圖 14-12　臺北凱撒大飯店外景

（一）選才

　　人才是企業的核心，尤其是在觀光服務業，每天為成千上萬的旅客服務，且每位顧客皆有不同的需求性。因此，公司的每一位服務人員，皆要有高度的服務精神及專業能力，才能勝任工作。凱撒的員工，從多元管道聘用，如人力銀行、學校產學合作、政府職業訓練單位、登報等方式來尋找各部門所需人力。凱撒特別重視提供大學生實習，歷年來，也有數 10 位正職員工，是藉由實習機會，與凱撒結了工作緣，一畢業就獲得凱撒肯定，聘為正式員工。在選才方面，也是政府特別重視的學用合一，盼學校與企業可以無縫接軌，而凱撒正是同業的標竿。

（二）育才

　　凱撒非常重視教育訓練，有自己的訓練教室，員工一進來，即辦理一到兩天的基本訓練，由人力資源部承辦，包括認識凱撒企業文化與願景、了解勞工法規、學習電話禮儀及公司基本法則與規定，再來則是各部門的專業性學習及現場操作等。在年度教育訓練安排，分有：基層人員及基層主管（領班及主任）與管理職人員的教育訓練，基層人員以顧客需求面的基本素養為主，如服務精神塑造及技術熟悉度等；管理職（以副理、經理以上幹部）以現代管理的變化及配合公司願景為主。另外，為提昇員工語言能力，凱撒也常年辦理英日語的學習活動。

（三）用才

在各部門主管精心規劃之下，視每位員工為公司的寶，讓每位員工皆有家的感覺；因此，每年的易動率很低，約在 3% 以下。至於員工的考核，分有兩階段評估的方式，由員工先做自我評鑑，再由各基層主管一一評量同仁，送至部門主管（如經理）後，即可依員工自己的各種出勤表現資料（由人力資源部提供）與基層主管的看法，給予較綜合性的評量。最後年終考核，由公司人評會給予確認，並依各部門年度表現績效，分配甲、乙、丙各級等的百分比，考核的成績一定與年終獎金及晉升進級有密切相關。每年辦理有模範員工選拔，每月辦理慶生會，並致贈禮品及禮金，感謝員工為公司的奉獻，主管人事的人資部以塑造凱撒溫馨一家人的感覺為宗旨，各部門在排班及輪流表上，亦以人性化的方式辦理，員工有必要也可以彈性調整輪班。

（四）留才

若少數員工想另謀高就，公司原則上會極力慰留並給予傾聽員工意見，同時介紹公司的潛力與願景，並每年加薪及晉級來鼓勵及吸引員工留下，繼續為公司打拚。

（五）綜合性特色

凱撒大飯店是國內最著名的本土投資五星級飯店之一，其特色是以最貼心的企業文化來照顧客戶及員工，員工就是凱撒的品牌價值，以人力資本及善待員工為追求卓越的核心，喚起全體員工團結一致，並發揮團隊精神，實現凱撒經營願景。

（以上為黃廷合教授於 2014/12/12 專訪凱撒大飯店人力資源部主管朱副理實記錄）

七、日月潭涵碧樓大飯店

在民國 87 年，林集團賴董事長即買下涵碧樓。隔年，民國 88 年（1999 年）9 月 21 日，臺灣地區發生近 100 年來最大的地震，讓位於日月潭畔的涵碧樓大飯店雖毫髮未傷，建築格局、規模、功能均已不符合時代需求，在民國 89 年（2000 年）開始改建，經過兩年多的努力，民國 92 年（2003 年）3 月 3 日，涵碧樓大飯店改建完成，正式開幕營運，賴董事長讓涵碧樓煥然一新，開幕後一炮而紅（圖 14-13）。

圖 14-13　日月潭涵碧樓大飯店外景

　　如今，已經成為臺灣本島最頂級的五星級大飯店之一。「涵碧樓」三個字，代表著臺灣歷史人文的一部分，其實早在日據時代，即有涵碧樓飯店，當時經營者也是受到日月潭的特優風景所影響；在臺灣光復之後（1945 年），先總統蔣公（蔣介石先生），也把日月潭的行館建在涵碧樓旁，更添加涵碧樓的歷史性，讓中國近代史的文史記載與涵碧樓有關聯性，為涵碧樓有加分的效果。涵碧樓大飯店在經營團隊努力之下，至今已是臺灣最頂級的觀光五星級飯店之一。筆者很榮幸訪問了涵碧樓有關同仁，深入了解人力資源發展與管理的做法，分別介紹如下：

（一）選才

　　涵碧樓大飯店的人力資源招募，一般藉由人力銀行、參與各校園就業博覽會、產學合作學校（含大專及高中職）及同事介紹等管道，公司的人力資源尚為穩定，每年易動率約在 3% 左右。同時也鼓勵各大專學校合作的實習生畢業後繼續留下，申請改為正職人員後，即可免去試用期。人資部針對新進人員在口試過程時，首重談話的邏輯性及言之有物，了解員工是否有較好的判斷力，在回答問題時，能否回答到問題的重點。

14

（二）育才

涵碧樓大飯店的組織架構中，設有專職的教育訓練部，負責全體員工（約 260 人左右）的教育訓練工作。針對新進人員即給予兩天的職前訓練，內容包括：對企業文化與組織架構的認識、服務理念及基本實務操作能力（含電話禮節），而賴董事長特別要求的重點，也在訓練過程中加以介紹說明。教育訓練部每月規劃有精進的各類課程，由內部及外部講師授課，並與人力資源部合作，訂定每位員工必須接受教育訓練時數，依序實施；對資深員工及各級幹部員工，則規劃進階養成教育課程，包括養成的領導課程，及作為晉升的基本要求課程等，教育訓練目的是給予提高服務價值。總之，教育訓練部提供全公司的系統化且完整的學習活動，其目標務必達到：臺灣頂級大飯店的服務水準與績效，教育訓練工作也特別配合總經理與執行副總的理念與創意。截至今日，涵碧樓大飯店的教育訓練功能性，是 得全公司稱讚的單位。

（三）用才

公司為照顧員工，特別在附近買地自建員工宿舍、讓同仁解決住的問題，並免費提供員工午晚餐，讓員工全心投入住客各項服務工作。同時，涵碧樓特別照顧員工，有如家人般的管理哲學，當員工生日時，由總經理、執行副總及部門主管親自簽名敬送生日卡，並公開陳列，藉此恭賀員工生日快樂，在公佈欄陳列時，亦讓其他員工有機會向壽星留下祝賀生日快樂的話語，以增加員工之間的互動。涵碧樓在用人制度上，亦有健全的考核獎勵制度，一年中實施兩次考核，年中及歲末各一次，成績皆以積分方式執行，程序亦從自評、直屬主管及部門主管（副理及經理）逐層評分；評分優劣與每月的績效獎金及年終獎金相關。公司另一個特色，是特別重視員工的特殊表現，如有顧客或同仁推薦某員工表現優秀，經確認後隨即由部門簽請獎勵，並請總經理親自頒發獎金。在同仁工作上的排班及輪班方面，建立了良好的人性化制度，特別尊重單位主管與同仁之間的協議與默契，如有同仁有突發事情，皆以互助方式來協調。人力資源部以「自己家人式」來與員工互動，培養員工高度自愛與自動自發的服務態度，以落實嘉賓的服務，真正提升服務滿意度。

（四）留才

公司也非常重視同仁的工作穩定性，同仁有易動念頭，幹部同仁馬上親自了解、慰留，並加以說明公司願景及栽培同仁的用心處；公司政策中，努力提供員工住宿及用餐的方便性，其目的也是留住各種人才，來為涵碧樓這大家庭奉獻與服務。

（五）綜合性特色

「涵碧樓」大飯店的最大特色有：1. 地理位置是日月潭景觀最優之處，擁有風光明媚及湖光山色的自然風景；2. 同時具有歷史文化的價值性及完善設施；3. 精緻貼心的各種服務等，也是「涵碧樓」大飯店的核心價值。同時，在人力資源部的人性化管理及優良人事制度形塑之下，締造了「涵碧樓」優良的傳統及企業文化，成爲讓國人引以爲傲的，世界級之五星級飯店。

（以上爲黃廷合教授於 2014/12/19 專訪相關主管人員廖經理等人實記錄）

八、丹堤咖啡連鎖店

1993 年丹堤咖啡在創辦人的長期夢想中誕生了，至今已有 22 個年頭，並發展成爲本土咖啡連鎖店最佳品牌，全臺共有 125 家門市，直營及加盟店約各半，全體員工約有 400 多人，可稱相當成功且有創意的咖啡連鎖店。連鎖店要經營成功的因素頗多，其中，最重要不外乎是總公司對各店的「人力資源高度發展與精緻管理」之成功運作，讓每一間分店在高度彈性下，接受總公司精緻支援與作業效率化的結果，經 22 年來已具有連鎖店聰明複製的豐富經驗（圖 14-14）。在此眞實故事中，僅針對丹堤咖啡管理特色之一的人資議題，介紹有關選才、育才、用人及留才的特性，供讀者研讀與討論。

圖 14-14　丹堤咖啡連鎖店之一的佈置風格

（一）選才

選才有三大方式：

1. 由各地門市（各分店）自行招募，一般應用門市自行公佈招聘新員工、員工互相介紹及至附近學校公告等；

2. 利用人力銀行招聘，如 104、1111 人力公司的管道；

3. 與學校進行產學合作，包括大專及高職等學校。

（二）育才

丹堤為強化公司員工的本職學能，特別設立員工教育訓練部，專門規劃各種教育訓練課程，並分為直營店員工及加盟店員工。直營店所有全職員工及每加盟店員工重要員工（約四人），在新進入時，都要接受三周的教育訓練，課程包括有：門市各種知識及操作實習，實習除了透過訓練部的實習設備，進行第一階段實作演練之外，也安排至實體店真正上線實習六次左右，其目的是儘量讓新員工有充分學習到各種技能，以便在服務顧客時，可以勝任。至於各級幹部（包括店長、專員、經理、督導），公司亦安排不同的管理課程，以讓公司時時保持產品創新、服務創新及科技應用創新，邁向永續經營為目標。

（三）用人

丹堤咖啡是典型的連鎖店經營商店，是須高度緊密管理的行業，總部多元功能很重要，包括各種後勤支援、統一的作業標準、營運部功能、訓練工作落實、展店業務推動、資訊部、烘培技術、商品研發、物流工作、倉管、訂貨中心、行銷企劃、財務及管理部等，皆是連鎖店業的重要工作課題，在人力配置上要齊全，才能發揮整體綜效。有關考核方面，門市員工升等暢通，經過考試（筆試＋操作）即可升等升級，且呈現在每次（每月）的業績獎金中；總部員工升等空間稍微小些，考核每兩個月進行一次，並將考核結果納入每年三節中（過年、端午及中秋節）。

（四）留才

連鎖店員工工作相當辛苦，依丹堤咖啡公司的經驗，全職員工的年穩定性有 8 成以上。部分時間的員工流動性頗高，也是連鎖店的困難之處；因此，留才方面，得在各方面努力之下，來關注店長的帶人方式：以關愛代替責備；以教化心態來了解年輕人；以

彈性活潑互動方式來鼓勵員工，若每一位店長皆可以把握此原則，丹堤在留才方面必能有較佳的成績表現。

（五）綜合性特色

　　丹堤咖啡公司是國內飲料店的知名品牌，其特色頗多，在人資方面至少有：招聘、訓練、用人、考核、產學合作等特色，相信在公司的領導團隊努力下，必可持續往產品、服務及科技創新方面前進，再創丹堤咖啡的一片天。

（以上為黃廷合教授於 2014/12/26 專訪丹堤咖啡徐副總實記錄）

本章練習 LEARNING PRACTICE

個案教學設計

1. 請同學利用手邊電腦（含平面電腦）及智慧型手機，上網尋找本章介紹的個案公司，國外及國內公司各任選一至兩家，記錄該公司經營現況及人力資源管理的特色。（約10分鐘）

2. 請同學應用上網找到的資訊，再與本章提供的同公司資料，一起討論並記錄其特色（原則上應用同一公司的資訊來討論）。（約8分鐘）

3. 請四位同學依國內外各兩家公司的特色，舉例說明其在經營及人力資源管理的做法。（每位4分鐘，共16分鐘）

4. 請兩位同學依案例中提到的「選才」、「育才」、「用才」及「留才」等四個方面，加以分析自己的心得與看法。（約8分鐘）

5. 教師講評及分享看法，並與同學互動，帶動同學在學習的方向與建立正確的人資觀念。（約8分鐘）

建議：以上個案活動設計，總共需應用一節課（50分鐘）來實施。

附錄

中華民國勞動基準法 ‒ ‒ ‒ ‒ ‒ ‒ ‒ ‒ ‒ ‒

民國 73 年 07 月 30 日　發布

民國 104 年 07 月 01 日　修正

第一章　總則

第 1 條　（立法目的暨法律之適用）

為規定勞動條件最低標準，保障勞工權益，加強勞雇關係，促進社會與經濟發展，特制定本法；本法未規定者，適用其他法律之規定。

雇主與勞工所訂勞動條件，不得低於本法所定之最低標準。

第 2 條　（定義）

本法用辭定義如左：

一、勞工：謂受雇主僱用從事工作獲致工資者。

二、雇主：謂僱用勞工之事業主、事業經營之負責人或代表事業主處理有關勞工事務之人。

三、工資：謂勞工因工作而獲得之報酬；包括工資、薪金及按計時、計日、計月、計件以現金或實物等方式給付之獎金、津貼及其他任何名義之經常性給與均屬之。

四、平均工資：謂計算事由發生之當日前六個月內所得工資總額除以該期間之總日數所得之金額。工作未滿六個月者，謂工作期間所得工資總額除以工作期間之總日數所得之金額。工資按工作日數、時數或論件計算者，其依上述方式計算之平均工資，如少於該期內工資總額除以實際工作日數所得金額百分之六十者，以百分之六十計。

五、事業單位：謂適用本法各業僱用勞工從事工作之機構。

六、勞動契約：謂約定勞雇關係之契約。

第 3 條　（適用行業之範圍）

本法於左列各業適用之：

一、農、林、漁、牧業。

二、礦業及土石採取業。

三、製造業。

四、營造業。

五、水電、煤氣業。

六、運輸、倉儲及通信業。

七、大眾傳播業。

八、其他經中央主管機關指定之事業。

依前項第八款指定時，得就事業之部分工作場所或工作者指定適用。

本法適用於一切勞雇關係。但因經營型態、管理制度及工作特性等因素適用本法確有窒礙難行者，並經中央主管機關指定公告之行業或工作者，不適用之。

前項因窒礙難行而不適用本法者，不得逾第一項第一款至第七款以外勞工總數五分之一。

第 4 條　（主管機關）

本法所稱主管機關：在中央為勞動部；在直轄市為直轄市政府；在縣（市）為縣（市）政府。

第 5 條　（強制勞動之禁止）

雇主不得以強暴、脅迫、拘禁或其他非法之方法，強制勞工從事勞動。

第 6 條　（抽取不法利益之禁止）

任何人不得介入他人之勞動契約，抽取不法利益。

第 7 條　（勞工名卡之置備暨登記）

雇主應置備勞工名卡，登記勞工之姓名、性別、出生年月日、本籍、教育程度、住址、身分證統一號碼、到職年月日、工資、勞工保險投保日期、獎懲、傷病及其他必要事項。

前項勞工名卡，應保管至勞工離職後五年。

第 8 條　（雇主提供工作安全之義務）

雇主對於僱用之勞工，應預防職業上災害，建立適當之工作環境及福利設施。其有關安全衛生及福利事項，依有關法律之規定。

第二章　勞動契約

第 9 條　（定期勞動契約與不定期勞動契約）

勞動契約，分爲定期契約及不定期契約。臨時性、短期性、季節性及特定性工作得爲定期契約；有繼續性工作應爲不定期契約。

定期契約屆滿後，有左列情形之一者，視爲不定期契約：

一、勞工繼續工作而雇主不即表示反對意思者。

二、雖經另訂新約，惟其前後勞動契約之工作期間超過九十日，前後契約間斷期間未超過三十日者。

前項規定於特定性或季節性之定期工作不適用之。

第 10 條　（工作年資之合併計算）

定期契約屆滿後或不定期契約因故停止履行後，未滿三個月而訂定新約或繼續履行原約時，勞工前後工作年資，應合併計算。

第 11 條　（雇主須預告始得終止勞動契約情形）

非有左列情事之一者，雇主不得預告勞工終止勞動契約：

一、歇業或轉讓時。

二、虧損或業務緊縮時。

三、不可抗力暫停工作在一個月以上時。

四、業務性質變更，有減少勞工之必要，又無適當工作可供安置時。

五、勞工對於所擔任之工作確不能勝任時。

第 12 條　（雇主無須預告即得終止勞動契約之情形）

勞工有左列情形之一者，雇主得不經預告終止契約：

一、於訂立勞動契約時爲虛僞意思表示，使雇主誤信而有受損害之虞者。

二、對於雇主、雇主家屬、雇主代理人或其他共同工作之勞工，實施暴行或有重大侮辱之行爲者。

三、受有期徒刑以上刑之宣告確定，而未諭知緩刑或未准易科罰金者。

四、違反勞動契約或工作規則，情節重大者。

五、故意損耗機器、工具、原料、產品，或其他雇主所有物品，或故意洩漏雇主技術上、營業上之秘密，致雇主受有損害者。

六、無正當理由繼續曠工三日，或一個月內曠工達六日者。

雇主依前項第一款、第二款及第四款至第六款規定終止契約者，應自知悉其情形之日起，三十日內為之。

第 13 條　（雇主終止勞動契約之禁止暨例外）

勞工在第五十條規定之停止工作期間或第五十九條規定之醫療期間，雇主不得終止契約。但雇主因天災、事變或其他不可抗力致事業不能繼續，經報主管機關核定者，不在此限。

第 14 條　（勞工得不經預告終止契約之情形）

有左列情形之一者，勞工得不經預告終止契約：

一、雇主於訂立勞動契約時為虛偽之意思表示，使勞工誤信而有受損害之虞者。

二、雇主、雇主家屬、雇主代理人對於勞工，實施暴行或有重大侮辱之行為者。

三、契約所訂之工作，對於勞工健康有危害之虞，經通知雇主改善而無效果者。

四、雇主、雇主代理人或其他勞工患有惡性傳染病，有傳染之虞者。

五、雇主不依勞動契約給付工作報酬，或對於按件計酬之勞工不供給充分之工作者。

六、雇主違反勞動契約或勞工法令，致有損害勞工權益之虞者。

勞工依前項第一款、第六款規定終止契約者，應自知悉其情形之日起，三十日內為之。

有第一項第二款或第四款情形，雇主已將該代理人解僱或已將患有惡性傳染病者送醫或解僱，勞工不得終止契約。

第十七條規定於本條終止契約準用之。

第 15 條　（勞工須預告始得終止勞動契約之情形）

特定性定期契約期限逾三年者，於屆滿三年後，勞工得終止契約。但應於三十日前預告雇主。

不定期契約，勞工終止契約時，應準用第十六條第一項規定期間預告雇主。

第 16 條　（雇主終止勞動契約之預告期間）

雇主依第十一條或第十三條但書規定終止勞動契約者，其預告期間依左列各款之規定：

一、繼續工作三個月以上一年未滿者，於十日前預告之。

二、繼續工作一年以上三年未滿者，於二十日前預告之。

三、繼續工作三年以上者，於三十日前預告之。

勞工於接到前項預告後，為另謀工作得於工作時間請假外出。其請假時數，每星期不得超過二日之工作時間，請假期間之工資照給。

雇主未依第一項規定期間預告而終止契約者，應給付預告期間之工資。

第 17 條　雇主依前條終止勞動契約者，應依下列規定發給勞工資遣費：

一、在同一雇主之事業單位繼續工作，每滿一年發給相當於一個月平均工資之資遣費。

二、依前款計算之剩餘月數，或工作未滿一年者，以比例計給之。未滿一個月者以一個月計。

前項所定資遣費，雇主應於終止勞動契約三十日內發給。

第 18 條　（勞工不得請求預告期間工資及資遣費之情形）

有左列情形之一者，勞工不得向雇主請求加發預告期間工資及資遣費：

一、依第十二條或第十五條規定終止勞動契約者。

二、定期勞動契約期滿離職者。

第 19 條　（發給服務證明書之義務）

勞動契約終止時，勞工如請求發給服務證明書，雇主或其代理人不得拒絕。

第 20 條　（改組或轉讓時勞工留用或資遣之有關規定）

事業單位改組或轉讓時，除新舊雇主商定留用之勞工外，其餘勞工應依第十六條規定期間預告終止契約，並應依第十七條規定發給勞工資遣費。其留用勞工之工作年資，應由新雇主繼續予以承認。

第三章　工資

第 21 條　（工資之議定暨基本工資）

工資由勞雇雙方議定之。但不得低於基本工資。

前項基本工資，由中央主管機關設基本工資審議委員會擬訂後，報請行政院核定之。

前項基本工資審議委員會之組織及其審議程序等事項，由中央主管機關另以辦法定之。

第 22 條　（工資之給付（一）－標的及受領權人）

工資之給付，應以法定通用貨幣為之。但基於習慣或業務性質，得於勞動契約內訂明一部以實物給付之。工資之一部以實物給付時，其實物之作價應公平合理，並適合勞工及其家屬之需要。

工資應全額直接給付勞工。但法令另有規定或勞雇雙方另有約定者，不在此限。

第 23 條　（工資之給付（二）－時間或次數）

工資之給付，除當事人有特別約定或按月預付者外，每月至少定期發給二次；按件計酬者亦同。

雇主應置備勞工工資清冊，將發放工資、工資計算項目、工資總額等事項記入。工資清冊應保存五年。

第 24 條　（延長工作時間時工資加給之計算方法）

雇主延長勞工工作時間者，其延長工作時間之工資依左列標準加給之：

一、延長工作時間在二小時以內者，按平日每小時工資額加給三分之一以上。

二、再延長工作時間在二小時以內者，按平日每小時工資額加給三分之二以上。

三、依第三十二條第三項規定，延長工作時間者，按平日每小時工資額加倍發給之。

第 25 條　（性別歧視之禁止）

雇主對勞工不得因性別而有差別之待遇。工作相同、效率相同者，給付同等之工資。

第 26 條　（預扣工資之禁止）

雇主不得預扣勞工工資作為違約金或賠償費用。

第 27 條　（主管機關之限期命令給付）

　　雇主不按期給付工資者，主管機關得限期令其給付。

第 28 條　（勞工債權受償順序及積欠工資墊償基金墊償範圍）

　　雇主有歇業、清算或宣告破產之情事時，勞工之下列債權受償順序與第一順位抵押權、質權或留置權所擔保之債權相同，按其債權比例受清償；未獲清償部分，有最優先受清償之權：

一、本於勞動契約所積欠之工資未滿六個月部分。

二、雇主未依本法給付之退休金。

三、雇主未依本法或勞工退休金條例給付之資遣費。

　　雇主應按其當月僱用勞工投保薪資總額及規定之費率，繳納一定數額之積欠工資墊償基金，作為墊償下列各款之用：

一、前項第一款積欠之工資數額。

二、前項第二款與第三款積欠之退休金及資遣費，其合計數額以六個月平工資為限。

　　積欠工資墊償基金，累積至一定金額後，應降低費率或暫停收繳。

　　第二項費率，由中央主管機關於萬分之十五範圍內擬訂，報請行政院核定之。

　　雇主積欠之工資、退休金及資遣費，經勞工請求未獲清償者，由積欠工資墊償基金依第二項規定墊償之；雇主應於規定期限內，將墊款償還積欠工資墊償基金。

　　積欠工資墊償基金，由中央主管機關設管理委員會管理之。基金之收繳有關業務，得由中央主管機關，委託勞工保險機構辦理之。基金墊償程序、收繳與管理辦法、第三項之一定金額及管理委員會組織規程，由中央主管機關定之。

第 29 條　（優秀勞工之獎金及紅利）

　　事業單位於營業年度終了結算，如有盈餘，除繳納稅捐、彌補虧損及提列股息、公積金外，對於全年工作並無過失之勞工，應給與獎金或分配紅利。

第四章　工作時間、休息、休假

第 30 條　（每日暨每週之工作時數）

　　勞工正常工作時間，每日不得超過八小時，每週不得超過四十小時。

　　前項正常工作時間，雇主經工會同意，如事業單位無工會者，經勞資會議同意後，得將其二週內二日之正常工作時數，分配於其他工作日。其分配於其他工作日之時數，每日不得超過二小時。但每週工作總時數不得超過四十八小時。

　　第一項正常工作時間，雇主經工會同意，如事業單位無工會者，經勞資會議同意後，得將八週內之正常工作時數加以分配。但每日正常工作時間不得超過八小時，每週工作總時數不得超過四十八小時。

　　前二項規定，僅適用於經中央主管機關指定之行業。

　　雇主應置備勞工出勤紀錄，並保存五年。

　　前項出勤紀錄，應逐日記載勞工出勤情形至分鐘為止。勞工向雇主申請其出勤紀錄副本或影本時，雇主不得拒絕。

　　雇主不得以第一項正常工作時間之修正，作為減少勞工工資之事由。

　　第一項至第三項及第三十條之一之正常工作時間，雇主得視勞工照顧家庭成員需要，允許勞工於不變更每日正常工作時數下，在一小時範圍內，彈性調整工作開始及終止之時間。

第30-1條　（工作時間變更原則）

　　中央主管機關指定之行業，雇主經工會同意，如事業單位無工會者，經勞資會議同意後，其工作時間得依下列原則變更：

　　一、四週內正常工作時數分配於其他工作日之時數，每日不得超過二小時，不受前條第二項至第四項規定之限制。

　　二、當日正常工時達十小時者，其延長之工作時間不得超過二小時。

　　三、二週內至少有二日之休息，作為例假，不受第三十六條之限制。

　　四、女性勞工，除妊娠或哺乳期間者外，於夜間工作，不受第四十九條第一項之限制。但雇主應提供必要之安全衛生設施。

　　依民國八十五年十二月二十七日修正施行前第三條規定適用本法之行業，除第一項第一款之農、林、漁、牧業外，均不適用前項規定。

第 31 條 （坑道或隧道內工作時間之計算）

在坑道或隧道內工作之勞工，以入坑口時起至出坑口時止為工作時間。

第 32 條 （雇主延長工作時間之限制及程序）

雇主有使勞工在正常工作時間以外工作之必要者，雇主經工會同意，如事業單位無工會者，經勞資會議同意後，得將工作時間延長之。

前項雇主延長勞工之工作時間連同正常工作時間，一日不得超過十二小時。延長之工作時間，一個月不得超過四十六小時。

因天災、事變或突發事件，雇主有使勞工在正常工作時間以外工作之必要者，得將工作時間延長之。但應於延長開始後二十四小時內通知工會；無工會組織者，應報當地主管機關備查。延長之工作時間，雇主應於事後補給勞工以適當之休息。

在坑內工作之勞工，其工作時間不得延長。但以監視為主之工作，或有前項所定之情形者，不在此限。

第 33 條 （主管機關命令延長工作時間之限制及程序）

第三條所列事業，除製造業及礦業外，因公眾之生活便利或其他特殊原因，有調整第三十條、第三十二條所定之正常工作時間及延長工作時間之必要者，得由當地主管機關會商目的事業主管機關及工會，就必要之限度內以命令調整之。

第 34 條 （晝夜輪班制之更換班次）

勞工工作採晝夜輪班制者，其工作班次，每週更換一次。但經勞工同意者不在此限。

依前項更換班次時，應給予適當之休息時間。

第 35 條 （休息）

勞工繼續工作四小時，至少應有三十分鐘之休息。但實行輪班制或其工作有連續性或緊急性者，雇主得在工作時間內，另行調配其休息時間。

第 36 條 （例假）

勞工每七日中至少應有一日之休息，作為例假。

第 37 條 （休假）

紀念日、勞動節日及其他由中央主管機關規定應放假之日，均應休假。

第 38 條　（特別休假）

　　　　勞工在同一雇主或事業單位，繼續工作滿一定期間者，每年應依左列規定給予特別休假：

　　　　一、一年以上三年未滿者七日。

　　　　二、三年以上五年未滿者十日。

　　　　三、五年以上十年未滿者十四日。

　　　　四、十年以上者，每一年加給一日，加至三十日為止。

第 39 條　（假日休息工資照給及假日工作工資加倍）

　　　　第三十六條所定之例假、第三十七條所定之休假及第三十八條所定之特別休假，工資應由雇主照給。雇主經徵得勞工同意於休假日工作者，工資應加倍發給。因季節性關係有趕工必要，經勞工或工會同意照常工作者，亦同。

第 40 條　（假期之停止加資及補假）

　　　　因天災、事變或突發事件，雇主認有繼續工作之必要時，得停止第三十六條至第三十八條所定勞工之假期。但停止假期之工資，應加倍發給，並應於事後補假休息。

　　　　前項停止勞工假期，應於事後二十四小時內，詳述理由，報請當地主管機關核備。

第 41 條　（主管機關得停止公用事業勞工之特別休假）

　　　　公用事業之勞工，當地主管機關認有必要時，得停止第三十八條所定之特別休假。假期內之工資應由雇主加倍發給。

第 42 條　（不得強制正常工作時間以外之工作情形）

　　　　勞工因健康或其他正當理由，不能接受正常工作時間以外之工作者，雇主不得強制其工作。

第 43 條　（請假事由）

　　　　勞工因婚、喪、疾病或其他正當事由得請假；請假應給之假期及事假以外期間內工資給付之最低標準，由中央主管機關定之。

第五章　童工、女工

第 44 條　（童工及其工作性質之限制）

十五歲以上未滿十六歲之受僱從事工作者，為童工。

童工不得從事繁重及危險性之工作。

第 45 條　（未滿十五歲之人之僱傭）

僱主不得僱用未滿十五歲之人從事工作。但國民中學畢業或經主管機關認定其工作性質及環境無礙其身心健康而許可者，不在此限。

前項受僱之人，準用童工保護之規定。

第一項工作性質及環境無礙其身心健康之認定基準、審查程序及其他應遵行事項之辦法，由中央主管機關依勞工年齡、工作性質及受國民義務教育之時間等因素定之。

未滿十五歲之人透過他人取得工作為第三人提供勞務，或直接為他人提供勞務取得報酬未具勞僱關係者，準用前項及童工保護之規定。

第 46 條　（法定代理人同意書及其年齡證明文件）

未滿十六歲之人受僱從事工作者，僱主應置備其法定代理人同意書及其年齡證明文件。

第 47 條　（童工工作時間之嚴格限制）

童工每日之工作時間不得超過八小時，每週之工作時間不得超過四十小時，例假日不得工作。

第 48 條　（童工夜間工作之禁止）

童工不得於午後八時至翌晨六時之時間內工作。

第 49 條　（女工深夜工作之禁止及其例外）

僱主不得使女工於午後十時至翌晨六時之時間內工作。但僱主經工會同意，如事業單位無工會者，經勞資會議同意後，且符合下列各款規定者，不在此限：

一、提供必要之安全衛生設施。

二、無大眾運輸工具可資運用時，提供交通工具或安排女工宿舍。

前項第一款所稱必要之安全衛生設施，其標準由中央主管機關定之。但僱主與勞工約定之安全衛生設施優於本法者，從其約定。

女工因健康或其他正當理由，不能於午後十時至翌晨六時之時間內工作者，雇主不得強制其工作。

第一項規定，於因天災、事變或突發事件，雇主必須使女工於午後十時至翌晨六時之時間內工作時，不適用之。

第一項但書及前項規定，於妊娠或哺乳期間之女工，不適用之。

第 50 條 （分娩或流產之產假及工資）

女工分娩前後，應停止工作，給予產假八星期；妊娠三個月以上流產者，應停止工作，給予產假四星期。

前項女工受僱工作在六個月以上者，停止工作期間工資照給；未滿六個月者減半發給。

第 51 條 （妊娠期間得請求改調較輕易工作）

女工在妊娠期間，如有較為輕易之工作，得申請改調，雇主不得拒絕，並不得減少其工資。

第 52 條 （哺乳時間）

子女未滿一歲須女工親自哺乳者，於第三十五條規定之休息時間外，雇主應每日另給哺乳時間二次，每次以三十分鐘為度。

前項哺乳時間，視為工作時間。

第六章　退休

第 53 條 （勞工自請退休之情形）

勞工有下列情形之一，得自請退休：

一、工作十五年以上年滿五十五歲者。

二、工作二十五年以上者。

三、工作十年以上年滿六十歲者。

第 54 條 （強制退休之情形）

勞工非有下列情形之一，雇主不得強制其退休：

一、年滿六十五歲者。

二、心神喪失或身體殘廢不堪勝任工作者。

前項第一款所規定之年齡，對於擔任具有危險、堅強體力等特殊性質之工作者，得由事業單位報請中央主管機關予以調整。但不得少於五十五歲。

第 55 條　勞工退休金之給與標準如下：

一、按其工作年資，每滿一年給與兩個基數。但超過十五年之工作年資，每滿一年給與一個基數，最高總數以四十五個基數為限。未滿半年者以半年計；滿半年者以一年計。

二、依第五十四條第一項第二款規定，強制退休之勞工，其心神喪失或身體殘廢係因執行職務所致者，依前款規定加給百分之二十。

前項第一款退休金基數之標準，係指核准退休時一個月平均工資。

第一項所定退休金，雇主應於勞工退休之日起三十日內給付，如無法一次發給時，得報經主管機關核定後，分期給付。本法施行前，事業單位原定退休標準優於本法者，從其規定。

第 56 條　雇主應依勞工每月薪資總額百分之二至百分之十五範圍內，按月提撥勞工退休準備金，專戶存儲，並不得作為讓與、扣押、抵銷或擔保之標的；其提撥之比率、程序及管理等事項之辦法，由中央主管機關擬訂，報請行政院核定之。

雇主應於每年年度終了前，估算前項勞工退休準備金專戶餘額，該餘額不足給付次一年度內預估成就第五十三條或第五十四條第一項第一款退休條件之勞工，依前條計算之退休金數額者，雇主應於次年度三月底前一次提撥其差額，並送事業單位勞工退休準備金監督委員會審議。

第一項雇主按月提撥之勞工退休準備金匯集為勞工退休基金，由中央主管機關設勞工退休基金監理委員會管理之；其組織、會議及其他相關事項，由中央主管機關定之。

前項基金之收支、保管及運用，由中央主管機關會同財政部委託金融機構辦理。最低收益不得低於當地銀行二年定期存款利率之收益；如有虧損，由國庫補足之。基金之收支、保管及運用辦法，由中央主管機關擬訂，報請行政院核定之。

雇主所提撥勞工退休準備金，應由勞工與雇主共同組織勞工退休準備金監督委員會監督之。委員會中勞工代表人數不得少於三分之二；其組織準則，由中央主管機關定之。

雇主按月提撥之勞工退休準備金比率之擬訂或調整，應經事業單位勞工退休準備金監督委員會審議通過，並報請當地主管機關核定。

金融機構辦理核貸業務，需查核該事業單位勞工退休準備金提撥狀況之必要資料時，得請當地主管機關提供。

金融機構依前項取得之資料，應負保密義務，並確實辦理資料安全稽核作業。

前二項有關勞工退休準備金必要資料之內容、範圍、申請程序及其他應遵行事項之辦法，由中央主管機關會商金融監督管理委員會定之。

第 57 條　（勞工年資之計算）

勞工工作年資以服務同一事業者為限。但受同一雇主調動之工作年資，及依第二十條規定應由新雇主繼續予以承認之年資，應予併計。

第 58 條　（退休金之時效期間）

勞工請領退休金之權利，自退休之次月起，因五年間不行使而消滅。

第七章　職業災害補償

第 59 條　（職業災害之補償方法及受領順位）

勞工因遭遇職業災害而致死亡、殘廢、傷害或疾病時，雇主應依左列規定予以補償。但如同一事故，依勞工保險條例或其他法令規定，已由雇主支付費用補償者，雇主得予以抵充之：

一、勞工受傷或罹患職業病時，雇主應補償其必需之醫療費用。職業病之種類及其醫療範圍，依勞工保險條例有關之規定。

二、勞工在醫療中不能工作時，雇主應按其原領工資數額予以補償。但醫療期間屆滿二年仍未能痊癒，經指定之醫院診斷，審定為喪失原有工作能力，且不合第三款之殘廢給付標準者，雇主得一次給付四十個月之平均工資後，免除此項工資補償責任。

三、勞工經治療終止後，經指定之醫院診斷，審定其身體遺存殘廢者，雇主應按其平均工資及其殘廢程度，一次給予殘廢補償。殘廢補償標準，依勞工保險條例有關之規定。

四、勞工遭遇職業傷害或罹患職業病而死亡時，雇主除給與五個月平均工資之喪葬費外，並應一次給與其遺屬四十個月平均工資之死亡補償。

其遺屬受領死亡補償之順位如下：

（一）配偶及子女。

（二）父母。

（三）祖父母。

（四）孫子女。

（五）兄弟姐妹。

第 60 條 （補償金抵充賠償金）

雇主依前條規定給付之補償金額，得抵充就同一事故所生損害之賠償金額。

第 61 條 （補償金之時效期間）

第五十九條之受領補償權，自得受領之日起，因二年間不行使而消滅。

受領補償之權利，不因勞工之離職而受影響，且不得讓與、抵銷、扣押或擔保。

第 62 條 （承攬人中間承攬人及最後承攬人之連帶雇主責任）

事業單位以其事業招人承攬，如有再承攬時，承攬人或中間承攬人，就各該承攬部分所使用之勞工，均應與最後承攬人，連帶負本章所定雇主應負職業災害補償之責任。

事業單位或承攬人或中間承攬人，為前項之災害補償時，就其所補償之部分，得向最後承攬人求償。

第 63 條 （事業單位之督促義務及連帶補償責任）

承攬人或再承攬人工作場所，在原事業單位工作場所範圍內，或為原事業單位提供者，原事業單位應督促承攬人或再承攬人，對其所僱用勞工之勞動條件應符合有關法令之規定。

事業單位違背勞工安全衛生法有關對於承攬人、再承攬人應負責任之規定，致承攬人或再承攬人所僱用之勞工發生職業災害時，應與該承攬人、再承攬人負連帶補償責任。

第八章　技術生

第 64 條 （技術生之定義及最低年齡）

雇主不得招收未滿十五歲之人為技術生。但國民中學畢業者，不在此限。

稱技術生者，指依中央主管機關規定之技術生訓練職類中以學習技能爲目的，依本章之規定而接受雇主訓練之人。

本章規定，於事業單位之養成工、見習生、建教合作班之學生及其他與技術生性質相類之人，準用之。

第 65 條　（書面訓練契約及其內容）

雇主招收技術生時，須與技術生簽訂書面訓練契約一式三份，訂明訓練項目、訓練期限、膳宿負擔、生活津貼、相關教學、勞工保險、結業證明、契約生效與解除之條件及其他有關雙方權利、義務事項，由當事人分執，並送主管機關備案。

前項技術生如爲未成年人，其訓練契約，應得法定代理人之允許。

第 66 條　（收取訓練費用之禁止）

雇主不得向技術生收取有關訓練費用。

第 67 條　（技術生之留用及留用期間之限制）

技術生訓練期滿，雇主得留用之，並應與同等工作之勞工享受同等之待遇。雇主如於技術生訓練契約內訂明留用期間，應不得超過其訓練期間。

第 68 條　（技術生人數之限制）

技術生人數，不得超過勞工人數四分之一。勞工人數不滿四人者，以四人計。

第 69 條　（準用規定）

本法第四章工作時間、休息、休假，第五章童工、女工，第七章災害補償及其他勞工保險等有關規定，於技術生準用之。

技術生災害補償所採薪資計算之標準，不得低於基本工資。

第九章　工作規則

第 70 條　（工作規則之內容）

雇主僱用勞工人數在三十人以上者，應依其事業性質，就左列事項訂立工作規則，報請主管機關核備後並公開揭示之：

一、工作時間、休息、休假、國定紀念日、特別休假及繼續性工作之輪班方法。

二、工資之標準、計算方法及發放日期。

三、延長工作時間。

四、津貼及獎金。

五、應遵守之紀律。

六、考勤、請假、獎懲及升遷。

七、受僱、解僱、資遣、離職及退休。

八、災害傷病補償及撫卹。

九、福利措施。

十、勞雇雙方應遵守勞工安全衛生規定。

十一、勞雇雙方溝通意見加強合作之方法。

十二、其他。

第 71 條　（工作規則之效力）

工作規則，違反法令之強制或禁止規定或其他有關該事業適用之團體協約
規定者，無效。

第十章　監督與檢查

第 72 條　（勞工檢查機構之設置及組織）

中央主管機關，為貫徹本法及其他勞工法令之執行，設勞工檢查機構或授
權直轄市主管機關專設檢查機構辦理之；直轄市、縣（市）主管機關於必
要時，亦得派員實施檢查。

前項勞工檢查機構之組織，由中央主管機關定之。

第 73 條　（檢查員之職權）

檢查員執行職務，應出示檢查證，各事業單位不得拒絕。事業單位拒絕檢
查時，檢查員得會同當地主管機關或警察機關強制檢查之。

檢查員執行職務，得就本法規定事項，要求事業單位提出必要之報告、紀
錄、帳冊及有關文件或書面說明。如需抽取物料、樣品或資料時，應事先
通知雇主或其代理人並掣給收據。

第 74 條　（勞工之申訴權及保障）

勞工發現事業單位違反本法及其他勞工法令規定時，得向雇主、主管機關
或檢查機構申訴。

雇主不得因勞工為前項申訴而予解僱、調職或其他不利之處分。

第十一章　罰則

第 75 條　（罰則）
違反第五條規定者，處五年以下有期徒刑、拘役或科或併科新臺幣七十五萬元以下罰金。

第 76 條　（罰則）
違反第六條規定者，處三年以下有期徒刑、拘役或科或併科新臺幣四十五萬元以下罰金。

第 77 條　（罰則）
違反第四十二條、第四十四條第二項、第四十五條第一項、第四十七條、第四十八條、第四十九條第三項或第六十四條第一項規定者，處六個月以下有期徒刑、拘役或科或併科新臺幣三十萬元以下罰金。

第 78 條　未依第十七條、第五十五條規定之標準或期限給付者，處新臺幣三十萬元以上一百五十萬元以下罰鍰，並限期令其給付，屆期未給付者，應按次處罰。
違反第十三條、第二十六條、第五十條、第五十一條或第五十六條第二項規定者，處新臺幣九萬元以上四十五萬元以下罰鍰。

第 79 條　（罰則）
有下列各款規定行為之一者，處新臺幣二萬元以上三十萬元以下罰鍰：
一、違反第七條、第九條第一項、第十六條、第十九條、第二十一條第一項、第二十二條至第二十五條、第二十八條第二項、第三十條第一項至第三項、第六項、第七項、第三十二條、第三十四條至第四十一條、第四十六條、第四十九條第一項、第五十六條第一項、第五十九條、第六十五條第一項、第六十六條至第六十八條、第七十條或第七十四條第二項規定。
二、違反主管機關依第二十七條限期給付工資或第三十三條調整工作時間之命令。
三、違反中央主管機關依第四十三條所定假期或事假以外期間內工資給付之最低標準。
違反第三十條第五項或第四十九條第五項規定者，處新臺幣九萬元以上四十五萬元以下罰鍰。

第79-1條 （罰則）

違反第四十五條第二項、第四項、第六十四條第三項及第六十九條第一項準用規定之處罰，適用本法罰則章規定。

第 80 條 （罰則）

拒絕、規避或阻撓勞工檢查員依法執行職務者，處新臺幣三萬元以上十五萬元以下罰鍰。

第80-1條 違反本法經主管機關處以罰鍰者，主管機關應公布其事業單位或事業主之名稱、負責人姓名，並限期令其改善；屆期未改善者，應按次處罰。

主管機關裁處罰鍰，得審酌與違反行為有關之勞工人數、累計違法次數或未依法給付之金額，為量罰輕重之標準。

第 81 條 （處罰之客體）

法人之代表人、法人或自然人之代理人、受僱人或其他從業人員，因執行業務違反本法規定，除依本章規定處罰行為人外，對該法人或自然人並應處以各該條所定之罰金或罰鍰。但法人之代表人或自然人對於違反之發生，已盡力為防止行為者，不在此限。

法人之代表人或自然人教唆或縱容為違反之行為者，以行為人論。

第 82 條 （罰鍰之強制執行）

本法所定之罰鍰，經主管機關催繳，仍不繳納時，得移送法院強制執行。

第十二章 附則

第 83 條 （勞資會議之舉辦及其辦法）

為協調勞資關係，促進勞資合作，提高工作效率，事業單位應舉辦勞資會議。其辦法由中央主管機關會同經濟部訂定，並報行政院核定。

第 84 條 （公務員兼具勞工身分時法令之適用方法）

公務員兼具勞工身分者，其有關任（派）免、薪資、獎懲、退休、撫卹及保險（含職業災害）等事項，應適用公務員法令之規定。但其他所定勞動條件優於本法規定者，從其規定。

第84-1條 （另行約定之工作者）

經中央主管機關核定公告之下列工作者，得由勞雇雙方另行約定，工作時

間、例假、休假、女性夜間工作，並報請當地主管機關核備，不受第三十條、第三十二條、第三十六條、第三十七條、第四十九條規定之限制。

一、監督、管理人員或責任制專業人員。

二、監視性或間歇性之工作。

三、其他性質特殊之工作。

前項約定應以書面為之，並應參考本法所定之基準且不得損及勞工之健康及福祉。

第84-2條　（工作年資之計算）

勞工工作年資自受僱之日起算，適用本法前之工作年資，其資遣費及退休金給與標準，依其當時應適用之法令規定計算；當時無法令可資適用者，依各該事業單位自訂之規定或勞雇雙方之協商計算之。適用本法後之工作年資，其資遣費及退休金給與標準，依第十七條及第五十五條規定計算。

第 85 條　（施行細則）

本法施行細則，由中央主管機關擬定，報請行政院核定。

第 86 條　（施行日）

本法自公布日施行。但中華民國八十九年六月二十八日修正公布之第三十條第一項及第二項規定，自九十年一月一日施行。

本法中華民國一百零四年一月二十日修正之條文，除第二十八條第一項自公布後八個月施行外，自公布日施行。

本法中華民國一百零四年五月十五日修正之條文，自一百零五年一月一日施行。

中華人民共和國勞動法

2009年8月27日　發布

2009年8月27日　實施

第一章　總　則

第 1 條　為了保護勞動者的合法權益，調整勞動關係，建立和維護適應社會主義市場經濟的勞動制度，促進經濟發展和社會進步，根據憲法，制定本法。

第 2 條　在中華人民共和國境內的企業、個體經濟組織（以下統稱用人單位）和與之形成勞動關係的勞動者，適用本法。

　　　　國家機關、事業組織、社會團體和與之建立勞動合同關係的勞動者，依照本法執行。

第 3 條　勞動者享有平等就業和選擇職業的權利、取得勞動報酬的權利、休息休假的權利、獲得勞動安全衛生保護的權利、接受職業技能培訓的權利、享受社會保險和福利的權利、提請勞動爭議處理的權利以及法律規定的其他勞動權利。

　　　　勞動者應當完成勞動任務，提高職業技能，執行勞動安全衛生規程，遵守勞動紀律和職業道德。

第 4 條　用人單位應當依法建立和完善規章制度，保障勞動者享有勞動權利和履行勞動義務。

第 5 條　國家採取各種措施，促進勞動就業，發展職業教育，制定勞動標準，調節社會收入，完善社會保險，協調勞動關係，逐步提高勞動者的生活水準。

第 6 條　國家提倡勞動者參加社會義務勞動，開展勞動競賽和合理化建議活動，鼓勵和保護勞動者進行科學研究、技術革新和發明創造，表彰和獎勵勞動模範和先進工作者。

第 7 條　勞動者有權依法參加和組織工會。

　　　　工會代表和維護勞動者的合法權益，依法獨立自主地開展活動。

第 8 條　勞動者依照法律規定，通過職工大會、職工代表大會或者其他形式，參與民主管理或者就保護勞動者合法權益與用人單位進行平等協商。

第 9 條　國務院勞動行政部門主管全國勞動工作。

　　　　縣級以上地方人民政府勞動行政部門主管本行政區域內的勞動工作。

第二章 促進就業

第 10 條 國家通過促進經濟和社會發展，創造就業條件，擴大就業機會。

國家鼓勵企業、事業組織、社會團體在法律、行政法規規定的範圍內興辦產業或者拓展經營，增加就業。

國家支援勞動者自願組織起來就業和從事個體經營實現就業。

第 11 條 地方各級人民政府應當採取措施，發展多種類型的職業介紹機構，提供就業服務。

第 12 條 勞動者就業，不因民族、種族、性別、宗教信仰不同而受歧視。

第 13 條 婦女享有與男子平等的就業權利。在錄用職工時，除國家規定的不適合婦女的工種或者崗位外，不得以性別為由拒絕錄用婦女或者提高對婦女的錄用標準。

第 14 條 殘疾人、少數民族人員、退出現役的軍人的就業，法律、法規有特別規定的，從其規定。

第 15 條 禁止用人單位招用未滿十六週歲的未成年人。

文藝、體育和特種工藝單位招用未滿十六週歲的未成年人，必須依照國家有關規定，履行審批手續，並保障其接受義務教育的權利。

第三章 勞動合同和集體合同

第 16 條 勞動合同是勞動者與用人單位確立勞動關係、明確雙方權利和義務的協議。

建立勞動關係應當訂立勞動合同。

第 17 條 訂立和變更勞動合同，應當遵循平等自願、協商一致的原則，不得違反法律、行政法規的規定。

勞動合同依法訂立即具有法律約束力，當事人必須履行勞動合同規定的義務。

第 18 條 下列勞動合同無效：

（一）違反法律、行政法規的勞動合同；

（二）採取欺詐、威脅等手段訂立的勞動合同。

無效的勞動合同，從訂立的時候起，就沒有法律約束力。確認勞動合同部分無效的，如果不影響其餘部分的效力，其餘部分仍然有效。

勞動合同的無效，由勞動爭議仲裁委員會或者人民法院確認。

第 19 條　勞動合同應當以書面形式訂立，並具備以下條款：

一、勞動合同期限；

二、工作內容；

三、勞動保護和勞動條件；

四、勞動報酬；

五、勞動紀律；

六、勞動合同終止的條件；

七、違反勞動合同的責任。

勞動合同除前款規定的必備條款外，當事人可以協商約定其他內容。

第 20 條　勞動合同的期限分為有固定期限、無固定期限和以完成一定的工作為期限。

勞動者在同一用人單位連續工作滿十年以上，當事人雙方同意續延勞動合同的，如果勞動者提出訂立無固定期限的勞動合同，應當訂立無固定期限的勞動合同。

第 21 條　勞動合同可以約定試用期。試用期最長不得超過六個月。

第 22 條　勞動合同當事人可以在勞動合同中約定保守用人單位商業秘密的有關事項。

第 23 條　勞動合同期滿或者當事人約定的勞動合同終止條件出現，勞動合同即行終止。

第 24 條　經勞動合同當事人協商一致，勞動合同可以解除。

第 25 條　勞動者有下列情形之一的，用人單位可以解除勞動合同：

一、在試用期間被證明不符合錄用條件的；

二、嚴重違反勞動紀律或者用人單位規章制度的；

三、嚴重失職，營私舞弊，對用人單位利益造成重大損害的；

四、被依法追究刑事責任的。

第 26 條　有下列情形之一的，用人單位可以解除勞動合同，但是應當提前三十日以書面形式通知勞動者本人：

一、勞動者患病或者非因工負傷，醫療期滿後，不能從事原工作也不能從事由用人單位另行安排的工作的；

二、勞動者不能勝任工作，經過培訓或者調整工作崗位，仍不能勝任工作的；

三、勞動合同訂立時所依據的客觀情況發生重大變化，致使原勞動合同無法履行，經當事人協商不能就變更勞動合同達成協議的。

第 27 條　用人單位瀕臨破產進行法定整頓期間或者生產經營狀況發生嚴重困難，確需裁減人員的，應當提前三十日向工會或者全體職工說明情況，聽取工會或者職工的意見，經向勞動行政部門報告後，可以裁減人員。

用人單位依據本條規定裁減人員，在六個月內錄用人員的，應當優先錄用被裁減的人員。

第 28 條　用人單位依據本法第二十四條、第二十六條、第二十七條的規定解除勞動合同的，應當依照國家有關規定給予經濟補償。

第 29 條　勞動者有下列情形之一的，用人單位不得依據本法第二十六條、第二十七條的規定解除勞動合同：

一、患職業病或者因工負傷並被確認喪失或者部分喪失勞動能力的；

二、患病或者負傷，在規定的醫療期內的；

三、女職工在孕期、產期、哺乳期內的；

四、法律、行政法規規定的其他情形。

第 30 條　用人單位解除勞動合同，工會認為不適當的，有權提出意見。如果用人單位違反法律、法規或者勞動合同，工會有權要求重新處理；勞動者申請仲裁或者提起訴訟的，工會應當依法給予支持和幫助。

第 31 條　勞動者解除勞動合同，應當提前三十日以書面形式通知用人單位。

第 32 條　有下列情形之一的，勞動者可以隨時通知用人單位解除勞動合同：

一、在試用期內的；

二、用人單位以暴力、威脅或者非法限制人身自由的手段強迫勞動的；

三、用人單位未按照勞動合同約定支付勞動報酬或者提供勞動條件的。

第 33 條　企業職工一方與企業可以就勞動報酬、工作時間、休息休假、勞動安全衛生、保險福利等事項，簽訂集體合同。集體合同草案應當提交職工代表大會或者全體職工討論通過。

集體合同由工會代表職工與企業簽訂；沒有建立工會的企業，由職工推舉的代表與企業簽訂。

第 34 條　集體合同簽訂後應當報送勞動行政部門；勞動行政部門自收到集體合同文本之日起十五日內未提出異議的，集體合同即行生效。

第 35 條　依法簽訂的集體合同對企業和企業全體職工具有約束力。職工個人與企業訂立的勞動合同中勞動條件和勞動報酬等標準不得低於集體合同的規定。

第四章　工作時間和休息休假

第 36 條　國家實行勞動者每日工作時間不超過八小時、平均每週工作時間不超過四十四小時的工時制度。

第 37 條　對實行計件工作的勞動者，用人單位應當根據本法第三十六條規定的工時制度合理確定其勞動定額和計件報酬標準。

第 38 條　用人單位應當保證勞動者每週至少休息一日。

第 39 條　企業因生產特點不能實行本法第三十六條、第三十八條規定的，經勞動行政部門批准，可以實行其他工作和休息辦法。

第 40 條　用人單位在下列節日期間應當依法安排勞動者休假：

一、元旦；

二、春節；

三、國際勞動節；

四、國慶日；

五、法律、法規規定的其他休假節日。

第 41 條　用人單位由於生產經營需要，經與工會和勞動者協商後可以延長工作時間，一般每日不得超過一小時；因特殊原因需要延長工作時間的，在保障勞動者身體健康的條件下延長工作時間每日不得超過三小時，但是每月不得超過三十六小時。

第 42 條　有下列情形之一的，延長工作時間不受本法第四十一條的限制：

一、發生自然災害、事故或者因其他原因，威脅勞動者生命健康和財產安全，需要緊急處理的；

二、生產設備、交通運輸線路、公共設施發生故障，影響生產和公眾利益，必須及時搶修的；

三、法律、行政法規規定的其他情形。

第 43 條　用人單位不得違反本法規定延長勞動者的工作時間。

第 44 條　有下列情形之一的，用人單位應當按照下列標準支付高於勞動者正常工作時間工資的工資報酬：

一、安排勞動者延長工作時間的，支付不低於工資的百分之一百五十的工資報酬；

二、休息日安排勞動者工作又不能安排補休的，支付不低於工資的百分之二百的工資報酬；

三、法定休假日安排勞動者工作的，支付不低於工資的百分之三百的工資報酬。

第 45 條　國家實行帶薪年休假制度。

勞動者連續工作一年以上的，享受帶薪年休假。具體辦法由國務院規定。

第五章　工　資

第 46 條　工資分配應當遵循按勞分配原則，實行同工同酬。

工資水準在經濟發展的基礎上逐步提高。國家對工資總量實行宏觀調控。

第 47 條　用人單位根據本單位的生產經營特點和經濟效益，依法自主確定本單位的工資分配方式和工資水準。

第 48 條　國家實行最低工資保障制度。最低工資的具體標準由省、自治區、直轄市人民政府規定，報國務院備案。

用人單位支付勞動者的工資不得低於當地最低工資標準。

第 49 條　確定和調整最低工資標準應當綜合參考下列因素：

一、勞動者本人及平均贍養人口的最低生活費用；

二、社會平均工資水準；

三、勞動生產率；

四、就業狀況；

五、地區之間經濟發展水準的差異。

第 50 條　工資應當以貨幣形式按月支付給勞動者本人。不得克扣或者無故拖欠勞動者的工資。

第 51 條　勞動者在法定休假日和婚喪假期間以及依法參加社會活動期間，用人單位應當依法支付工資。

第六章　勞動安全衛生

第 52 條　用人單位必須建立、健全勞動安全衛生制度，嚴格執行國家勞動安全衛生規程和標準，對勞動者進行勞動安全衛生教育，防止勞動過程中的事故，減少職業危害。

第 53 條　勞動安全衛生設施必須符合國家規定的標準。

新建、改建、擴建工程的勞動安全衛生設施必須與主體工程同時設計、同時施工、同時投入生產和使用。

第 54 條　用人單位必須為勞動者提供符合國家規定的勞動安全衛生條件和必要的勞動防護用品，對從事有職業危害作業的勞動者應當定期進行健康檢查。

第 55 條　從事特種作業的勞動者必須經過專門培訓並取得特種作業資格。

第 56 條　勞動者在勞動過程中必須嚴格遵守安全操作規程。

勞動者對用人單位管理人員違章指揮、強令冒險作業，有權拒絕執行；對危害生命安全和身體健康的行為，有權提出批評、檢舉和控告。

第 57 條　國家建立傷亡事故和職業病統計報告和處理制度。縣級以上各級人民政府勞動行政部門、有關部門和用人單位應當依法對勞動者在勞動過程中發生的傷亡事故和勞動者的職業病狀況，進行統計、報告和處理。

第七章　女職工和未成年工特殊保護

第 58 條　國家對女職工和未成年工實行特殊勞動保護。

未成年工是指年滿十六週歲未滿十八週歲的勞動者。

第 59 條　禁止安排女職工從事礦山井下、國家規定的第四級體力勞動強度的勞動和其他禁忌從事的勞動。

第 60 條　不得安排女職工在經期從事高處、低溫、冷水作業和國家規定的第三級體力勞動強度的勞動。

第 61 條　不得安排女職工在懷孕期間從事國家規定的第三級體力勞動強度的勞動和孕期禁忌從事的勞動。對懷孕七個月以上的女職工，不得安排其延長工作時間和夜班勞動。

第 62 條　女職工生育享受不少於九十天的產假。

第 63 條　不得安排女職工在哺乳未滿一週歲的嬰兒期間從事國家規定的第三級體力勞動強度的勞動和哺乳期禁忌從事的其他勞動，不得安排其延長工作時間和夜班勞動。

第 64 條　不得安排未成年工從事礦山井下、有毒有害、國家規定的第四級體力勞動強度的勞動和其他禁忌從事的勞動。

第 65 條　用人單位應當對未成年工定期進行健康檢查。

第八章　職業培訓

第 66 條　國家通過各種途徑，採取各種措施，發展職業培訓事業，開發勞動者的職業技能，提高勞動者素質，增強勞動者的就業能力和工作能力。

第 67 條　各級人民政府應當把發展職業培訓納入社會經濟發展的規劃，鼓勵和支援有條件的企業、事業組織、社會團體和個人進行各種形式的職業培訓。

第 68 條　用人單位應當建立職業培訓制度，按照國家規定提取和使用職業培訓經費，根據本單位實際，有計劃地對勞動者進行職業培訓。

從事技術工種的勞動者，上崗前必須經過培訓。

第 69 條　國家確定職業分類，對規定的職業制定職業技能標準，實行職業資格證書制度，由經過政府批准的考核鑒定機構負責對勞動者實施職業技能考核鑒定。

第九章　社會保險和福利

第 70 條　國家發展社會保險事業，建立社會保險制度，設立社會保險基金，使勞動者在年老、患病、工傷、失業、生育等情況下獲得幫助和補償。

第 71 條　社會保險水準應當與社會經濟發展水準和社會承受能力相適應。

第 72 條　社會保險基金按照保險類型確定資金來源，逐步實行社會統籌。用人單位和勞動者必須依法參加社會保險，繳納社會保險費。

第 73 條　勞動者在下列情形下，依法享受社會保險待遇：

一、退休；

二、患病、負傷；

三、因工傷殘或者患職業病；

四、失業；

五、生育。

勞動者死亡後，其遺屬依法享受遺屬津貼。

勞動者享受社會保險待遇的條件和標準由法律、法規規定。

勞動者享受的社會保險金必須按時足額支付。

第 74 條　社會保險基金經辦機構依照法律規定收支、管理和運營社會保險基金，並負有使社會保險基金保值增值的責任。

社會保險基金監督機構依照法律規定，對社會保險基金的收支、管理和運營實施監督。

社會保險基金經辦機構和社會保險基金監督機構的設立和職能由法律規定。

任何組織和個人不得挪用社會保險基金。

第 75 條　國家鼓勵用人單位根據本單位實際情況為勞動者建立補充保險。

國家提倡勞動者個人進行儲蓄性保險。

第 76 條　國家發展社會福利事業，興建公共福利設施，為勞動者休息、休養和療養提供條件。

用人單位應當創造條件，改善集體福利，提高勞動者的福利待遇。

第十章　勞動爭議

第 77 條　用人單位與勞動者發生勞動爭議，當事人可以依法申請調解、仲裁、提起訴訟，也可以協商解決。

調解原則適用於仲裁和訴訟程式。

第 78 條　解決勞動爭議，應當根據合法、公正、及時處理的原則，依法維護勞動爭議當事人的合法權益。

第 79 條　勞動爭議發生後，當事人可以向本單位勞動爭議調解委員會申請調解；調解不成，當事人一方要求仲裁的，可以向勞動爭議仲裁委員會申請仲裁。

當事人一方也可以直接向勞動爭議仲裁委員會申請仲裁。對仲裁裁決不服的，可以向人民法院提起訴訟。

第 80 條　在用人單位內，可以設立勞動爭議調解委員會。勞動爭議調解委員會由職工代表、用人單位代表和工會代表組成。勞動爭議調解委員會主任由工會代表擔任。

勞動爭議經調解達成協議的，當事人應當履行。

第 81 條　勞動爭議仲裁委員會由勞動行政部門代表、同級工會代表、用人單位方面的代表組成。勞動爭議仲裁委員會主任由勞動行政部門代表擔任。

第 82 條　提出仲裁要求的一方應當自勞動爭議發生之日起六十日內向勞動爭議仲裁委員會提出書面申請。仲裁裁決一般應在收到仲裁申請的六十日內作出。對仲裁裁決無異議的，當事人必須履行。

第 83 條　勞動爭議當事人對仲裁裁決不服的，可以自收到仲裁裁決書之日起十五日內向人民法院提起訴訟。一方當事人在法定期限內不起訴又不履行仲裁裁決的，另一方當事人可以申請人民法院強制執行。

第 84 條　因簽訂集體合同發生爭議，當事人協商解決不成的，當地人民政府勞動行政部門可以組織有關各方協調處理。

因履行集體合同發生爭議，當事人協商解決不成的，可以向勞動爭議仲裁委員會申請仲裁；對仲裁裁決不服的，可以自收到仲裁裁決書之日起十五日內向人民法院提起訴訟。

第十一章　監督檢查

第 85 條　縣級以上各級人民政府勞動行政部門依法對用人單位遵守勞動法律、法規的情況進行監督檢查，對違反勞動法律、法規的行為有權制止，並責令改正。

第 86 條　縣級以上各級人民政府勞動行政部門監督檢查人員執行公務，有權進入用人單位瞭解執行勞動法律、法規的情況，查閱必要的資料，並對勞動場所進行檢查。

縣級以上各級人民政府勞動行政部門監督檢查人員執行公務，必須出示證件，秉公執法並遵守有關規定。

第 87 條　縣級以上各級人民政府有關部門在各自職責範圍內，對用人單位遵守勞動法律、法規的情況進行監督。

第 88 條　各級工會依法維護勞動者的合法權益，對用人單位遵守勞動法律、法規的情況進行監督。

任何組織和個人對於違反勞動法律、法規的行為有權檢舉和控告。

第十二章　法律責任

第 89 條　用人單位制定的勞動規章制度違反法律、法規規定的，由勞動行政部門給予警告，責令改正；對勞動者造成損害的，應當承擔賠償責任。

第 90 條　用人單位違反本法規定，延長勞動者工作時間的，由勞動行政部門給予警告，責令改正，並可以處以罰款。

第 91 條　用人單位有下列侵害勞動者合法權益情形之一的，由勞動行政部門責令支付勞動者的工資報酬、經濟補償，並可以責令支付賠償金：
一、克扣或者無故拖欠勞動者工資的；
二、拒不支付勞動者延長工作時間工資報酬的；
三、低於當地最低工資標準支付勞動者工資的；
四、解除勞動合同後，未依照本法規定給予勞動者經濟補償的。

第 92 條　用人單位的勞動安全設施和勞動衛生條件不符合國家規定或者未向勞動者提供必要的勞動防護用品和勞動保護設施的，由勞動行政部門或者有關部門責令改正，可以處以罰款；情節嚴重的，提請縣級以上人民政府決定責令停產整頓；對事故隱患不採取措施，致使發生重大事故，造成勞動者生命和財產損失的，對責任人員依照刑法有關規定追究刑事責任。

第 93 條　用人單位強令勞動者違章冒險作業，發生重大傷亡事故，造成嚴重後果的，對責任人員依法追究刑事責任。

第 94 條　用人單位非法招用未滿十六週歲的未成年人的，由勞動行政部門責令改正，處以罰款；情節嚴重的，由工商行政管理部門吊銷營業執照。

第 95 條　用人單位違反本法對女職工和未成年工的保護規定，侵害其合法權益的，由勞動行政部門責令改正，處以罰款；對女職工或者未成年工造成損害的，應當承擔賠償責任。

第 96 條　用人單位有下列行為之一，由公安機關對責任人員處以十五日以下拘留、罰款或者警告；構成犯罪的，對責任人員依法追究刑事責任：
一、以暴力、威脅或者非法限制人身自由的手段強迫勞動的；
二、侮辱、體罰、毆打、非法搜查和拘禁勞動者的。

第 97 條　由於用人單位的原因訂立的無效合同，對勞動者造成損害的，應當承擔賠償責任。

第 98 條　用人單位違反本法規定的條件解除勞動合同或者故意拖延不訂立勞動合同的，由勞動行政部門責令改正；對勞動者造成損害的，應當承擔賠償責任。

第 99 條　用人單位招用尚未解除勞動合同的勞動者，對原用人單位造成經濟損失的，該用人單位應當依法承擔連帶賠償責任。

第100條　用人單位無故不繳納社會保險費的，由勞動行政部門責令其限期繳納，逾期不繳的，可以加收滯納金。

第101條　用人單位無理阻撓勞動行政部門、有關部門及其工作人員行使監督檢查權，打擊報復舉報人員的，由勞動行政部門或者有關部門處以罰款；構成犯罪的，對責任人員依法追究刑事責任。

第102條　勞動者違反本法規定的條件解除勞動合同或者違反勞動合同中約定的保密事項，對用人單位造成經濟損失的，應當依法承擔賠償責任。

第103條　勞動行政部門或者有關部門的工作人員濫用職權、怠忽職守、徇私舞弊，構成犯罪的，依法追究刑事責任；不構成犯罪的，給予行政處分。

第104條　國家工作人員和社會保險基金經辦機構的工作人員挪用社會保險基金，構成犯罪的，依法追究刑事責任。

第105條　違反本法規定侵害勞動者合法權益，其他法律、法規已規定處罰的，依照該法律、行政法規的規定處罰。

第十三章　附則

第106條　省、自治區、直轄市人民政府根據本法和本地區的實際情況，規定勞動合同制度的實施步驟，報國務院備案。

第107條　本法自1995年1月1日起施行。

中華人民共和國勞動合同法

2012年12月28日　發布

2013年7月1日　實施

第一章　總則

第 1 條 爲了完善勞動合同制度，明確勞動合同雙方當事人的權利和義務，保護勞動者的合法權益，構建和發展和諧穩定的勞動關係，制定本法。

第 2 條 中華人民共和國境內的企業、個體經濟組織、民辦非企業單位等組織（以下稱用人單位）與勞動者建立勞動關係，訂立、履行、變更、解除或者終止勞動合同，適用本法。

國家機關、事業單位、社會團體和與其建立勞動關係的勞動者，訂立、履行、變更、解除或者終止勞動合同，依照本法執行。

第 3 條 訂立勞動合同，應當遵循合法、公平、平等自願、協商一致、誠實信用的原則。

依法訂立的勞動合同具有約束力，用人單位與勞動者應當履行勞動合同約定的義務。

第 4 條 用人單位應當依法建立和完善勞動規章制度，保障勞動者享有勞動權利、履行勞動義務。

用人單位在制定、修改或者決定有關勞動報酬、工作時間、休息休假、勞動安全衛生、保險福利、職工培訓、勞動紀律以及勞動定額管理等直接涉及勞動者切身利益的規章制度或者重大事項時，應當經職工代表大會或者全體職工討論，提出方案和意見，與工會或者職工代表平等協商確定。

在規章制度和重大事項決定實施過程中，工會或者職工認爲不適當的，有權向用人單位提出，通過協商予以修改完善。

用人單位應當將直接涉及勞動者切身利益的規章制度和重大事項決定公示，或者告知勞動者。

第 5 條 縣級以上人民政府勞動行政部門會同工會和企業方面代表，建立健全協調勞動關係三方機制，共同研究解決有關勞動關係的重大問題。

第 6 條 工會應當幫助、指導勞動者與用人單位依法訂立和履行勞動合同，並與用人單位建立集體協商機制，維護勞動者的合法權益。

第二章　勞動合同的訂立

第　7　條　用人單位自用工之日起即與勞動者建立勞動關係。用人單位應當建立職工名冊備查。

第　8　條　用人單位招用勞動者時，應當如實告知勞動者工作內容、工作條件、工作地點、職業危害、安全生產狀況、勞動報酬，以及勞動者要求瞭解的其他情況；用人單位有權瞭解勞動者與勞動合同直接相關的基本情況，勞動者應當如實說明。

第　9　條　用人單位招用勞動者，不得扣押勞動者的居民身份證和其他證件，不得要求勞動者提供擔保或者以其他名義向勞動者收取財物。

第　10　條　建立勞動關係，應當訂立書面勞動合同。

已建立勞動關係，未同時訂立書面勞動合同的，應當自用工之日起一個月內訂立書面勞動合同。

用人單位與勞動者在用工前訂立勞動合同的，勞動關係自用工之日起建立。

第　11　條　用人單位未在用工的同時訂立書面勞動合同，與勞動者約定的勞動報酬不明確的，新招用的勞動者的勞動報酬按照集體合同規定的標準執行；沒有集體合同或者集體合同未規定的，實行同工同酬。

第　12　條　勞動合同分為固定期限勞動合同、無固定期限勞動合同和以完成一定工作任務為期限的勞動合同。

第　13　條　固定期限勞動合同，是指用人單位與勞動者約定合同終止時間的勞動合同。

用人單位與勞動者協商一致，可以訂立固定期限勞動合同。

第　14　條　無固定期限勞動合同，是指用人單位與勞動者約定無確定終止時間的勞動合同。

用人單位與勞動者協商一致，可以訂立無固定期限勞動合同。有下列情形之一，勞動者提出或者同意續訂、訂立勞動合同的，除勞動者提出訂立固定期限勞動合同外，應當訂立無固定期限勞動合同：

一、勞動者在該用人單位連續工作滿十年的；

二、用人單位初次實行勞動合同制度或者國有企業改制重新訂立勞動合同時，勞動者在該用人單位連續工作滿十年且距法定退休年齡不足十年的；

三、連續訂立二次固定期限勞動合同，且勞動者沒有本法第三十九條和第四十條第一項、第二項規定的情形，續訂勞動合同的。

用人單位自用工之日起滿一年不與勞動者訂立書面勞動合同的，視爲用人單位與勞動者已訂立無固定期限勞動合同。

第 15 條　以完成一定工作任務爲期限的勞動合同，是指用人單位與勞動者約定以某項工作的完成爲合同期限的勞動合同。

用人單位與勞動者協商一致，可以訂立以完成一定工作任務爲期限的勞動合同。

第 16 條　勞動合同由用人單位與勞動者協商一致，並經用人單位與勞動者在勞動合同文本上簽字或者蓋章生效。

勞動合同文本由用人單位和勞動者各執一份。

第 17 條　勞動合同應當具備以下條款：

一、用人單位的名稱、住所和法定代表人或者主要負責人；

二、勞動者的姓名、住址和居民身份證或者其他有效身份證件號碼；

三、勞動合同期限；

四、工作內容和工作地點；

五、工作時間和休息休假；

六、勞動報酬；

七、社會保險；

八、勞動保護、勞動條件和職業危害防護；

九、法律、法規規定應當納入勞動合同的其他事項。

勞動合同除前款規定的必備條款外，用人單位與勞動者可以約定試用期、培訓、保守秘密、補充保險和福利待遇等其他事項。

第 18 條　勞動合同對勞動報酬和勞動條件等標準約定不明確，引發爭議的，用人單位與勞動者可以重新協商；協商不成的，適用集體合同規定；沒有集體合同或者集體合同未規定勞動報酬的，實行同工同酬；沒有集體合同或者集體合同未規定勞動條件等標準的，適用國家有關規定。

第 19 條　勞動合同期限三個月以上不滿一年的，試用期不得超過一個月；勞動合同期限一年以上不滿三年的，試用期不得超過二個月；三年以上固定期限和無固定期限的勞動合同，試用期不得超過六個月。

同一用人單位與同一勞動者只能約定一次試用期。

以完成一定工作任務爲期限的勞動合同或者勞動合同期限不滿三個月的，不得約定試用期。

試用期包含在勞動合同期限內。勞動合同僅約定試用期的，試用期不成立，該期限爲勞動合同期限。

第 20 條　勞動者在試用期的工資不得低於本單位相同崗位最低檔工資或者勞動合同約定工資的百分之八十，並不得低於用人單位所在地的最低工資標準。

第 21 條　在試用期中，除勞動者有本法第三十九條和第四十條第一項、第二項規定的情形外，用人單位不得解除勞動合同。用人單位在試用期解除勞動合同的，應當向勞動者說明理由。

第 22 條　用人單位爲勞動者提供專項培訓費用，對其進行專業技術培訓的，可以與該勞動者訂立協議，約定服務期。

勞動者違反服務期約定的，應當按照約定向用人單位支付違約金。違約金的數額不得超過用人單位提供的培訓費用。用人單位要求勞動者支付的違約金不得超過服務期尚未履行部分所應分攤的培訓費用。

用人單位與勞動者約定服務期的，不影響按照正常的工資調整機制提高勞動者在服務期期間的勞動報酬。

第 23 條　用人單位與勞動者可以在勞動合同中約定保守用人單位的商業秘密和與知識產權相關的保密事項。

對負有保密義務的勞動者，用人單位可以在勞動合同或者保密協議中與勞動者約定競業限制條款，並約定在解除或者終止勞動合同後，在競業限制期限內按月給予勞動者經濟補償。勞動者違反競業限制約定的，應當按照約定向用人單位支付違約金。

第 24 條　競業限制的人員限於用人單位的高級管理人員、高級技術人員和其他負有保密義務的人員。競業限制的範圍、地域、期限由用人單位與勞動者約定，競業限制的約定不得違反法律、法規的規定。

在解除或者終止勞動合同後，前款規定的人員到與本單位生產或者經營同類產品、從事同類業務的有競爭關係的其他用人單位，或者自己開業生產或者經營同類產品、從事同類業務的競業限制期限，不得超過二年。

第 25 條　除本法第二十二條和第二十三條規定的情形外，用人單位不得與勞動者約定
　　　　由勞動者承擔違約金。

第 26 條　下列勞動合同無效或者部分無效：

一、以欺詐、脅迫的手段或者乘人之危，使對方在違背真實意思的情況下
　　訂立或者變更勞動合同的；

二、用人單位免除自己的法定責任、排除勞動者權利的；

三、違反法律、行政法規強制性規定的。

對勞動合同的無效或者部分無效有爭議的，由勞動爭議仲裁機構或者人民
法院確認。

第 27 條　勞動合同部分無效，不影響其他部分效力的，其他部分仍然有效。

第 28 條　勞動合同被確認無效，勞動者已付出勞動的，用人單位應當向勞動者支付勞
動報酬。勞動報酬的數額，參照本單位相同或者相近崗位勞動者的勞動報
酬確定。

第三章　勞動合同的履行和變更

第 29 條　用人單位與勞動者應當按照勞動合同的約定，全面履行各自的義務。

第 30 條　用人單位應當按照勞動合同約定和國家規定，向勞動者及時足額支付勞動報
酬。

用人單位拖欠或者未足額支付勞動報酬的，勞動者可以依法向當地人民法
院申請支付令，人民法院應當依法發出支付令。

第 31 條　用人單位應當嚴格執行勞動定額標準，不得強迫或者變相強迫勞動者加班。
用人單位安排加班的，應當按照國家有關規定向勞動者支付加班費。

第 32 條　勞動者拒絕用人單位管理人員違章指揮、強令冒險作業的，不視為違反勞動
合同。

勞動者對危害生命安全和身體健康的勞動條件，有權對用人單位提出批
評、檢舉和控告。

第 33 條　用人單位變更名稱、法定代表人、主要負責人或者投資人等事項，不影響勞
動合同的履行。

第 34 條　用人單位發生合併或者分立等情況，原勞動合同繼續有效，勞動合同由承繼
其權利和義務的用人單位繼續履行。

第 35 條　用人單位與勞動者協商一致，可以變更勞動合同約定的內容。變更勞動合同，應當採用書面形式。

變更後的勞動合同文本由用人單位和勞動者各執一份。

第四章　勞動合同的解除和終止

第 36 條　用人單位與勞動者協商一致，可以解除勞動合同。

第 37 條　勞動者提前三十日以書面形式通知用人單位，可以解除勞動合同。勞動者在試用期內提前三日通知用人單位，可以解除勞動合同。

第 38 條　用人單位有下列情形之一的，勞動者可以解除勞動合同：

一、未按照勞動合同約定提供勞動保護或者勞動條件的；

二、未及時足額支付勞動報酬的；

三、未依法爲勞動者繳納社會保險費的；

四、用人單位的規章制度違反法律、法規的規定，損害勞動者權益的；

五、因本法第二十六條第一款規定的情形致使勞動合同無效的；

六、法律、行政法規規定勞動者可以解除勞動合同的其他情形。

用人單位以暴力、威脅或者非法限制人身自由的手段強迫勞動者勞動的，或者用人單位違章指揮、強令冒險作業危及勞動者人身安全的，勞動者可以立即解除勞動合同，不需事先告知用人單位。

第 39 條　勞動者有下列情形之一的，用人單位可以解除勞動合同：

一、在試用期間被證明不符合錄用條件的；

二、嚴重違反用人單位的規章制度的；

三、嚴重失職，營私舞弊，給用人單位造成重大損害的；

四、勞動者同時與其他用人單位建立勞動關係，對完成本單位的工作任務造成嚴重影響，或者經用人單位提出，拒不改正的；

五、因本法第二十六條第一款第一項規定的情形致使勞動合同無效的；

六、被依法追究刑事責任的。

第 40 條　有下列情形之一的，用人單位提前三十日以書面形式通知勞動者本人或者額外支付勞動者一個月工資後，可以解除勞動合同：

一、勞動者患病或者非因工負傷，在規定的醫療期滿後不能從事原工作，也不能從事由用人單位另行安排的工作的；

二、勞動者不能勝任工作，經過培訓或者調整工作崗位，仍不能勝任工作的；

三、勞動合同訂立時所依據的客觀情況發生重大變化，致使勞動合同無法履行，經用人單位與勞動者協商，未能就變更勞動合同內容達成協議的。

第 41 條　有下列情形之一，需要裁減人員二十人以上或者裁減不足二十人但占企業職工總數百分之十以上的，用人單位提前三十日向工會或者全體職工說明情況，聽取工會或者職工的意見後，裁減人員方案經向勞動行政部門報告，可以裁減人員：

一、依照企業破產法規定進行重整的；

二、生產經營發生嚴重困難的；

三、企業轉產、重大技術革新或者經營方式調整，經變更勞動合同後，仍需裁減人員的；

四、其他因勞動合同訂立時所依據的客觀經濟情況發生重大變化，致使勞動合同無法履行的。

裁減人員時，應當優先留用下列人員：

一、與本單位訂立較長期限的固定期限勞動合同的；

二、與本單位訂立無固定期限勞動合同的；

三、家庭無其他就業人員，有需要扶養的老人或者未成年人的。

用人單位依照本條第一款規定裁減人員，在六個月內重新招用人員的，應當通知被裁減的人員，並在同等條件下優先招用被裁減的人員。

第 42 條　勞動者有下列情形之一的，用人單位不得依照本法第四十條、第四十一條的規定解除勞動合同：

一、從事接觸職業病危害作業的勞動者未進行離崗前職業健康檢查，或者疑似職業病病人在診斷或者醫學觀察期間的；

二、在本單位患職業病或者因工負傷並被確認喪失或者部分喪失勞動能力的；

三、患病或者非因工負傷，在規定的醫療期內的；

四、女職工在孕期、產期、哺乳期的；

五、在本單位連續工作滿十五年，且距法定退休年齡不足五年的；

六、法律、行政法規規定的其他情形。

第 43 條　用人單位單方解除勞動合同，應當事先將理由通知工會。用人單位違反法律、行政法規規定或者勞動合同約定的，工會有權要求用人單位糾正。用人單位應當研究工會的意見，並將處理結果書面通知工會。

第 44 條　有下列情形之一的，勞動合同終止：

一、勞動合同期滿的；

二、勞動者開始依法享受基本養老保險待遇的；

三、勞動者死亡，或者被人民法院宣告死亡或者宣告失蹤的；

四、用人單位被依法宣告破產的；

五、用人單位被吊銷營業執照、責令關閉、撤銷或者用人單位決定提前解散的；

六、法律、行政法規規定的其他情形。

第 45 條　勞動合同期滿，有本法第四十二條規定情形之一的，勞動合同應當續延至相應的情形消失時終止。但是，本法第四十二條第二項規定喪失或者部分喪失勞動能力勞動者的勞動合同的終止，按照國家有關工傷保險的規定執行。

第 46 條　有下列情形之一的，用人單位應當向勞動者支付經濟補償：

一、勞動者依照本法第三十八條規定解除勞動合同的；

二、用人單位依照本法第三十六條規定向勞動者提出解除勞動合同並與勞動者協商一致解除勞動合同的；

三、用人單位依照本法第四十條規定解除勞動合同的；

四、用人單位依照本法第四十一條第一款規定解除勞動合同的；

五、除用人單位維持或者提高勞動合同約定條件續訂勞動合同，勞動者不同意續訂的情形外，依照本法第四十四條第一項規定終止固定期限勞動合同的；

六、依照本法第四十四條第四項、第五項規定終止勞動合同的；

七、法律、行政法規規定的其他情形。

第 47 條　經濟補償按勞動者在本單位工作的年限，每滿一年支付一個月工資的標準向
　　　　　勞動者支付。六個月以上不滿一年的，按一年計算；不滿六個月的，向勞
　　　　　動者支付半個月工資的經濟補償。

　　　　　勞動者月工資高於用人單位所在直轄市、設區的市級人民政府公佈的本地
　　　　　區上年度職工月平均工資三倍的，向其支付經濟補償的標準按職工月平均
　　　　　工資三倍的數額支付，向其支付經濟補償的年限最高不超過十二年。

　　　　　本條所稱月工資是指勞動者在勞動合同解除或者終止前十二個月的平均工
　　　　　資。

第 48 條　用人單位違反本法規定解除或者終止勞動合同，勞動者要求繼續履行勞動合
　　　　　同的，用人單位應當繼續履行；勞動者不要求繼續履行勞動合同或者勞動
　　　　　合同已經不能繼續履行的，用人單位應當依照本法第八十七條規定支付賠
　　　　　償金。

第 49 條　國家採取措施，建立健全勞動者社會保險關係跨地區轉移接續制度。

第 50 條　用人單位應當在解除或者終止勞動合同時出具解除或者終止勞動合同的證
　　　　　明，並在十五日內為勞動者辦理檔案和社會保險關係轉移手續。

　　　　　勞動者應當按照雙方約定，辦理工作交接。用人單位依照本法有關規定應
　　　　　當向勞動者支付經濟補償的，在辦結工作交接時支付。

　　　　　用人單位對已經解除或者終止的勞動合同的文本，至少保存二年備查。

第五章　特別規定

第一節　集體合同

第 51 條　企業職工一方與用人單位通過平等協商，可以就勞動報酬、工作時間、休息
　　　　　休假、勞動安全衛生、保險福利等事項訂立集體合同。集體合同草案應當
　　　　　提交職工代表大會或者全體職工討論通過。

　　　　　集體合同由工會代表企業職工一方與用人單位訂立；尚未建立工會的用人
　　　　　單位，由上級工會指導勞動者推舉的代表與用人單位訂立。

第 52 條　企業職工一方與用人單位可以訂立勞動安全衛生、女職工權益保護、工資調
　　　　　整機制等專項集體合同。

第 53 條　在縣級以下區域內，建築業、採礦業、餐飲服務業等行業可以由工會與企業
　　　　　方面代表訂立行業性集體合同，或者訂立區域性集體合同。

第 54 條　集體合同訂立後，應當報送勞動行政部門；勞動行政部門自收到集體合同文本之日起十五日內未提出異議的，集體合同即行生效。

依法訂立的集體合同對用人單位和勞動者具有約束力。行業性、區域性集體合同對當地本行業、本區域的用人單位和勞動者具有約束力。

第 55 條　集體合同中勞動報酬和勞動條件等標準不得低於當地人民政府規定的最低標準；用人單位與勞動者訂立的勞動合同中勞動報酬和勞動條件等標準不得低於集體合同規定的標準。

第 56 條　用人單位違反集體合同，侵犯職工勞動權益的，工會可以依法要求用人單位承擔責任；因履行集體合同發生爭議，經協商解決不成的，工會可以依法申請仲裁、提起訴訟。

第二節　勞務派遣

第 57 條　經營勞務派遣業務應當具備下列條件：

一、註冊資本不得少於人民幣二百萬元；

二、有與開展業務相適應的固定的經營場所和設施；

三、有符合法律、行政法規規定的勞務派遣管理制度；

四、法律、行政法規規定的其他條件。

經營勞務派遣業務，應當向勞動行政部門依法申請行政許可；經許可的，依法辦理相應的公司登記。未經許可，任何單位和個人不得經營勞務派遣業務。

第 58 條　勞務派遣單位是本法所稱用人單位，應當履行用人單位對勞動者的義務。勞務派遣單位與被派遣勞動者訂立的勞動合同，除應當載明本法第十七條規定的事項外，還應當載明被派遣勞動者的用工單位以及派遣期限、工作崗位等情況。

勞務派遣單位應當與被派遣勞動者訂立二年以上的固定期限勞動合同，按月支付勞動報酬；被派遣勞動者在無工作期間，勞務派遣單位應當按照所在地人民政府規定的最低工資標準，向其按月支付報酬。

第 59 條　勞務派遣單位派遣勞動者應當與接受以勞務派遣形式用工的單位（以下稱用工單位）訂立勞務派遣協議。勞務派遣協議應當約定派遣崗位和人員數量、派遣期限、勞動報酬和社會保險費的數額與支付方式以及違反協議的責任。

用工單位應當根據工作崗位的實際需要與勞務派遣單位確定派遣期限，不得將連續用工期限分割訂立數個短期勞務派遣協議。

第 60 條　勞務派遣單位應當將勞務派遣協議的內容告知被派遣勞動者。

勞務派遣單位不得克扣用工單位按照勞務派遣協議支付給被派遣勞動者的勞動報酬。

勞務派遣單位和用工單位不得向被派遣勞動者收取費用。

第 61 條　勞務派遣單位跨地區派遣勞動者的，被派遣勞動者享有的勞動報酬和勞動條件，按照用工單位所在地的標準執行。

第 62 條　用工單位應當履行下列義務：

一、執行國家勞動標準，提供相應的勞動條件和勞動保護；

二、告知被派遣勞動者的工作要求和勞動報酬；

三、支付加班費、績效獎金，提供與工作崗位相關的福利待遇；

四、對在崗被派遣勞動者進行工作崗位所必需的培訓；

五、連續用工的，實行正常的工資調整機制。

用工單位不得將被派遣勞動者再派遣到其他用人單位。

第 63 條　被派遣勞動者享有與用工單位的勞動者同工同酬的權利。用工單位應當按照同工同酬原則，對被派遣勞動者與本單位同類崗位的勞動者實行相同的勞動報酬分配辦法。用工單位無同類崗位勞動者的，參照用工單位所在地相同或者相近崗位勞動者的勞動報酬確定。

勞務派遣單位與被派遣勞動者訂立的勞動合同和與用工單位訂立的勞務派遣協定，載明或者約定的向被派遣勞動者支付的勞動報酬應當符合前款規定。

第 64 條　被派遣勞動者有權在勞務派遣單位或者用工單位依法參加或者組織工會，維護自身的合法權益。

第 65 條　被派遣勞動者可以依照本法第三十六條、第三十八條的規定與勞務派遣單位解除勞動合同。

被派遣勞動者有本法第三十九條和第四十條第一項、第二項規定情形的，用工單位可以將勞動者退回勞務派遣單位，勞務派遣單位依照本法有關規定，可以與勞動者解除勞動合同。

第 66 條　勞動合同用工是我國的企業基本用工形式。勞務派遣用工是補充形式，只能在臨時性、輔助性或者替代性的工作崗位上實施。

前款規定的臨時性工作崗位是指存續時間不超過六個月的崗位；輔助性工作崗位是指為主營業務崗位提供服務的非主營業務崗位；替代性工作崗位是指用工單位的勞動者因脫產學習、休假等原因無法工作的一定期間內，可以由其他勞動者替代工作的崗位。

用工單位應當嚴格控制勞務派遣用工數量，不得超過其用工總量的一定比例，具體比例由國務院勞動行政部門規定。

第 67 條　用人單位不得設立勞務派遣單位向本單位或者所屬單位派遣勞動者。

第三節　非全日制用工

第 68 條　非全日制用工，是指以小時計酬為主，勞動者在同一用人單位一般平均每日工作時間不超過四小時，每週工作時間累計不超過二十四小時的用工形式。

第 69 條　非全日制用工雙方當事人可以訂立口頭協議。

從事非全日制用工的勞動者可以與一個或者一個以上用人單位訂立勞動合同；但是，後訂立的勞動合同不得影響先訂立的勞動合同的履行。

第 70 條　非全日制用工雙方當事人不得約定試用期。

第 71 條　非全日制用工雙方當事人任何一方都可以隨時通知對方終止用工。終止用工，用人單位不向勞動者支付經濟補償。

第 72 條　非全日制用工小時計酬標準不得低於用人單位所在地人民政府規定的最低小時工資標準。

非全日制用工勞動報酬結算支付週期最長不得超過十五日。

第六章　監督檢查

第 73 條　國務院勞動行政部門負責全國勞動合同制度實施的監督管理。

縣級以上地方人民政府勞動行政部門負責本行政區域內勞動合同制度實施的監督管理。

縣級以上各級人民政府勞動行政部門在勞動合同制度實施的監督管理工作中，應當聽取工會、企業方面代表以及有關行業主管部門的意見。

第 74 條　縣級以上地方人民政府勞動行政部門依法對下列實施勞動合同制度的情況進行監督檢查：

一、用人單位制定直接涉及勞動者切身利益的規章制度及其執行的情況；

二、用人單位與勞動者訂立和解除勞動合同的情況；

三、勞務派遣單位和用工單位遵守勞務派遣有關規定的情況；

四、用人單位遵守國家關於勞動者工作時間和休息休假規定的情況；

五、用人單位支付勞動合同約定的勞動報酬和執行最低工資標準的情況；

六、用人單位參加各項社會保險和繳納社會保險費的情況；

七、法律、法規規定的其他勞動監察事項。

第 75 條　縣級以上地方人民政府勞動行政部門實施監督檢查時，有權查閱與勞動合同、集體合同有關的材料，有權對勞動場所進行實地檢查，用人單位和勞動者都應當如實提供有關情況和材料。

勞動行政部門的工作人員進行監督檢查，應當出示證件，依法行使職權，文明執法。

第 76 條　縣級以上人民政府建設、衛生、安全生產監督管理等有關主管部門在各自職責範圍內，對用人單位執行勞動合同制度的情況進行監督管理。

第 77 條　勞動者合法權益受到侵害的，有權要求有關部門依法處理，或者依法申請仲裁、提起訴訟。

第 78 條　工會依法維護勞動者的合法權益，對用人單位履行勞動合同、集體合同的情況進行監督。用人單位違反勞動法律、法規和勞動合同、集體合同的，工會有權提出意見或者要求糾正；勞動者申請仲裁、提起訴訟的，工會依法給予支持和幫助。

第 79 條　任何組織或者個人對違反本法的行為都有權舉報，縣級以上人民政府勞動行政部門應當及時核實、處理，並對舉報有功人員給予獎勵。

第七章　法律責任

第 80 條　用人單位直接涉及勞動者切身利益的規章制度違反法律、法規規定的，由勞動行政部門責令改正，給予警告；給勞動者造成損害的，應當承擔賠償責任。

第 81 條　用人單位提供的勞動合同文本未載明本法規定的勞動合同必備條款或者用人單位未將勞動合同文本交付勞動者的，由勞動行政部門責令改正；給勞動者造成損害的，應當承擔賠償責任。

第 82 條　用人單位自用工之日起超過一個月不滿一年未與勞動者訂立書面勞動合同的，應當向勞動者每月支付二倍的工資。

用人單位違反本法規定不與勞動者訂立無固定期限勞動合同的，自應當訂立無固定期限勞動合同之日起向勞動者每月支付二倍的工資。

第 83 條　用人單位違反本法規定與勞動者約定試用期的，由勞動行政部門責令改正；違法約定的試用期已經履行的，由用人單位以勞動者試用期滿月工資為標準，按已經履行的超過法定試用期的期間向勞動者支付賠償金。

第 84 條　用人單位違反本法規定，扣押勞動者居民身份證等證件的，由勞動行政部門責令限期退還勞動者本人，並依照有關法律規定給予處罰。

用人單位違反本法規定，以擔保或者其他名義向勞動者收取財物的，由勞動行政部門責令限期退還勞動者本人，並以每人五百元以上二千元以下的標準處以罰款；給勞動者造成損害的，應當承擔賠償責任。

勞動者依法解除或者終止勞動合同，用人單位扣押勞動者檔案或者其他物品的，依照前款規定處罰。

第 85 條　用人單位有下列情形之一的，由勞動行政部門責令限期支付勞動報酬、加班費或者經濟補償；勞動報酬低於當地最低工資標準的，應當支付其差額部分；逾期不支付的，責令用人單位按應付金額百分之五十以上百分之一百以下的標準向勞動者加付賠償金：

一、未按照勞動合同的約定或者國家規定及時足額支付勞動者勞動報酬的；

二、低於當地最低工資標準支付勞動者工資的；

三、安排加班不支付加班費的；

四、解除或者終止勞動合同，未依照本法規定向勞動者支付經濟補償的。

第 86 條　勞動合同依照本法第二十六條規定被確認無效，給對方造成損害的，有過錯的一方應當承擔賠償責任。

第 87 條　用人單位違反本法規定解除或者終止勞動合同的，應當依照本法第四十七條規定的經濟補償標準的二倍向勞動者支付賠償金。

第 88 條　用人單位有下列情形之一的，依法給予行政處罰；構成犯罪的，依法追究刑事責任；給勞動者造成損害的，應當承擔賠償責任：

一、以暴力、威脅或者非法限制人身自由的手段強迫勞動的；

二、違章指揮或者強令冒險作業危及勞動者人身安全的；

三、侮辱、體罰、毆打、非法搜查或者拘禁勞動者的；

四、勞動條件惡劣、環境污染嚴重，給勞動者身心健康造成嚴重損害的。

第 89 條　用人單位違反本法規定未向勞動者出具解除或者終止勞動合同的書面證明，由勞動行政部門責令改正；給勞動者造成損害的，應當承擔賠償責任。

第 90 條　勞動者違反本法規定解除勞動合同，或者違反勞動合同中約定的保密義務或者競業限制，給用人單位造成損失的，應當承擔賠償責任。

第 91 條　用人單位招用與其他用人單位尚未解除或者終止勞動合同的勞動者，給其他用人單位造成損失的，應當承擔連帶賠償責任。

第 92 條　違反本法規定，未經許可，擅自經營勞務派遣業務的，由勞動行政部門責令停止違法行為，沒收違法所得，並處違法所得一倍以上五倍以下的罰款；沒有違法所得的，可以處五萬元以下的罰款。

勞務派遣單位、用工單位違反本法有關勞務派遣規定的，由勞動行政部門責令限期改正；逾期不改正的，以每人五千元以上一萬元以下的標準處以罰款，對勞務派遣單位，吊銷其勞務派遣業務經營許可證。用工單位給被派遣勞動者造成損害的，勞務派遣單位與用工單位承擔連帶賠償責任。

第 93 條　對不具備合法經營資格的用人單位的違法犯罪行為，依法追究法律責任；勞動者已經付出勞動的，該單位或者其出資人應當依照本法有關規定向勞動者支付勞動報酬、經濟補償、賠償金；給勞動者造成損害的，應當承擔賠償責任。

第 94 條　個人承包經營違反本法規定招用勞動者，給勞動者造成損害的，發包的組織與個人承包經營者承擔連帶賠償責任。

第 95 條　勞動行政部門和其他有關主管部門及其工作人員怠忽職守、不履行法定職責，或者違法行使職權，給勞動者或者用人單位造成損害的，應當承擔賠償責任；對直接負責的主管人員和其他直接責任人員，依法給予行政處分；構成犯罪的，依法追究刑事責任。

第八章　附則

第 96 條　事業單位與實行聘用制的工作人員訂立、履行、變更、解除或者終止勞動合同，法律、行政法規或者國務院另有規定的，依照其規定；未作規定的，依照本法有關規定執行。

第 97 條　本法施行前已依法訂立且在本法施行之日存續的勞動合同，繼續履行；本法
　　　　　第十四條第二款第三項規定連續訂立固定期限勞動合同的次數，自本法施
　　　　　行後續訂固定期限勞動合同時開始計算。

　　　　　本法施行前已建立勞動關係，尚未訂立書面勞動合同的，應當自本法施行
　　　　　之日起一個月內訂立。

　　　　　本法施行之日存續的勞動合同在本法施行後解除或者終止，依照本法第
　　　　　四十六條規定應當支付經濟補償的，經濟補償年限自本法施行之日起計
　　　　　算；本法施行前按照當時有關規定，用人單位應當向勞動者支付經濟補償
　　　　　的，按照當時有關規定執行。

第 98 條　本法自2008年1月1日起施行。

中華人民共和國工會法

2009年8月27日　發布

2009年8月27日　實施

第一章　總則

第 1 條　爲保障工會在國家政治、經濟和社會生活中的地位，確定工會的權利與義務，發揮工會在社會主義現代化建設事業中的作用，根據憲法，制定本法。

第 2 條　工會是職工自願結合的工人階級的群眾組織。

中華全國總工會及其各工會組織代表職工的利益，依法維護職工的合法權益。

第 3 條　在中國境內的企業、事業單位、機關中以工資收入爲主要生活來源的體力勞動者和腦力勞動者，不分民族、種族、性別、職業、宗教信仰、教育程度，都有依法參加和組織工會的權利。任何組織和個人不得阻撓和限制。

第 4 條　工會必須遵守和維護憲法，以憲法爲根本的活動準則，以經濟建設爲中心，堅持社會主義道路、堅持人民民主專政、堅持中國共產黨的領導、堅持馬克思列寧主義毛澤東思想鄧小平理論，堅持改革開放，依照工會章程獨立自主地開展工作。

工會會員全國代表大會制定或者修改《中國工會章程》，章程不得與憲法和法律相抵觸。

國家保護工會的合法權益不受侵犯。

第 5 條　工會組織和教育職工依照憲法和法律的規定行使民主權利，發揮國家主人翁的作用，通過各種途徑和形式，參與管理國家事務、管理經濟和文化事業、管理社會事務；協助人民政府開展工作，維護工人階級領導的、以工農聯盟爲基礎的人民民主專政的社會主義國家政權。

第 6 條　維護職工合法權益是工會的基本職責。工會在維護全國人民總體利益的同時，代表和維護職工的合法權益。

工會通過平等協商和集體合同制度，協調勞動關係，維護企業職工勞動權益。

工會依照法律規定通過職工代表大會或者其他形式，組織職工參與本單位的民主決策、民主管理和民主監督。

工會必須密切聯繫職工，聽取和反映職工的意見和要求，關心職工的生活，幫助職工解決困難，全心全意為職工服務。

第 7 條　工會動員和組織職工積極參加經濟建設，努力完成生產任務和工作任務。教育職工不斷提高思想道德、技術業務和科學文化素質，建設有理想、有道德、有文化、有紀律的職工隊伍。

第 8 條　中華全國總工會根據獨立、平等、互相尊重、互不干涉內部事務的原則，加強同各國工會組織的友好合作關係。

第二章　工會組織

第 9 條　工會各級組織按照民主集中制原則建立。

各級工會委員會由會員大會或者會員代表大會民主選舉產生。企業主要負責人的近親屬不得作為本企業基層工會委員會成員的人選。

各級工會委員會向同級會員大會或者會員代表大會負責並報告工作，接受其監督。

工會會員大會或者會員代表大會有權撤換或者罷免其所選舉的代表或者工會委員會組成人員。

上級工會組織領導下級工會組織。

第 10 條　企業、事業單位、機關有會員二十五人以上的，應當建立基層工會委員會；不足二十五人的，可以單獨建立基層工會委員會，也可以由兩個以上單位的會員聯合建立基層工會委員會，也可以選舉組織員一人，組織會員開展活動。女職工人數較多的，可以建立工會女職工委員會，在同級工會領導下開展工作；女職工人數較少的，可以在工會委員會中設女職工委員。

企業職工較多的鄉鎮、城市街道，可以建立基層工會的聯合會。

縣級以上地方建立地方各級總工會。

同一行業或者性質相近的幾個行業，可以根據需要建立全國的或者地方的產業工會。

全國建立統一的中華全國總工會。

第 11 條　基層工會、地方各級總工會、全國或者地方產業工會組織的建立，必須報上一級工會批准。

上級工會可以派員幫助和指導企業職工組建工會，任何單位和個人不得阻撓。

第 12 條　任何組織和個人不得隨意撤銷、合併工會組織。

基層工會所在的企業終止或者所在的事業單位、機關被撤銷，該工會組織相應撤銷，並報告上一級工會。

依前款規定被撤銷的工會，其會員的會籍可以繼續保留，具體管理辦法由中華全國總工會制定。

第 13 條　職工二百人以上的企業、事業單位的工會，可以設專職工會主席。工會專職工作人員的人數由工會與企業、事業單位協商確定。

第 14 條　中華全國總工會、地方總工會、產業工會具有社會團體法人資格。

基層工會組織具備民法通則規定的法人條件的，依法取得社會團體法人資格。

第 15 條　基層工會委員會每屆任期三年或者五年。各級地方總工會委員會和產業工會委員會每屆任期五年。

第 16 條　基層工會委員會定期召開會員大會或者會員代表大會，討論決定工會工作的重大問題。經基層工會委員會或者三分之一以上的工會會員提議，可以臨時召開會員大會或者會員代表大會。

第 17 條　工會主席、副主席任期未滿時，不得隨意調動其工作。因工作需要調動時，應當徵得本級工會委員會和上一級工會的同意。

罷免工會主席、副主席必須召開會員大會或者會員代表大會討論，非經會員大會全體會員或者會員代表大會全體代表過半數通過，不得罷免。

第 18 條　基層工會專職主席、副主席或者委員自任職之日起，其勞動合同期限自動延長，延長期限相當於其任職期間；非專職主席、副主席或者委員自任職之日起，其尚未履行的勞動合同期限短於任期的，勞動合同期限自動延長至任期期滿。但是，任職期間個人嚴重過失或者達到法定退休年齡的除外。

第三章　工會的權利和義務

第 19 條　企業、事業單位違反職工代表大會制度和其他民主管理制度，工會有權要求糾正，保障職工依法行使民主管理的權利。

法律、法規規定應當提交職工大會或者職工代表大會審議、通過、決定的事項，企業、事業單位應當依法辦理。

第 20 條　工會幫助、指導職工與企業以及實行企業化管理的事業單位簽訂勞動合同。

工會代表職工與企業以及實行企業化管理的事業單位進行平等協商，簽訂集體合同。集體合同草案應當提交職工代表大會或者全體職工討論通過。

工會簽訂集體合同，上級工會應當給予支持和幫助。

企業違反集體合同，侵犯職工勞動權益的，工會可以依法要求企業承擔責任；因履行集體合同發生爭議，經協商解決不成的，工會可以向勞動爭議仲裁機構提請仲裁，仲裁機構不予受理或者對仲裁裁決不服的，可以向人民法院提起訴訟。

第 21 條　企業、事業單位處分職工，工會認為不適當的，有權提出意見。

企業單方面解除職工勞動合同時，應當事先將理由通知工會，工會認為企業違反法律、法規和有關合同，要求重新研究處理時，企業應當研究工會的意見，並將處理結果書面通知工會。

職工認為企業侵犯其勞動權益而申請勞動爭議仲裁或者向人民法院提起訴訟的，工會應當給予支持和幫助。

第 22 條　企業、事業單位違反勞動法律、法規規定，有下列侵犯職工勞動權益情形，工會應當代表職工與企業、事業單位交涉，要求企業、事業單位採取措施予以改正；企業、事業單位應當予以研究處理，並向工會作出答復；企業、事業單位拒不改正的，工會可以請求當地人民政府依法作出處理：

一、克扣職工工資的；

二、不提供勞動安全衛生條件的；

三、隨意延長勞動時間的；

四、侵犯女職工和未成年工特殊權益的；

五、其他嚴重侵犯職工勞動權益的。

第 23 條　工會依照國家規定對新建、擴建企業和技術改造工程中的勞動條件和安全衛生設施與主體工程同時設計、同時施工、同時投產使用進行監督。對工會提出的意見，企業或者主管部門應當認真處理，並將處理結果書面通知工會。

第 24 條　工會發現企業違章指揮、強令工人冒險作業，或者生產過程中發現明顯重大事故隱患和職業危害，有權提出解決的建議，企業應當及時研究答復；發現危及職工生命安全的情況時，工會有權向企業建議組織職工撤離危險現場，企業必須及時作出處理決定。

第 25 條　工會有權對企業、事業單位侵犯職工合法權益的問題進行調查，有關單位應當予以協助。

第 26 條　職工因工傷亡事故和其他嚴重危害職工健康問題的調查處理，必須有工會參加。工會應當向有關部門提出處理意見，並有權要求追究直接負責的主管人員和有關責任人員的責任。對工會提出的意見，應當及時研究，給予答復。

第 27 條　企業、事業單位發生停工、怠工事件，工會應當代表職工同企業、事業單位或者有關方面協商，反映職工的意見和要求並提出解決意見。對於職工的合理要求，企業、事業單位應當予以解決。工會協助企業、事業單位做好工作，儘快恢復生產、工作秩序。

第 28 條　工會參加企業的勞動爭議調解工作。
　　　　　地方勞動爭議仲裁組織應當有同級工會代表參加。

第 29 條　縣級以上各級總工會可以為所屬工會和職工提供法律服務。

第 30 條　工會協助企業、事業單位、機關辦好職工集體福利事業，做好工資、勞動安全衛生和社會保險工作。

第 31 條　工會會同企業、事業單位教育職工以國家主人翁態度對待勞動，愛護國家和企業的財產，組織職工開展群眾性的合理化建議、技術革新活動，進行業餘文化技術學習和職工培訓，組織職工開展文娛、體育活動。

第 32 條　根據政府委託，工會與有關部門共同做好勞動模範和先進生產（工作）者的評選、表彰、培養和管理工作。

第 33 條　國家機關在組織起草或者修改直接涉及職工切身利益的法律、法規、規章時，應當聽取工會意見。
　　　　　縣級以上各級人民政府制定國民經濟和社會發展計畫，對涉及職工利益的重大問題，應當聽取同級工會的意見。
　　　　　縣級以上各級人民政府及其有關部門研究制定勞動就業、工資、勞動安全衛生、社會保險等涉及職工切身利益的政策、措施時，應當吸收同級工會參加研究，聽取工會意見。

第 34 條　縣級以上地方各級人民政府可以召開會議或者採取適當方式，向同級工會通報政府的重要的工作部署和與工會工作有關的行政措施，研究解決工會反映的職工群眾的意見和要求。

各級人民政府勞動行政部門應當會同同級工會和企業方面代表，建立勞動關係三方協商機制，共同研究解決勞動關係方面的重大問題。

第四章　基層工會組織

第 35 條　國有企業職工代表大會是企業實行民主管理的基本形式，是職工行使民主管理權力的機構，依照法律規定行使職權。

國有企業的工會委員會是職工代表大會的工作機構，負責職工代表大會的日常工作，檢查、督促職工代表大會決議的執行。

第 36 條　集體企業的工會委員會，應當支援和組織職工參加民主管理和民主監督，維護職工選舉和罷免管理人員、決定經營管理的重大問題的權力。

第 37 條　本法第三十五條、第三十六條規定以外的其他企業、事業單位的工會委員會，依照法律規定組織職工採取與企業、事業單位相適應的形式，參與企業、事業單位民主管理。

第 38 條　企業、事業單位研究經營管理和發展的重大問題應當聽取工會的意見；召開討論有關工資、福利、勞動安全衛生、社會保險等涉及職工切身利益的會議，必須有工會代表參加。

企業、事業單位應當支持工會依法開展工作，工會應當支援企業、事業單位依法行使經營管理權。

第 39 條　公司的董事會、監事會中職工代表的產生，依照公司法有關規定執行。

第 40 條　基層工會委員會召開會議或者組織職工活動，應當在生產或者工作時間以外進行，需要佔用生產或者工作時間的，應當事先徵得企業、事業單位的同意。

基層工會的非專職委員佔用生產或者工作時間參加會議或者從事工會工作，每月不超過三個工作日，其工資照發，其他待遇不受影響。

第 41 條　企業、事業單位、機關工會委員會的專職工作人員的工資、獎勵、補貼，由所在單位支付。社會保險和其他福利待遇等，享受本單位職工同等待遇。

第五章　工會的經費和財產

第 42 條　工會經費的來源：

一、工會會員繳納的會費；

二、建立工會組織的企業、事業單位、機關按每月全部職工工資總額的百分之二向工會撥繳的經費；

三、工會所屬的企業、事業單位上繳的收入；

四、人民政府的補助；

五、其他收入。

前款第二項規定的企業、事業單位撥繳的經費在稅前列支。

工會經費主要用於為職工服務和工會活動。經費使用的具體辦法由中華全國總工會制定。

第 43 條　企業、事業單位無正當理由拖延或者拒不撥繳工會經費，基層工會或者上級工會可以向當地人民法院申請支付令；拒不執行支付令的，工會可以依法申請人民法院強制執行。

第 44 條　工會應當根據經費獨立原則，建立預算、決算和經費審查監督制度。

各級工會建立經費審查委員會。

各級工會經費收支情況應當由同級工會經費審查委員會審查，並且定期向會員大會或者會員代表大會報告，接受監督。工會會員大會或者會員代表大會有權對經費使用情況提出意見。

工會經費的使用應當依法接受國家的監督。

第 45 條　各級人民政府和企業、事業單位、機關應當為工會辦公和開展活動，提供必要的設施和活動場所等物質條件。

第 46 條　工會的財產、經費和國家撥給工會使用的不動產，任何組織和個人不得侵佔、挪用和任意調撥。

第 47 條　工會所屬的為職工服務的企業、事業單位，其隸屬關係不得隨意改變。

第 48 條　縣級以上各級工會的離休、退休人員的待遇，與國家機關工作人員同等對待。

第六章　法律責任

第 49 條　工會對違反本法規定侵犯其合法權益的，有權提請人民政府或者有關部門予以處理，或者向人民法院提起訴訟。

第 50 條　違反本法第三條、第十一條規定，阻撓職工依法參加和組織工會或者阻撓上級工會幫助、指導職工籌建工會的，由勞動行政部門責令其改正；拒不改正的，由勞動行政部門提請縣級以上人民政府處理；以暴力、威脅等手段阻撓造成嚴重後果，構成犯罪的，依法追究刑事責任。

第 51 條　違反本法規定，對依法履行職責的工會工作人員無正當理由調動工作崗位，進行打擊報復的，由勞動行政部門責令改正、恢復原工作；造成損失的，給予賠償。

對依法履行職責的工會工作人員進行侮辱、誹謗或者進行人身傷害，構成犯罪的，依法追究刑事責任；尚未構成犯罪的，由公安機關依照治安管理處罰法的規定處罰。

第 52 條　違反本法規定，有下列情形之一的，由勞動行政部門責令恢復其工作，並補發被解除勞動合同期間應得的報酬，或者責令給予本人年收入二倍的賠償：

一、職工因參加工會活動而被解除勞動合同的；

二、工會工作人員因履行本法規定的職責而被解除勞動合同的。

第 53 條　違反本法規定，有下列情形之一的，由縣級以上人民政府責令改正，依法處理：

一、妨礙工會組織職工通過職工代表大會和其他形式依法行使民主權利的；

二、非法撤銷、合併工會組織的；

三、妨礙工會參加職工因工傷亡事故以及其他侵犯職工合法權益問題的調查處理的；

四、無正當理由拒絕進行平等協商的。

第 54 條　違反本法第四十六條規定，侵佔工會經費和財產拒不返還的，工會可以向人民法院提起訴訟，要求返還，並賠償損失。

第 55 條　工會工作人員違反本法規定，損害職工或者工會權益的，由同級工會或者上級工會責令改正，或者予以處分；情節嚴重的，依照《中國工會章程》予以罷免；造成損失的，應當承擔賠償責任；構成犯罪的，依法追究刑事責任。

第七章　附則

第 56 條　中華全國總工會會同有關國家機關制定機關工會實施本法的具體辦法。

第 57 條　本法自公佈之日起施行。1950年6月29日中央人民政府頒佈的《中華人民共和國工會法》同時廢止。

參考文獻

第 1 章

1. 吳美連、林俊毅，人力資源管理（臺北：智勝，民 94），頁 7～11。
2. 何永福、楊國安，人力資源策略管理（臺北：三民，民 93），頁 2～3、5、7～9、13～14。
3. 洪維賢，人力資源管理與發展（臺中：國彰，民 86），頁 10～11。
4. 黃冠穎（2014），經濟日報，2014-8-19，A16 版。
5. 黃冠穎（2014），經濟日報，2014-8-22，B7 版。

第 2 章

1. 黃英忠，人力資源管理（臺北：三民，民 93），頁 40、41、43。
2. 許士軍，管理學（臺北：東華，民 75），頁 35、313～314。
3. 榮泰生，管理學（臺北：五南，民 94），頁 8～9、12、14～15、29～30。
4. 吳佳汾（2014），經濟日報 2014-08-26，A18 版。
5. 盧希鵬（2014），經濟日報 2014-08-06，B7 版。
6. 戴勝益，宋健生（2014），經濟日報 2014-08-06，B7 版。
7. 黃冠博（2014），經濟日報 2014-08-19，A16 版。
8. 賴沛妍（2014），經濟日報 2014-08-07，B7 版。
9. Rosabeth Moss Kanter, The Change Masters:Innovation for Productivity in the American Corporation（New York: Simon & Schuster, 1983）.
10. Tom Peters, Thriving on Chaos（New York:Alfred Knopf, 1988）.
11. 李誠，高科技產業人力資源管理（臺北：天下文化，2001），頁 19～25。

第 3 章

1. 黃深勳等，行銷概論（臺北：空大，民 87），頁 32～33、46、49～50、54～61、96～97。
2. Subhash C. Jain, Marketing Planning and Strategy, 3rd ed.,（South-Western, 1990）.
3. 榮泰生，管理學（臺北：五南，民 94），頁 46～49、51、82、86～88。
4. J.E. Bain, Barries to New Competition（Cambridge, Mass.:Harvard University Press, 1956）.
5. Milton Moskowitz, "The Corporate Responsibility Champs and Chumps, "Business and Society Review（Winter 1985）：4～5.

6. 林欽榮，管理學（臺北：龍騰，民 86），頁 320。

7. 林彩梅，多國籍企業論（臺北：五南，民 95），頁 1～2、737～738。

第 4 章

1. 何永福、楊國安，人力資源策略管理（臺北：三民，民 93），頁 62~63、65、68。

2. 黃英忠，人力資源管理（臺北：三民，民 93），頁 95~98。

3. 吳美連、林俊毅，人力資源管理（臺北：智勝，民 94），頁 75、108~124。

4. 洪維賢，人力資源管理與發展（臺中：國彰，民 86），頁 40、43。

5. T. P. Wright, " Factors Affecting the Cost of Airplanes," Journal of Aeronautical Science （Feb. 1936）:122~128.

6. Paul S. Greenlaw & William D. Biggs, Modern Personnel Management（Philadelphia W. B. Saunders, 1979）:82~83.

7. Glenn A. Bassett, "Elements of Manpower Forecasting and Scheduling Human Resource Management （Fall 1973）:35~43.

8. George T. Mikovich, et al., "The Use of Delphi Procedures in Manpower Forecasting," Management Science （Dec. 1972）:381.

第 5 章

1. 黃英忠，人力資源管理（臺北：三民，民 93），頁 140、142、144～145。

2. 何永福、楊國安，人力資源策略管理（臺北：三民，民 93），頁 82～83、238。

3. 李茂興，管理概論（臺北：曉園，民 78），頁 256。

4. F. G. Miller et al., "Job Rotation Rroductivity, "Industrial Engineering 5（1973）：24～26.

5. 王士峰、王士紘，企業管理（臺北：五南，民 88），頁 152。

6. 許世兩等譯，David A.De Cenzo & Stephen P. Robbins 原著，人力資源管理（臺北:五南，民 86），頁 186、338～341。

7. 洪維賢，人力資源管理與發展（臺中：國彰，民 86），頁 59、62。

第 6 章

1. 黃英忠，人力資源管理（臺北：三民，民 93），頁 176～178、頁 189。

2. 許世雨等譯，David A. De Cenzo & Stephen P. Robbins 原著，人力資源管理（臺北：五南，民 86），頁 128、頁 130。

3. 吳淑華、黃曼琴譯，Randall S. Schuler 原著，人力資源管理（臺中：滄海，民87），頁 159、頁 162～163。

4. 洪維賢，人力資源管理與發展（臺中：國彰，民86），頁 69。

5. 吳美連、林俊毅，人力資源管理（臺北：智勝，民94），頁 200～201。

第 7 章

1. 林欽榮，管理學（臺北：龍騰，民86），頁 203～204、頁 211～215、頁 219、頁 225～227、頁 239～242。

2. 李茂興譯，Stephen P. Robbins 原著，管理概論（臺北：曉園，1989），頁 203～204、頁 297。

3. 陳海鳴，管理概論—理論與臺灣實證（臺北：華泰，民96），頁 283～285、頁 290、頁 301、頁 308～309、頁 316～317、頁 326、頁 370。

4. 榮泰生，管理學（臺北：五南，民94），頁 275。

5. 韓經綸譯，Richard M. Steers 原著，組織行為學（臺北：五南，民83），頁 447。

6. 許士軍，管理學（臺北：東華，民78），頁 281。

7. Clayton P. Alderfer, Existence, Relatedness, and Growth（N.Y.:Fress Press, 1972）.

8. 蔡樹培，人群關係與組織管理（臺北：五南，民83），頁 163～166。

9. 吳秉恩，「員工問題的診斷與激勵對策」，人力資源管理（臺北：管拓，民81），頁 190～198。

第 8 章

1. 吳淑華、黃曼琴譯，Randall S. Schuler 原著，人力資源管理（臺中：滄海，民87），頁 185，頁 330～331。

2. 許世雨等譯，David A. De Cenzo & Stephen P. Robbins 原著，人力資源管理（臺北：五南，民86），頁 198～209。

3. 吳美連、林俊毅，人力資源管理（臺北：智勝，民94），頁 179～184，頁 194。

4. 何永福、楊國安，人力資源策略管理（臺北：三民，民93），頁 193，頁 195～198。

5. 黃英忠，人力資源管理（臺北：三民，民93），頁 236～239。

6. 韓經綸譯，Richard M.Steers 原著，組織行為學（臺北：五南，民83），頁 670～673。

第 9 章

1. 黃英忠，人力資源管理（臺北：三民，民 93），頁 247、頁 250 ～ 253、頁 268。

2. 吳美連、林俊毅，人力資源管理（臺北：智勝，民 94），頁 259。

3. 洪維賢，人力資源管理與發展（臺中：國彰，民 86），頁 119 ～ 120。

4. 李長貴，人事管理學（臺北：臺灣中華，民 78），頁 133 ～ 142。

5. 許世雨等譯，David A. De Cenzo & Stephen P. Robbins 原著，人力資源管理（臺北：五南，民 86），頁 311 ～ 312，頁 314。

6. 韓經綸譯，Richard M.Steers 原著，組織行爲學（臺北：五南，民 83），頁 211 ～ 214。

7. 黃正雄，「人力資源管理措施、價值觀契合與員工效能之關係」（國立臺灣大學商學研究所博士論文，民 86），頁 66 ～ 67。

第 10 章

1. 黃英忠，人力資源管理（臺北：三民，民 93），頁 328、頁 340 ～ 345。

2. 洪維賢，人力資源管理與發展（臺中：國彰，民 86），頁 183 ～ 186、頁 195。

3. 何永福、楊國安，人力資源策略管理（臺北：三民，民 93），頁 227 ～ 228。

4. 沈曾圻，「變遷中的勞資關係」，人力資源管理（臺北：管拓，民 81），頁 201 ～ 203。

5. 林欽榮，管理學（臺北：龍騰，民 86），頁 279 ～ 281。

第 11 章

1. 何永福、楊國安，人力資源策略管理（臺北：三民，民 93），頁 38 ～ 39。

2. 榮泰生，管理學（臺北：五南，民 94），頁 340、頁 386 ～ 387。

3. 徐聯恩，企業變革系列研究（臺北：華泰，民 85），頁 2 ～ 7、頁 354 ～ 355。

4. 陳海鳴，管理概論──理論與臺灣實證（臺北：華泰，民 96），頁 260 ～ 263。

5. 洪良浩，「激發 85% 的潛力」，管理雜誌 292 期（1998 年 10 月），頁 4。

6. 林欽榮，管理學（臺北：龍騰，民 86），頁 289 ～ 293。

7. 繆長泉，「拉鋸斷木」，管理雜誌 292 期（1998 年 10 月），頁 18。

8. J. P. Kotter & L. A. Schlesinger, Choosing Strategies for Change, Harvard Business Review（Mar ～ Apr. 1979）：106 ～ 114. 同註 2，頁 387 ～ 388。

9. 經濟部，中小企業白皮書（臺北：經濟部，民 87），頁 1 ～ 12。

10. 黃深勳等，行銷概論（臺北：空大，民87），頁34。

11. 賴明等，突破不景氣行銷戰略解析（臺北：連德，民86），頁25。

12. 賴士葆等，臺灣中小企業卓越經營管理模式（臺北：編者，民82），頁22。

13. 蔡璧如譯，Virginia O. Brien 原著，企業經營（臺北：商周，民87），頁231。

14. 林彩梅，多國籍企業論（臺北：五南，民95），頁序2～3。

第 12 章

1. 黃英忠，人力資源管理（臺北：三民，民93），頁59～61。

2. 方至民，國際企業管理（臺北：前程，民95），頁484～485。

3. 趙必孝，國際化管理——人力資源管理觀點（臺北：華泰，民89）。

4. 吳青松，國際企業管理（臺北：智勝，民91），頁425。

5. 同上註。

6. 蕭新永，大陸臺商人力資源管理（臺北：商圈，民96），頁358～379。

第 13 章

1. 何永福、楊國安，人力資源策略管理（臺北：三民，民93），頁272～273。

2. 吳美連、林俊毅，人力資源管理（臺北：智勝，民94），頁543。

3. 張緯良，人力資源管理（臺北：華泰，民88），頁507。

4. 陳海鳴，管理概論—理論與臺灣實證（臺北：華泰，民96），頁244～245、頁249、頁301。

5. 榮泰生，管理學（臺北：五南，民94），頁326。

6. 何玉美，「十大熱門管理工具——經理人祕密武器大公開」，管理雜誌292期（1998年10月），頁46～47。

7. 王士峰、王上紘，企業管理（臺北：五南，民88），頁125～126。

8. 蔡勇美等，人力資源與二十一世紀（臺北：唐山，民86），頁247～249。

第 14 章

1. 何永福、楊國安，人力資源策略管理（臺北：三民，民93），頁46～49。

2. 吳美連、林俊毅，人力資源管理（臺北：智勝，民94），頁178。

3. 蔡璧如譯，Virginia O. Brien 原著，企業經營（臺北：商周，民87），頁70～71、頁89～91。

4. 韓經綸譯，Richard M. Steers 原著，組織行為學（臺北：五南，民83），頁227～228、頁705～706。

5. 吳淑華、黃曼琴譯，Randall S. Schuler 原著，人力資源管理（臺中：滄海，民 86），頁 200～201。

6. 郭泰，王永慶的管理鐵鎚（臺北：遠流，民 87），頁 39～101。天下雜誌，台塑—領導、策略、文化（臺北：天下，民 87）。

7. 徐聯恩，企業變革系列研究（臺北：華泰，民 85），頁 68～90。

8. 林玲妃，中國時報（民國 88 年 2 月 13 日），第 22 版。

9. 政治大學，服務業管理個案（臺北：智勝，民 87），頁 19～27、頁 74～88。

10. 李仁芳，7-ELEVEN 統一超商縱橫臺灣（臺北：遠流，民 84）。

人力資源管理－
觀光、休閒、餐旅服務業專案特色

作　　者 / 黃廷合、齊德彰、鄭錫欽

發 行 人 / 陳本源

執行編輯 / 溫家葦

封面設計 / 楊昭琅

出 版 者 / 全華圖書股份有限公司

郵政帳號 / 0100836-1 號

印 刷 者 / 宏懋打字印刷股份有限公司

圖書編號 / 08205

初版一刷 / 2015 年 10 月

定　　價 / 新臺幣 600 元

I S B N / 978-957-21-9804-9

全華圖書 / www.chwa.com.tw

全華網路書店 Open Tech / www.opentech.com.tw

若您對書籍內容、排版印刷有任何問題，歡迎來信指導 book@chwa.com.tw

臺北總公司（北區營業處）

地址：23671 新北市土城區忠義路 21 號

電話：(02) 2262-5666

傳真：(02) 6637-3695、6637-3696

南區營業處

地址：80769 高雄市三民區應安街 12 號

電話：(07) 381-1377

傳真：(07) 862-5562

中區營業處

地址：40256 臺中市南區樹義一巷 26 號

電話：(04) 2261-8485

傳真：(04) 3600-9806

歡迎加入 全華會員

● 會員獨享

會員享購書折扣、紅利積點、生日禮金、不定期優惠活動…等。

● 如何加入會員

填妥讀者回函卡直接傳真 (02) 2262-0900 或寄回，將由專人協助登入會員資料，待收到 E-MAIL 通知後即可成為會員。

如何購買 全華書籍

1. 網路購書

全華網路書店「http://www.opentech.com.tw」，加入會員購書更便利，並享有紅利積點回饋等各式優惠。

2. 全華門市、全省書局

歡迎至全華門市（新北市土城區忠義路 21 號）或全省各大書局、連鎖書店選購。

3. 來電訂購

(1) 訂購專線：(02) 2262-5666 轉 321-324
(2) 傳真專線：(02) 6637-3696
(3) 郵局劃撥（帳號：0100836-1　戶名：全華圖書股份有限公司）
※ 購書未滿一千元者，酌收運費 70 元。

OpenTech.com.tw
全華網路書店

全華網路書店 www.opentech.com.tw
E-mail: service@chwa.com.tw

※ 本會員制如有變更則以最新修訂制度為準，造成不便請見諒。

讀者回函卡

填寫日期： ＿＿＿ / ＿＿＿ / ＿＿＿

姓名： ＿＿＿＿＿＿＿＿＿＿ 生日：西元 ＿＿＿＿ 年 ＿＿ 月 ＿＿ 日 性別：□男 □女

電話：（　　　） ＿＿＿＿＿＿ 傳真：（　　　） ＿＿＿＿＿＿ 手機： ＿＿＿＿＿＿＿＿

e-mail： ＿＿＿＿＿＿＿＿＿ (必填)

註：數字零，請用 Φ 表示，數字1 與英文 L 請另註明並書寫端正，謝謝。

通訊處：□□□□□

學歷：□博士 □碩士 □大學 □專科 □高中·職

職業：□工程師 □教師 □學生 □軍·公 □其他

學校/公司： ＿＿＿＿＿＿＿＿＿ 科系/部門： ＿＿＿＿＿＿＿＿

· 需求書類：

□A. 電子 □B. 電機 □C. 計算機工程 □D. 資訊 □E. 機械 □F. 汽車 □I. 工管 □J. 土木

□K. 化工 □L. 設計 □M. 商管 □N. 日文 □O. 美容 □P. 休閒 □Q. 餐飲 □B. 其他

· 本次購買圖書為： ＿＿＿＿＿＿＿＿＿＿＿＿＿ 書號： ＿＿＿＿＿＿＿

· 您對本書的評價：

封面設計：□非常滿意 □滿意 □尚可 □需改善，請說明 ＿＿＿＿＿＿＿

內容表達：□非常滿意 □滿意 □尚可 □需改善，請說明 ＿＿＿＿＿＿＿

版面編排：□非常滿意 □滿意 □尚可 □需改善，請說明 ＿＿＿＿＿＿＿

印刷品質：□非常滿意 □滿意 □尚可 □需改善，請說明 ＿＿＿＿＿＿＿

書籍定價：□非常滿意 □滿意 □尚可 □需改善，請說明 ＿＿＿＿＿＿＿

整體評價：請說明 ＿＿＿＿＿＿＿＿＿＿＿＿＿＿＿＿＿＿＿

· 您在何處購買本書？

□書局 □網路書店 □書展 □團購 □其他

· 您購買本書的原因？（可複選）

□個人需要 □幫公司採購 □親友推薦 □老師指定之課本 □其他

· 您希望全華以何種方式提供出版訊息及特惠活動？

□電子報 □DM □廣告 (媒體名稱 ＿＿＿＿＿＿＿)

· 您是否上過全華網路書店？ (www.opentech.com.tw)

□是 □否 您的建議 ＿＿＿＿＿＿＿

· 您希望全華出版那些書籍？ ＿＿＿＿＿＿＿＿＿＿＿

· 您希望全華加強那些服務？ ＿＿＿＿＿＿＿＿＿＿＿

～感謝您提供寶貴意見，全華將秉持服務的熱忱，出版更多好書，以饗讀者。

全華網路書店 http://www.opentech.com.tw 客服信箱 service@chwa.com.tw

2011.03 修訂

親愛的讀者：

感謝您對全華圖書的支持與愛護，雖然我們很慎重的處理每一本書，但恐仍有疏漏之處，若您發現本書有任何錯誤，請填寫於勘誤表內寄回，我們將於再版時修正，您的批評與指教是我們進步的原動力，謝謝！

全華圖書 敬上

勘　誤　表

書　號			作　者
頁　數	行　數	書　名	
		錯誤或不當之詞句	建議修改之詞句

我有話要說：　(其它之批評與建議，如封面、編排、內容、印刷品質等…)

＿＿＿＿＿＿＿＿＿＿＿＿＿＿＿＿＿＿＿＿＿＿＿＿＿＿

＿＿＿＿＿＿＿＿＿＿＿＿＿＿＿＿＿＿＿＿＿＿＿＿＿＿

得　分	學後評量——

學後評量——
人力資源管理—觀光、休閒、餐旅服務業專案特色

第 1 章
觀光休閒人力資源管理概論

班級：　　　　學號：＿＿＿

姓名：＿＿＿＿＿＿＿

（是非選擇每題5分，共100分）

一、是非題

1.（　）觀光休閒產業要有長期培養優良人才的計畫。

2.（　）觀光企業必須針對願景目標，將人才有計畫地實施：選、用、育、留等做法。

3.（　）觀光企業的人力，只需要針對短期需求，就可以接受各種短期挑戰。

4.（　）觀光企業的應變能力包括：是否能化解危機及開創生機以求發展。

5.（　）現代觀光企業的競爭並不是人才的競爭，而是資金的競爭。

6.（　）觀光業的人力資源管理人員，宜認識外在環境及內在環境。

7.（　）HRM 是人力資源管理英文的縮寫。

8.（　）人資管理的勞資關係是平等互惠與眞誠相待的。

9.（　）觀光企業的人力規劃、工作分析和訊息式的績效評估均屬功能性作業。

10.（　）觀光人應徵時的「一分鐘動履歷」是指以一分鐘內的簡短影片自我介紹，以創意型態表現自己。

二、選擇題

1.（　）現代觀光企業面臨是 4C 時代，下列哪一個不是在 4C 之內？(1) 變化（change）(2) 競爭（competition）　(3) 清潔（clean）　(4) 挑戰（challenge）。

2.（　）觀光人力資源管理是指觀光企業內所有人力資源的：(1) 開發及領導　(2) 激勵及溝通　(3) 績效評估及訓練發展　(4) 以上皆是。

3.（　）有效的人力資源管理是結合下列哪些知識？(1) 管理　(2) 技術　(3) 行為(4) 以上皆是。

4.（　）影響觀光產業人力資源管理之外在環境因素，有：(1) 產業結構　(2) 勞動力服務市場　(3) 工會的興起　(4) 以上皆是。

5.（　）下列哪一項不是觀光企業內在環境中的重要因素？(1) 企業文化　(2) 敦親睦鄰(3) 經營策略　(4) 財務能力。

6.（　）下列哪一項不是美國人力資源管理學會提出 HRM 的功能項目？(1) 年終獎金(2) 招募選用　(3) 獎勵與酬償　(4) 安全與健康。

7.(　)下列哪一項是我國觀光企業在 HRM 可能面臨的問題？(1) 人力供需不平衡　(2) 薪資偏低　(3) 人力安定問題　(4) 以上皆是。

8.(　)人力資源管理的人事文書工作包括　(1) 蒐集人士資料　(2) 整理人事資料　(3) 保有人事資料　(4) 以上皆是。

9.(　)下列哪一項不在人力資源管理的事業工作四個層級之內？(1) 人事文書工作　(2) 人力資源經理　(3) 人力資源總經理　(4) 人力資源副總經理

10.(　)下列哪一項是觀光人力資源發展的做法？(1) 訓練員工　(2) 設計及執行發展計畫　(3) 設計員工的個人績效評量系統　(4) 以上皆是。

得　分	學後評量──

人力資源管理－觀光‧休閒‧餐旅服務業專案特色

第 2 章
觀光人力資源管理的發展

班級：＿＿＿　學號：＿＿＿

姓名：＿＿＿＿＿＿＿

（是非選擇每題5分，共100分）

一、是非題

1.（　　）觀光產業要有很多不同領域的人力參與，才是創造服務創新的關鍵因素。

2.（　　）在強權的人力資源管理，非常尊重人性的價值。

3.（　　）溫情的人力資源管理，是對人員採取懷柔政策。

4.（　　）一直到 1911 年，泰勒發表了「科學管理的原則」一書以來，管理才正式被視為一種科學。

5.（　　）費堯主張的管理 14 原則，其中第一點是團隊精神原則。

6.（　　）指揮統一原則是指同一目標的作業，應由同一個主管人員來指揮與協調。

7.（　　）麥格里高在「企業的人性面」中，提出的「X 理論」類似荀子「性惡說」；Y 理論則類似孟子的「性善說」。

8.（　　）阿吉里斯認為在態度與行為之間是完全相同的。

9.（　　）Z 理論主要是在強調，長期雇用員工的管理方式。

10.（　　）Z 理論是日裔善藉管理學家威廉大內提出的。

11.（　　）參與式管理是現代觀光人力資源管理的其中一種方式。

12.（　　）「7S」管理模式是中國式管理的藝術。

13.（　　）設計有「體驗式」的活動，能讓觀光人求職時，真正了解觀光產業的特性。

二、選擇題

1.（　　）下列哪一項的敘述是正確的？(1) 泰勒可以說是科學管理的啟蒙者　(2) 吉爾伯斯是科學管理的創造者　(3) 亨利甘特是科學管理的創造者　(4) 費堯是科學管理的啟蒙者。

2.（　　）在管理程序時期中，其代表人物有 (1) 費堯　(2) 古力克　(3) 歐威克　(4) 以上皆是。

3.（　　）在 1949 年提倡「管理 14 原則」的學者是 (1) 雷利　(2) 費堯　(3) 孔茲　(4) 泰勒。

4.（　）穆尼及雷利提出的組織管理原則有 (1) 協調原則　(2) 層級原則　(3) 功能原則 (4) 以上皆是。

5.（　）XY-AB 組合理論是下列哪一位學者提出的？(1) 麥格里高　(2) 阿吉里斯 (3) 巴納德　(4) 梅育。

6.（　）對於觀光企業的人力資源管理，其人資管理滿意度設定於 (1)70％　(2)80％ (3)90％　(4)100％　為目標。

7.（　）多年來，人力資源管理的發展經歷，包含哪些階段？(1) 萌芽期　(2) 成長期及半成熟期　(3) 成熟期　(4) 以上皆有。

一、是非題

1.（　）觀光休閒產業所需的服務人力非常多元，宜提早培訓。

2.（　）觀光企業因為皆小規模，不用考慮內外部環境的變化。

3.（　）觀光企業必須時時應用有效的資訊，來擬定觀光企業的行銷策略。

4.（　）觀光產業是對人「人」的服務業，與科技發達程度無關係的。

5.（　）躍進式改變是由技術所驅動，而漸離式的改變則是由市場所驅動的。

6.（　）國內觀光產業發展在 2014 年已達來臺旅客近千萬人次。

7.（　）觀光產業又稱為「無煙囪」產業，對國內服務業的發展，貢獻很大。

8.（　）社會與文化的環境現象與觀光產業密不可分。

9.（　）觀光產業多半為中小企業，也是私人投資的私產，並不是一種社會與文化機構。

10.（　）觀光產業在全臺推動中，可稱是全民運動。

11.（　）觀光人的服務項目中，除了精進各服務行為之外，宜對消費者展現高度的責任感。

二、選擇題

1.（　）學者 Subbash C. Jain 認為觀光企業宜進行管理環境分析及評估的優點有 (1) 能掌握機會，奪得先機　(2) 可及早發現威脅，及早預防　(3) 能早日察覺顧客之需求　(4) 以上皆是。

2.（　）企業在面對內外環境的變化，要隨時進行經營策略調整，才能在優勝劣敗競爭環境中，得到成效，此行為可以稱為下列何者？(1) 適者生存　(2) 堅持理念　(3) 降低成本　(4) 品質第一。

3.（　）可幫助企業在一般特定時間內，在一定資源分配的水平中，會產生的科技發展之手法，可稱為 (1) 科技預測　(2) 品質管理　(3) 人因工程　(4) 模擬觀察。

4.（　）躍進式的改變，下列敘述何者正確？(1) 是一個獨特的挑戰　(2) 表示原有的競爭規則不再適用了　(3) 應用原有的績效及成本控制已經過時了　(4) 以上皆是。

5.(　)社會與文化的環境因子包括 (1) 人口結構與特徵　(2) 風格及習慣　(3) 旅客及宗教信仰　(4) 以上皆是。

6.(　)臺灣地區在推動觀光產業與社會因素，宜注意 (1) 族群間風俗習慣不同　(2) 南北臺灣的差異　(3) 城鄉間的差距　(4) 以上皆是。

7.(　)在企業的優勢 劣勢分析內容，宜包括 (1) 行銷系統　(2) 財務系統　(3) 生產系統　(4) 以上皆是。

8.(　)漸進式的改變是由何者所驅動的？(1) 市場　(2) 顧客　(3) 生產者　(4) 設計者。

9.(　)下列敘述哪一項是正確的？(1) 幸福的觀光企業，宜重視員工的精神層面　(2) 企業只顧利潤即可　(3) 重視人力資源頗為浪費人事成本，不宜太重視　(4) 以上皆是。

…

得　分　　　學後評量
人力資源管理－觀光、休閒、餐旅服務業專案特色
第4章
觀光人力資源規劃
（是非選擇每題5分，共100分）

班級：＿＿　學號：＿＿
姓名：＿＿＿＿＿＿

一、是非題

1.（　）觀光經理人，可以注重兩大管理能力，一是「成本」，二是「品質」。

2.（　）觀光人力資源規劃是將企業目標和經營策略轉化成觀光人力需求。

3.（　）觀光企業必須透過這個目標，發展出一套目標體系和經營策略，以功能和層級加以系統化。

4.（　）一個觀光企業必須從其存在的社會獲取各種資源，但不包括人才。

5.（　）如何有效配合內在及外在勞動市場？便是觀光人力資源規劃的重要課題。

6.（　）決定觀光企業經營目標是觀光人力資源規劃程序中的第一項。

7.（　）工作評價是最基本的項目，它所提供的資訊有助於規劃工作，亦可協助企業了解其訓練與任用之所需。

8.（　）徵募計畫是指在於提供適當人選，使人與事相互配合，以確保優良的人力資源。

9.（　）人力品質是表示現有的人力，究竟有多少可參與實際的工作？其能力又如何？

10.（　）人力資源供需預估隨預估期間的長短，可分為短、中、長期3種。

二、選擇題

1.（　）觀光人力資源規劃的目的，包括 (1) 降低人力成本　(2) 合理分配人力　(3) 滿足員工需求　(4) 以上皆是。

2.（　）觀光企業組織進行觀光人力資源規劃必須先行考慮的因素有 (1) 觀光企業目標　(2) 勞動力市場　(3) 高階主管的參與支持　(4) 以上皆是。

3.（　）下列哪一項不在觀光人力資源規劃的內涵中？(1) 分析與評估　(2) 尊重員工　(3) 預測　(4) 計畫和控制。

4.（　）觀光人力資源管理中，特別著重高階主管的理念及企業文化時，是指 (1) 高階主管的參與支持　(2) 勞動市場的了解　(3) 人力資源管理體系的搭配　(4) 以上皆是。

5.（　）當釋放「觀光能量」時有下列哪項趨勢？(1) 觀光休閒產業有微型創意飲食大量崛起　(2) 觀光的「市場導向」必須成為所有觀光企業的 ONA　(3) 觀光界要有「多工型」的人才及各式策略聯盟　(4) 以上皆是。

6.(　)一般潛在勞力供給來源有 (1) 想更換工作的在職者　(2) 失業人員　(3) 新踏入勞動市場人員　(4) 以上皆是。

7.(　)擬定訓練計劃宜有什麼樣的內容？(1)5W1H　(2)3W2H　(3)6W2H　(4)4W1H。

8.(　)下列哪一項在人力資源規劃目的上的敘述不正確？(1) 滿足員工需求　(2) 合理分配人力　(3) 增加人事成本　(4) 以上皆是。

9.(　)整合人力資源事務與個人生涯發展，其步驟有 (1) 企業規劃　(2) 報酬決定　(3) 生涯發展決定　(4) 以上皆是。

10.(　)針對現有人力數是否配合觀光企業應對的業務量，稱爲 (1) 人力動作分析　(2) 人力數量分析　(3) 人力工作分配　(4) 以上皆是。

得　分

學後評量——
人力資源管理－觀光、休閒、餐旅服務業專案特色

第 5 章
觀光產業服務工作設計

班級：＿＿　學號：＿＿

姓名：＿＿＿＿＿＿＿

（是非選擇每題5分，共100分）

一、是非題

1.（　）觀光產業是一種重視設備設施及人力服務的產業。

2.（　）不論觀光企業的大小，企業在追求服務績效的同時，也須重視企業的整體服務。

3.（　）人因工程在觀光服務業不太需要，其只應用在製造業中。

4.（　）工作豐富化是較徹底改變員工的服務工作內容，其方法是橫向擴，而不是工作直向伸展。

5.（　）各飯店的經營策略中，在餐點方面能展現差異化是核心策略。

6.（　）技術討論會議法是對特定服務工作，具有廣泛性知識來進行許多專家看法的諮詢。

7.（　）撰寫工作說明書時，應考慮的第一項事情為：服務工作說明書須有一定的格式。

8.（　）服務工作規範是說明該職位的服務工作人員，成功的執行服務工作所應具備的最低資格或條件。

9.（　）服務工作評價就是尋找所有的工作在組織中表現的排序，此排序是針對工作而非對人。

10.（　）服務工作評價，有助於對組織中每一項服務工作的相對價值加以明確化。

11.（　）計點法在所有服務工作評價的方法中最為穩定的。

二、選擇題

1.（　）下列敘述哪一項是說明觀光服務工作設計的重要性？(1) 可提升員工的工作效率　(2) 可提高服務力　(3) 可激勵多元服務力的需求　(4) 以上皆是。

2.（　）良好的服務工作設計，應考量的第一項基本因素是 (1) 人因工程　(2) 專業技術　(3) 工作細緻化　(4) 行為上的考量。

3.（　）下列哪一項是工作輪調的優點？(1) 調派靈活　(2) 公平負擔　(3) 減少單調和枯燥的感覺　(4) 以上皆是。

4.（　）下列哪一項不是服務工作分析的功能？(1) 展現策略聯盟　(2) 員工招募與遴選　(3) 薪資管理　(4) 績效評估。

5.（　）服務工作分析人員直接觀察來了解其服務工作人員表現情形，稱為 (1) 個別面談法　(2) 小組訪談法　(3) 觀察法　(4) 問卷法。

6.（　）服務工作說明書，是指一般工作人員應執行的內容有 (1) 事項說明　(2) 執行的理由及方法　(3) 執行的程序　(4) 以上皆有。

7.（　）「須先鑑定服務工作，以避免作業重複」是撰寫工作說明書應考慮事項的 (1) 第一項　(2) 第二項　(3) 第三項　(4) 第四項。

8.（　）服務工作規範的撰寫原則有 (1) 必須簡明扼要　(2) 避免累贅　(3) 稱謂須統一 (4) 以上皆是。

9.（　）下列哪一項是服務工作評價實施的程序？(1) 蒐集資料及進行服務工作分析 (2) 建立服務工作說明書　(3) 確認服務工作規範　(4) 以上皆是。

得 分

學後評量──
人力資源管理－觀光、休閒、餐旅服務業專案特色

第 6 章
觀光人力資源的發展

班級：　　　學號：　　

姓名：　　　　　　

（是非選擇每題5分，共100分）

一、是非題

1.(　)各大學努力辦理產學合作來培育觀光人才，全力支持觀光產業。

2.(　)觀光人力資源的發展，主要分為觀光人力資源的招募、甄選與任用等三部分。

3.(　)招募人才計畫，是一連串持續不斷的活動，也是人力資源部門的重要職責。與其他實際用人單位無關。

4.(　)觀光人力資源是觀光企業重要的資產，一定要擬訂完整的招募計畫，才能獲得優秀的人才。

5.(　)國內人力銀行協助觀光產業尋找人力，已經有相當的功能性，也很有制度與經驗。

6.(　)學校藉著校園選才提供觀光企業招募所需的各式各樣的人才。

7.(　)只有公辦的職業訓練中心可以提供專業的觀光人力資源，民營職業訓練中心無法提供人力資源。

8.(　)應徵者的甄選方式中筆試的內容有專業知識、一般管理常識、智力測驗及企業認知測驗等。

9.(　)面談（Interview）是招募程序中一項重要活動。

10.(　)職前訓練不一定有其功能性，反而影響新人工作的時間。

二、選擇題

1.(　)教育部自 2014 年起，推動技職再造方案，鼓勵各校建立什麼機制？(1) 工業學院　(2) 生產學院　(3) 產業學院　(4) 人力學院。

2.(　)進行觀光人才招募工作，其主要步驟包括 (1) 擬訂招募計畫　(2) 準備招募資料　(3) 尋求招募途徑　(4) 以上皆是。

3.(　)下列哪一項不是擬訂招募策略的內容？(1) 了解現有人力經費　(2) 招募的方式　(3) 招募的時間　(4) 招募的地點。

4.(　)準備招募資料包括 (1) 擬任職務說明書　(2) 所需的資格要件　(3) 公司組織概況　(4) 以上皆是。

5.(　)觀光企業可透過各家人力銀行招募人才,下列哪一項不是人力銀行的代號?

　　(1)1111　(2)999　(3)104　(4)518。

6.(　)從內部升遷或轉調的優點有 (1) 能激勵士氣　(2) 增加員工的企圖心及向心力

　　(3) 降低員工招募的成本　(4) 以上皆是。

7.(　)廣告徵才是企業獲得人力資源最主要途徑,其媒介有 (1) 報紙及雜誌刊登　(2)

　　電視媒體　(3) 電臺廣播及電腦網路　(4) 以上皆是。

8.(　)下列哪一項是職前訓練的主要內容?(1) 公司的宗旨及信念　(2) 公司的經營方

　　針及規則　(3) 介紹工作規則及人事規章　(4) 以上皆是。

9.(　)面談的方式有 (1) 結構式面談　(2) 非結構式面談　(3) 壓力面談　(4) 以上皆是。

10.(　)以福華飯店為例,其人力資源的發展目的有 (1) 選才　(2) 育才　(3) 用才與留才

　　(4) 以上皆是。

得　分

學後評量——

人力資源管理　觀光、休閒、餐旅服務業專案特色

第 7 章

觀光人力資源的領導激勵與溝通

班級：　　　學號：　　　

姓名：　　　　　　

（是非選擇每題5分，共100分）

一、是非題

1.(　　)「先知先行，把客人當上帝，也把員工當家人」是「海底撈」張董事長的領導哲學。

2.(　　)張忠謀董事長的領導風格最重視的是「前瞻性的策略思考和創新能力」。

3.(　　)郭臺銘創業家，認為企業要成功，必須要具備三個 Win。

4.(　　)巴納德領導理論認為組織是由一群有互動關係的人們組成的。

5.(　　)員工為中心的領導理論是指著重工作分配的結構化及嚴密監督。

6.(　　)體恤就是領導者對部屬的地位、角色和工作方式等，訂定一些規章和程序。

7.(　　)權變理論是費德勒於 1974 年提出的，又稱為情境理論。

8.(　　)赫西和布蘭查德提出「情境領導理論」主張領導風格的決定，應視被領導者的「成熟度」而定。

9.(　　)強制權力是領導者能以不同的方式，來處罰部屬，部屬因而服從命令。

10.(　　)放任式領導是在理性的指導和一定的規範下，使每個人均能自動自發的努力，施展其長才。

11.(　　)在馬斯洛需求理論中，第一項是社會需求。

12.(　　)組織內部的溝通形式，大致上可分為正式溝通與非正式溝通。

二、選擇題

1.(　　)阿里巴巴創辦人馬雲先生認為三個 Win 是指 (1) 客戶要贏　(2) 合作夥伴要贏　(3) 自己要贏　(4) 以上皆是。

2.(　　)巴納德認為職權被接受之前，必須具備的要件有 (1) 部屬要能了解溝通的內容　(2) 做決定時，部屬深信對於其要求內容與組織宗旨一致　(3) 超越部屬能力和服從範圍的要求都是不可能的　(4) 以上皆是。

3.(　　)在管理方格中，表示對員工和生產的關心，均取其中庸之道者，其型式為何？ (1)（9，1）型管理　(2)（5，5）型管理　(3)（1，1）型管理　(4)（9，9）型管理。

4.(　　)費德勒認為影響有效領導的因素有 (1) 領導者與部屬的關係　(2) 任務結構　(3) 職務權力　(4) 以上皆是。

5.(　)下列哪一項不是雷定的四種基本領導方式？(1) 單獨者　(2) 分立者　(3) 密切者　(4) 盡職者。

6.(　)下列哪一項是領導者所擁有的權力？(1) 合法權力　(2) 報酬權力　(3) 專家權力　(4) 以上皆是。

7.(　)一個組織讓大家豪無規範與制度，讓部屬各行其是作自我的發展，稱為 (1) 民主式領導　(2) 自我領導　(3) 放任式領導　(4) 獨裁式領導。

8.(　)下列哪一項是高效領導力？(1) 觀迎異見　(2) 簡潔明快　(3) 信任下屬　(4) 以上皆是。

得　分

學後評量——

人力資源管理－觀光、休閒、餐旅服務業專案特色

第 8 章

觀光人力資源的教育訓練與發展

班級：＿＿＿＿　學號：＿＿＿

姓名：＿＿＿＿＿＿＿

（是非選擇每題5分，共100分）

一、是非題

1.（　）觀光飯店業的人力資源主管，認為大學生應屆畢業生「不願做」基層工作，一進來就想做管理職。

2.（　）臺德計畫，進行雙軌制教育訓練新法。

3.（　）增加生產力及改善績效偏差，不是教育訓練與發展的目的。

4.（　）教育訓練發展是為了使員工及組織具備應付未來變革的能力。

5.（　）教育訓練發展目標的設定要考慮 SMART 原則，其中 S 代表 Smile 的意義。

6.（　）教育訓練之學習原則中，課程設計應採理解大於記憶的原則。

7.（　）人力資源管理過程中，有四大重點，為造才、育才、用人及留才等四大目標。

8.（　）好的教育訓練是一個動態的過程，在過程中宜不斷地針對員工的狀態和反應去調整。

9.（　）在職教育訓練員工，不可以在實際的工作情境中邊學邊做。

10.（　）釐清教育訓練是否有效益，是進行有效的教育訓練項目之一。

11.（　）探索階段是職業生涯發展階段之一。

二、選擇題

1.（　）各種觀光企業會有教育和發展的需求，有下列哪一項理由？(1) 雇用的初次工作者能力不一定足夠　(2) 社會與科技改變必須要有新的技能　(3) 組織需要新的科技重新設計工作或發展新產品　(4) 以上皆是。

2.（　）決定教育訓練發展需求可從哪些地方來著手？(1) 組織分析　(2) 工作分析　(3) 個人分析　(4) 以上皆是。

3.（　）以系統化方法，蒐集特定工作的資料，是指 (1) 成功分析　(2) 個人分析　(3) 績效分析　(4) 改善分析。

4.（　）下列哪一項不是執行教育訓練發展計畫必須考慮的因素？(1) 性別　(2) 成本　(3) 課程及教材　(4) 學以致用。

5.（　）職外教育訓練方式有 (1) 研討或會議　(2) 電視影片　(3) 模擬練習及數位化教育　(4) 以上皆是。

6.（　）進行有效的教育訓練宜包括 (1) 了解員工為什麼拒絕教育訓練　(2) 清楚說明教育訓練的目標　(3) 肯定員工的表現，建立信任　(4) 以上皆是。

7.（　）下列哪一項不是設計教育訓練的回饋問卷時，應考慮的原則？(1) 確定自己要蒐集哪些資料　(2) 表格記名，以便落實執行　(3) 設計表格　(4) 鼓勵學員儘量提供其他意見。

8.（　）組織分析的內容宜包括 (1) 意外疏失紀錄　(2) 設備利用率　(3) 目標差距分析　(4) 以上皆是。

9.（　）有關工作輪調的敘述，下列哪一項是正確的？(1) 可使員工儘量接觸與擔任組織的不同工作以增加其技術、知識和能力　(2) 工作輪調可以區分成「水平輪調」與「垂直輪調」　(3) 工作輪調有助於增進員工對公司運作的了解，並使專才變成通才　(4) 以上皆是。

第 9 章
觀光人力資源的績效管理

一、是非題

1.（　）雄獅旅遊打造具有企劃能力的人力資源，可讓營收及績效提升。

2.（　）雄獅旅遊在參謀企劃本部建立企劃人員的參謀四力，無法提升績效，亦不是人資的創新。

3.（　）績效管理為人力資源管理的主要環節，其與甄選、任用、薪給、獎懲及異動等相互為用。

4.（　）綜合人事的評估項目眾多，以臺中世界貿易中心員工考績項目為例，有工作效率及工作品質、主動合作及協調聯繫、忠誠廉正及研究創新等。

5.（　）考績委員會的評審於評估過程中，不能得到更公正及公平。

6.（　）發給獎金是一種考績評估結果的執行方式之一。

7.（　）員工考績經核定後，作為晉級及加薪依據。

8.（　）目標管理是彼得杜拉克提出的重要看法。

9.（　）目標管理是不透過員工的參與，來進行績效評估工作。

10.（　）推理錯誤的評估，是指評估者誤認評估要素的特質有其相關性，而高估了其間的實質關係。

二、選擇題

1.（　）雄獅旅遊設立企劃本部，並強化企劃人員的參謀制度四力，請問下列哪一項不是四力之一？(1) 奉公守法　(2) 資訊掌管　(3) 知識管理　(4) 人力資源管理。

2.（　）一般績效評估的程序可分為下列哪步驟？(1) 界定工作　(2) 評估績效　(3) 提供回饋　(4) 以上皆是。

3.（　）考績評定後，其一般執行方式有 (1) 作為晉級、加薪依據　(2) 升遷調職之依據　(3) 接受表揚之依據　(4) 以上皆是。

4.（　）依據過去導向的績效評估方法有 (1) 分類法　(2) 分階法　(3) 圖表評估尺度　(4) 以上皆是。

5.（　）主管將每位屬下的某些工作方面不尋常的成功與失敗事件給予記錄下來，稱為
(1) 分階法　(2) 重要事件法　(3) 圖表評估尺度法　(4) 查核清單評估法。

6.（　）未來導向的績效評估方法有 (1) 目標管理法　(2) 評價中心法　(3)360 度回饋
(4) 以上皆是。

7.（　）下列哪一項是進行績效評估可能面臨的問題？(1) 成本太高　(2) 暈輪錯誤和退縮錯誤　(3) 時間太長　(4) 員工意見太多。

8.（　）績效管理為人力資源管理的主要環節，其功能包括 (1) 甄選　(2) 任用　(3) 薪給及獎懲　(4) 以上皆是。

9.（　）進行考績評估工作，需要 (1) 填寫考績表　(2) 逐級評估　(3) 首長的核定
(4) 以上皆是。

10.（　）在進行績效評估的過程時，常會因評估者的某一績效構面上有特別及傑出表現，進而影響評估者，導致產生較佳的考績結果，此稱為 (1) 退縮錯誤
(2) 暈輪錯誤　(3) 系統錯誤　(4) 片面錯誤。

得　分

學後評量——
人力資源管理－觀光、休閒、餐旅服務業專案特色
第 10 章
觀光人力資源的維持管理

班級：　　　　學號：　　　
姓名：　　　　　　　

（是非選擇每題5分，共100分）

一、是非題

1.(　)以極高獎賞方式是維持管理的一種方式，但不一定是最好的方法。

2.(　)薪資並不是企業員工工作的主要目的，一般以滿足成就感為主。

3.(　)良好的薪資管理不但可以促進員工和諧，也可以增進勞資雙方的相互合作，共謀企業的成功。

4.(　)一個具有「有效激勵」的薪資制度，對員工工作績效而言，不一定會有正面作用。

5.(　)基本工資並不是排序於員工薪資給付的第一位。

6.(　)考績是基層主管在加薪依據排序的第一位優先項目。

7.(　)新進員工起薪排序要素的依據，是以應徵者要求為第一優先。

8.(　)到底是哪一種獎賞制度才適合組織文化？其實是沒有標準答案的。

9.(　)撫恤乃在職員工死亡之後，由企業給付其家屬的一種救濟，以協助其家屬的生活。

10.(　)分配股票是企業為留住員工的心，為一種比較經濟實惠的作法。

11.(　)出勤狀況記錄只有包括遲到及請假，出勤狀況也不是評斷員工敬業參考的項目。

二、選擇題

1.(　)人力資源的維持管理宜包括 (1) 薪資管理　(2) 福利與獎懲制度　(3) 勞資關係　(4) 以上皆是。

2.(　)下列哪一項不是薪資管理的目標做法？(1) 具有吸引力　(2) 配合公司歷史　(3) 具有激勵性　(4) 符合成本效益。

3.(　)員工薪資條件會受到哪些因素影響？(1) 學歷　(2) 能力　(3) 技術及經驗　(4) 以上皆是。

4.(　)計算員工獎金額度，一般會參考的要素有 (1) 薪資及產量（業績量）　(2) 標準工作時間及實際工作時間　(3) 每小時的薪資率　(4) 以上皆是。

5. (　)下列哪一項不是新進中層主管考慮起薪的依據項目？(1) 興趣　(2) 經歷及學歷　(3) 市場狀況　(4) 應徵者要求。

6. (　)下列哪一項不是薪資給付考量的項目？(1) 基本工資　(2) 親友關係　(3) 加班費　(4) 輪班津貼。

7. (　)下列哪一項是員工福利（間接報酬）？(1) 有薪休假及人壽保險　(2) 醫療保險　(3) 退休撫恤及貸款補助　(4) 以上皆是。

8. (　)公司福利制度設計時宜考量哪些構面？(1) 企業競爭策略　(2) 組織文化　(3) 員工需要 (4) 以上皆是。

9. (　)擔任勞方與資方互動的橋樑，是以下何者的功能？(1) 工會組織　(2) 學校組織　(3) 家庭組織　(4) 公司組織。

得　分　　　學後評量——
人力資源管理－觀光、休閒、餐旅服務業專案特色
第 11 章
觀光企業組織變革與永續經營

班級：　　　學號：　　
姓名：　　　　　　　

（是非選擇每題5分，共100分）

一、是非題

1.(　　)培育在地觀光人才是國內觀光界永續經營重要工作。

2.(　　)組織文化是一種長期由組織氣候孕育而成的企業特質，如同人類的個性及涵養一般。

3.(　　)臺灣的大未來在創新的原動力，得透過跨領域科技整合。

4.(　　)教育學研體系與產業脫節是臺灣未來的挑戰項目。

5.(　　)兩岸產業發展重點重複性高不是臺灣未來的挑戰。

6.(　　)產品市場的變動是造成企業組織需要變革的「外在因素」之一。

7.(　　)我國是海島型國家，宜特別重視國際化及網路化的影響。

8.(　　)組織之所以要發展與變革，並不是受到市場競爭壓力的影響。

9.(　　)特殊變革技巧的選用，乃取決於管理階層所診斷出的問題本質。

10.(　　)實施變革不可能造成人員的不滿、抱怨及抗爭。

11.(　　)應用各種抗拒變革的方法，皆有優點與缺點，宜小心使用。

12.(　　)觀光企業為配合環境的變化，宜積極求變，以免於遭到淘汰。

二、選擇題

1.(　　)依據昆恩學者的說法，組織文化有哪種文化類別？(1) 發展式文化　(2) 市場式文化　(3) 家族或文化及官僚式文化　(4) 以上皆是。

2.(　　)強調創新與變化，讓企業不斷成長和創新的文化型態是？(1) 發展式文化　(2) 市場式文化　(3) 官僚式文化　(4) 家族式文化。

3.(　　)下列哪一項是組織文化的功能？(1) 對組織成員傳達認同感　(2) 使組織個體放棄一己之私，對組織做更多的承諾　(3) 加強社會體系的穩定性　(4) 以上皆是。

4.(　　)我國多個單位共同提出的 2025 臺灣大未來，包含 (1) 八大挑戰七大趨勢三大願景　(2) 八大挑戰五大趨勢五大願景　(3) 八大挑戰七大趨勢四大願景　(4) 七大挑戰七大趨勢七大願景。

5.(　)企業組織為了因應外界環境的變化與挑戰，必須採取革新的措施，稱為 (1) 人力不足　(2) 組織變革　(3) 產業脫節　(4) 人才斷層。

6.(　)下列哪一項不是企業組織需要變革的「外在因素」?(1) 國家社會福利不佳　(2) 人力資源的消長　(3) 產品市場的變動　(4) 國際化及網路化的影響。

7.(　)下列哪一項是企業組織變革的「內在因素」?(1) 人力素質改變的影響　(2) 工作滿足轉變的影響　(3) 人力資源價值重新評估的影響　(4) 以上皆是。

8.(　)組織文化包括有 (1) 經營哲學　(2) 組織規定　(3) 員工的價值觀　(4) 以上皆是。

得 分

學後評量——
人力資源管理－觀光、休閒、餐旅服務業專案特色

第 12 章
觀光人學習人力資源管理與國際化

班級： 學號：

姓名：

（是非選擇每題5分，共100分）

一、是非題

1.(　)隨著產業國際化的程度與日俱增，觀光產業也被迫邁向國際化。

2.(　)國內企業經國外發展，在其他國家設立據點或分公司，即成為跨國企業或多國籍企業。

3.(　)擬訂一套完善而有彈性的訓練與發展人資計畫，對國際企業不一定有幫助。

4.(　)勞資關係衍生問題，不是國際企業要嚴肅面對的。

5.(　)當國際化推動中，的確可以幫助母公司訓練外派經理人的國際觀。

6.(　)當母公司在他國建立子公司，創立初期，得選派經理人前往經營是不得不的做法。

7.(　)艱苦加給是指許多海外據點的工作環境不如母國充善，而鼓勵當事人的加給。

8.(　)經理人要有旺盛的企圖心，是全球經理人的特質之一。

9.(　)超強的適應能力並不是派遣海外經理人的特質。

10.(　)臺商在大陸分公司的管理，也逐步由軍事化管理轉變為人性化管理。

11.(　)人力成本大幅提高是臺商在大陸經營面臨的問題。

二、選擇題

1.(　)國際人力資源規劃必須考慮的因素有 (1) 人力資源策略　(2) 人力成本及人力素質　(3) 原料與市場　(4) 以上皆是。

2.(　)關於國際化人力資源管理的型態，下列哪一種型態不是常用的？(1) 母國中心型　(2) 多國多中心型　(3) 多國中心型　(4) 區域中心型。

3.(　)母公司海外派遣經理人到海外，下列哪一項不是母公司期待的動機與目的？(1) 炫耀母公司的光榮事蹟　(2) 強化對子公司的控制　(3) 增加母公司的整合功能　(4) 傳達母公司的企業文化。

4.(　)下列哪一項不是海外派遣人才宜考慮的因素？(1) 家庭因素　(2) 語言能力　(3) 親友關係　(4) 薪酬與福利。

5.(　　)一個經理人被派任海外，其薪酬與福利自然高一些，包括 (1) 基本薪資
(2) 海外工作加給　(3) 艱苦加給　(4) 以上皆是。

6.(　　)臺商特別喜歡用臺幹的理由 (1) 可保護老闆　(2) 建立並維護公司的文化與典
章制度　(3) 可指導大陸員工作業與技術　(4) 以上皆是。

7.(　　)臺商在大陸經營目前面臨人資問題有 (1) 人事成本提高　(2) 勞動二法過於嚴
苛　(3) 員工跳槽問題嚴重　(4) 以上皆是。

8.(　　)國際人力資源管理的議題，宜包括 (1) 人力資源規劃　(2) 人力資源任用
(3) 訓練與發展　(4) 以上皆是。

9.(　　)全球經理人應具有以下哪些特質？(1) 豐富的實務歷練　(2) 卓越的管理能力與
技術能力 (3) 睿智的策略思維　(4) 以上皆是。

得　分

學後評量——
人力資源管理－觀光、休閒、餐旅服務業專案特色

第 13 章
觀光人與人力資源管理的未來

班級：＿＿＿＿　學號：＿＿＿

姓名：＿＿＿＿＿＿＿＿

（是非選擇每題5分，共100分）

一、是非題

1.（　　）越來越多企業利用長期派遣方式聘任新員工，其中以業務貿易類最多。

2.（　　）電腦化是未來人力資源過程中最重要的輔助工具。

3.（　　）人資工作應用資訊化，不能增加效率及節省成本。

4.（　　）資訊化可以提供整體企業的人力資源資料，以供企業擬定策略的參考。

5.（　　）參與式領導由赫塞與布蘭查德於其情境領導理論中提出。

6.（　　）觀光人自我管理的基本前提是：員工必須要達到既有的生產力及工作效率。

7.（　　）控制幅度並不是在指一個管理者所能直接指揮監督的部屬人數。

8.（　　）平扁式的組織 (Flat Structure)，是具有較寬廣的控制幅度，其優點可縮短溝通
的管道。

9.（　　）若員工有良好的教育訓練，其管理幅度可以較寬。

10.（　　）主管與部屬之間的溝通技巧如果得當，資訊傳送及時與正確，則管理幅度可以
較寬廣。

11.（　　）21 世紀管理者，為了運籌帷幄，還是要「事必躬親」為主。

二、選擇題

1.（　　）從事派遣工作宜注意的事項有 (1) 慎選有規模、有口碑的派遣機構　(2) 簽訂
書面勞動契約　(3) 工資及工時均應符合勞基法　(4) 以上皆是。

2.（　　）討論 2015 年以後的觀光人資問題，下列哪一項不是特別要注意的事項？(1) 交
通問題　(2) 資訊化　(3) 參與式的管理　(4) 新的勞資關係。

3.（　　）一般觀光公司實施資訊化的人資工作，其工作重點有 (1) 資料庫建立　(2) 薪
資作業及福利管理資訊化　(3) 人力資源網路化　(4) 以上皆是。

4.（　　）參與式領導風格一般可分為 (1) 告知式　(2) 推銷式　(3) 參與式及授權式
(4) 以上皆是。

5.（　）俗語說：「三個臭皮匠，勝過一個諸葛亮」是代表 (1) 自己意見不重要　(2) 團隊宜應用團體決策　(3) 在大眾前不要提供意見　(4) 人資工作只要遵照公司規定即可。

6.（　）德爾菲技術 (Delphi Teohnique) 是一種 (1) 團體專家決策方法　(2) 是單獨專家方法　(3) 調查時專家被諮詢時可以溝通　(4) 以上皆是。

7.（　）下列哪一項是平扁式組織結構的缺點？(1) 員工溝通容易　(2) 有寬廣的控制幅度　(3) 員工必須設法增強員工的自主性及自律性　(4) 以上皆是。

8.（　）一個觀光產業組織，若要採用分權方式管理，應從下面哪些因素加以考慮？(1) 行為性的考慮　(2) 組織的大小　(3) 組織的環境因素　(4) 以上皆是。

9.（　）新勞資關係的趨勢，還有什麼發展方向？(1) 宜有彈性及有尊嚴的工作安排　(2) 工作報酬朝向以績效為基準　(3) 公平而真心的對待　(4) 以上皆是。

得　分

學後評量－

人力資源嘗埋－觀光、休閒、餐旅服務業專案特色

第 14 章

觀光人學習人力資源管理實例

班級：＿＿＿　學號：＿＿＿

姓名：＿＿＿＿＿＿＿＿

（是非選擇每題5分，共100分）

一、是非題

1.（　）美國聯合郵遞服務公司 (UPS) 的管理模式乃是高度控制和高度系統化的管理。

2.（　）自黏式便條紙 (Post-itnote) 是 3M 公司鼓勵員工創新的成果。

3.（　）3M 公司很強調由上至下的規劃與控制，而創新是公司的核心價值觀。

4.（　）3M 公司重視紀律，但也支持員工的創新構想，力求兩者平衡。

5.（　）7-ELEVEN 公司在人力選用方面，會先試用三個月才正式發佈人事命令。

6.（　）臺塑企業在教育訓練中，特別重視管理理論的傳授。

7.（　）宏碁公司秉持著「人性本善」及「重視人才」爲公司最大的財富。

8.（　）統一（7-ELEVEN 公司）考績制度訂定系統化完整，最後是經「升遷委員會」評選。

9.（　）臺北凱撒大飯店特別重視選才的工作及實習工作之落實，且建立最貼心的企業文化。

10.（　）日月潭涵碧樓大飯店重視員工的服務智慧，如談話有重點、有邏輯性及言之有物，且判斷力佳。

11.（　）丹堤咖啡公司是國內飲料店知名品牌，特別重視人資方面的招聘、訓練、用人、考核及產學合作等。

二、選擇題

1.（　）美國聯合郵遞服務公司進行一連串革新措施，宜包括 (1) 工作流程　(2) 運用高科技改善包裹運送技巧　(3) 作業流程電腦化　(4) 以上皆是。

2.（　）下列哪一項不是 3M 對員工創新管理的階段內容？(1) 塗鴉市創新　(2) 低成本創新　(3) 設計式創新　(4) 指導下創新。

3.（　）目前美國 Circle-K 仍定期提供資訊給 OK，其內容爲何者？(1) 國外營運狀況　(2) 人事訊息　(3) 公司政策及顧客反應　(4) 以上皆是。

4.（　）美國蘋果公司在教育訓練的企業個案，討論的內容是 (1) 各企業的興衰史　(2) 各企業體的特色　(3) 事業化的形成、組織架構及創新變革　(4) 以上皆是。

5.(　)美國蘋果公司（Apple）特別為提升高階主管的競爭力設立了 (1) 蘋果大學 (2) 蘋果學習中心　(3) 教育中心　(4) 實習中心。

6.(　)臺塑企業特別重視哪一職級主管的訓練？(1) 課長級　(2) 領班級　(3) 協理級 (4) 副總經理級。

7.(　)提出「精兵主義」，強調獎懲分明、迅速考核、迅速回饋的是哪一家公司？ (1) 大同公司　(2) 臺達電公司　(3) 宏碁公司　(4) 中油公司。

8.(　)統一（7-ELEVEN）公司教育訓練課程內容的功能有 (1) 人力資源管理　(2) 財務管理　(3) 行銷管理　(4) 以上皆是。

9.(　)臺北凱薩大飯店的選才方式與管道為 (1) 人力銀行　(2) 學校產學合作　(3) 政府職業訓練單位　(4) 以上皆是。